本书受2021年湖北省社科基金后期资助项目"副现象论的当代发展与心灵机械化论证研究"（立项号：2021113）资助

Materialism

心灵观念史中的唯物主义研究

柯文涌 著

中国社会科学出版社

图书在版编目(CIP)数据

心灵观念史中的唯物主义研究 / 柯文涌著. —北京：中国社会科学出版社, 2022.10
ISBN 978-7-5227-0319-0

Ⅰ.①心… Ⅱ.①柯… Ⅲ.①心灵学—研究②唯物主义—研究 Ⅳ.①B846②B019.1

中国版本图书馆 CIP 数据核字(2022)第 096508 号

出 版 人	赵剑英
责任编辑	朱华彬
责任校对	谢　静
责任印制	张雪娇

出　　版	中国社会科学出版社
社　　址	北京鼓楼西大街甲 158 号
邮　　编	100720
网　　址	http://www.csspw.cn
发 行 部	010-84083685
门 市 部	010-84029450
经　　销	新华书店及其他书店
印　　刷	北京明恒达印务有限公司
装　　订	廊坊市广阳区广增装订厂
版　　次	2022 年 10 月第 1 版
印　　次	2022 年 10 月第 1 次印刷
开　　本	710×1000　1/16
印　　张	14.25
插　　页	2
字　　数	232 千字
定　　价	88.00 元

凡购买中国社会科学出版社图书，如有质量问题请与本社营销中心联系调换
电话：010-84083683
版权所有　侵权必究

目 录

绪 论 ·· 001

第一章 为什么要在心灵哲学中坚定不移地信仰唯物主义 ············ 008
 一 唯物主义迷失及其后果：一个心灵观念史的速记 ············ 009
 二 唯物主义心灵哲学与自然科学的结盟 ···························· 016
 三 当代唯物主义的哲学困境：解不开的意识之结 ··············· 022
 四 说明心身关系范式及其唯物主义形态 ···························· 030

第二章 心理主义与唯物主义的发展 ·· 037
 一 蒙昧时代的隐喻心灵：被误导的心灵探索 ····················· 038
 二 心理学范式的转换：由纯粹思辨到科学实证 ·················· 047
 三 心理主义及其评价 ··· 056
 四 机械唯物主义的心灵哲学 ··· 060

第三章 物理主义：心灵哲学研究范式 ······································· 069
 一 唯物主义心灵哲学的前奏曲：后现代启蒙语境下的
   概念分析 ··· 072
 二 物理主义与第一人称消亡 ··· 077
 三 还原物理主义的逻辑空间及其历史发展形态 ·················· 081

第四章 现象主义运动与二元论的抬头 …… 103
- 一 现象主义的兴起 …… 103
- 二 英美分析哲学当中的"现象主义运动" …… 106
- 三 绝对客观主义的失效与"主观观点" …… 109
- 四 现象主义主要论证 …… 113
- 五 现象主义之后：泛心论、突现论 …… 118
- 六 第一人称视角与认识论自然主义 …… 125

第五章 反还原物理主义之回应及其三种新形态 …… 140
- 一 随附物理主义：心灵是随附于物理基础的随附现象 …… 143
- 二 构成物理主义：世界构成于物质 …… 151
- 三 实现物理主义：世界实现于基础物理结构 …… 160
- 四 心灵分析的唯物主义哲学的限度 …… 170

第六章 马克思哲学的心身问题反思与辩证心灵观 …… 174
- 一 马克思哲学文本解释学 …… 175
- 二 费尔巴哈对"无前提"哲学的批判：发现感性世界 …… 179
- 三 哲学革命宗旨：确立人与现实世界的有机联系 …… 188
- 四 哲学革命的双重维度——语言革命和意识革命 …… 191
- 五 马克思哲学对心灵哲学中的心身问题的反思 …… 201

参考文献 …… 208

后　记 …… 221

绪 论

心灵哲学似乎向来都是唯心主义大行其道的领地，就犹如托利党一贯是守旧派的势力范围一样。由于从直觉上看，观察者所观察到的心灵表现出来的心理现象、过程、属性及其特性似乎跟观察者从外部世界所观察到的现象、过程和属性及其特性截然不同。也正因为两者的截然不同，心灵似乎很难成为一个科学研究的对象。因为两者所使用的认知范式、术语和方法等有诸多的不同。

虽然民间心理学习惯于用隐喻与修辞的方法把认知外部物理世界的认知方式如法炮制地运用于理解人的内心世界，但是当代语言分析哲学家如赖尔在其经典之作《心的概念》中鞭辟入里地指出，这种认知隐喻导致了哲学家们长期以来蒙蔽于自己所犯的概念范畴的错误以至于心理语言语法上的误用。民间心理学并不真正清楚物理语言和心灵语言之间存在着形而上学的鸿沟，这正是当代分析唯物主义的心灵哲学所力图揭示的。

因此，心灵概念的可塑性是科学实在论和反实在论的鏖战之地。自从蒯因提出的"自然化的认识论"吹响了当代心灵机制化的解构心灵的唯物主义号角，几乎所有的心灵哲学家和科学家都加入了这场形而上学的角逐。这是一场在心灵哲学领域里激烈展开的名副其实的有无之辩，它秉承了近代欧洲哲学中经验论和唯理论之争的气度，但也同样遭遇了康德在《纯粹理性批判》中所描述的理性困境：

> 人类理性陷于这种窘困，并不是由于它自己的什么过错。它从某些原理出发的乃是它在经验的过程中不得不使用而毫无选择余地，而同时，在使用这些原理时，这经验也就充分证明它们是有正当理由的。靠这些

原理的帮助，人类理性就一直上升（因为它的本性确定了要它如此），越升越高而到更遥远的条件上去，不久它便觉得，这样一来，问题既永无止境，它的工作就绝不能完成了；因此，它就觉得不能不使用超出一切可能的经验的范围以外的那些原理，而那些原理又好像是无可非议的，以至平凡的意识都容易接受。

但是，由于这种进程，人类理性就陷入黑暗中去，陷入种种矛盾之中；那时它诚然可以猜想到，这一切矛盾必然是一些不知来由的、尚没有被发现的过失引起的，但是它又没有条件来窥察出这些过失。原因就是，它所使用的原理既然是超出经验的限度，所以也就不受任何经验的检查。这些永无止境的纠纷战场就称为形而上学。[1]

当代心灵哲学家在理解心灵的本质、性状和功能时，似乎同样遭遇了康德在思考认识何以可能这一认识论问题时所遭遇到的形而上学困境。批判主义虽然是一把哲学家人人必备的"奥卡姆剃刀"，但是在结构心灵的问题域中，这把剃刀似乎遇到了某种类似于"量子纠缠"的怪异，即主体和客体必须同时存在。具体说来，当我们把心灵这一认识论主体当作某种客体并加以解构的时候，客体一旦解构，主体也奇怪地消失了。进一步说，当唯物主义者言之凿凿地否定表征心灵的地理学、地貌学和动力机制的命题态度和感受性质的心灵性存在的时候，唯物主义者们本身的心灵会尴尬地发现他们就不可能是真正的唯物主义者了。因为他们失去了心灵这一认知主体，什么也不能领会或捕获。反过来说，当唯物主义者认为命题态度和感受性质之类的心灵性东西是一种心灵的自我虚构时，他们试图超越这些心理现象的术语与概念上的虚构而去编撰"真实"的心理世界时，他们会发现自己永远地失去了可以证成他们所处的该物理世界真实性的可能。

在当代科学哲学看来，心灵究竟是魔术还是魔术师，这是一个悬而未决的问题。因为每一种关于心灵、意识与自我的唯物主义理解都是对具有某种理智上可信的立场的形而上学预设，它都有可能为现实发展着的自然科学提供某种可以被证成的形而上学解释。但是每一种立场都将会不确定或者不令人满意，

---

[1] ［德］康德：《纯粹理性批判》，韦卓民译，华中师范大学出版社2000年版，第3页。

因为心灵哲学家们并不能通过对现有的科学证据的形而上学思辨得出心灵之有无，虽说他们在赞成心灵之有无时都有摆出其哲学上经得起推敲的道理。

跟康德一样，当今心灵哲学家们从对科学概念的哲学理解中受到启发，认为既然科学家会在科学解释活动中提出一些必要的概念术语，如牛顿提出万有引力的概念，帮助我们更好地解释和预测世界的运作，如星球的有规律的运转，哲学家丹尼特和丘奇兰德等认为我们也同样可以把指引我们借以从事理性实践的命题态度视为心灵所抽象出来的认知模式。因此，具有不同内容的命题态度的这些概念术语往往表现为一种对现实物理世界本身的抽象模式。

有些哲学家把心灵作为我们的认知概念装备或认知工具，来以此解释和预测人的行为和集体意向性活动。这也就是说，我们有心灵功能，却没有这一关于心灵活动的行动者。这样的关于心灵的本质的解释虽然可以完美解释心灵之于现实的物理世界的因果运作，但是似乎让我们对心灵的本质理解渐行渐远了。因为，这些心灵认知模式到底是本体论上的真有或本有，还是认识论上的幻有，这已经超越了人类认知理性，麦金把这种心灵认知困境视为认知封闭所造成的困境。

不管怎么说，了解当今的唯物主义的心灵观。我们必须要有一个人类学意义上的阿基米德式的支点。鉴于心灵的自然化的短暂的历史，我们应该从我们现在还无法脱离前科学的蒙昧时代中去寻找我们隐藏于隐结构中的心灵观的构成和模式。从中发掘到的心灵观是我们反思人类自身的心灵观念的开始。而且，它如托勒密的地心说一样，更容易迎合我们的常识，我们也认为是在这种心灵观的基础上构建了我们的文明与道德，并赋予生之意义。

心理特性或现象跟物理特性或现象相比，确实有太多特殊之处，这一点没有人能否认。因此，现在请允许笔者大致列举出跟我们直觉一致的心灵观：

（1）心灵构成和物质构成绝不是等量齐观，因为我们可以把它们设想为不同的东西，比如"思考"活动不同于物理活动或物理过程，它不可能表现于任何一种物质形态当中，包括活生生的动物（心物异质）。

（2）每个人都有丰富的心理世界，其中有关于自己心理的方方面面的知识（心理知识事实）。

（3）相对于客观知识或物理知识而言，即认识自己的心理对象的知识具有不可错性（不可错性）。

（4）相对于客观认识而言，每个人也都认为自己有认识自我的心理状态的优越通道（优越通道）。

（5）跟认识物理现象不一样，我们认识心理对象依靠反省，而不是客观观察（认知途径）。

（6）心理状态可以能动地反作用于与其相关物质世界，比如我想写一篇日记的这一念头导致了我提起笔（心理因果性）。

（7）我们相信心理内容或命题态度是我们表达自己、解释我们何以如此行动的合理化的原因，或窥探我们心灵的窗口，比如历史学家喜欢从《蒋中正日记》中推敲蒋介石对抗日的实际心理态度，从而以此断定他道德的高尚或低劣（行动的合理化）。

（8）每个人都认为自己可以了解他人的心理（他人也可以了解我们的心理），这样我们组成了一个关于人的社会（他心知）。

（9）我们相信心理状态的存在，它的确有其指称的实在对象，比如我们认为"疼痛"一词是有其指称的对象（思想与语言的一致）。

（10）每个人都认为心理归属的逻辑根源在于有我论。"自我"是人的行动和实践的主体，也是据以说明人为何有理性的根源以及人为何可以被视为具备自由行动能力的自主体（自我）。

（11）意向性活动是兼备内在性和超越性的心理活动，它是构成人类理性的本质性因素，也是人类物质生活得以展开的内在基础（人类历史的前提）。

（12）心灵是人得以自由的根基，心灵活动是一种有意识的自由活动，它在构成人类生活和社会文明基础的同时，也为人类历史进程提供了具备因果效力的解释力。这种解释力通常承载着人类社会的道德、伦理、法律责任以及人类历史进步的推动力，比如古人讲的大丈夫敢作敢当；或者伯克利将军认为自己有责任打赢这场保家卫国的伯罗奔尼撒战争；司马迁认为自己苟且偷生是为后人留下"究天人之际、察古今之变"的旷世之作，不一而足（文明的根基）。

我们可以看到，无论是从心灵的构成（非物质的）、心灵认识来源（天赋的）以及心灵知识的绝对性（不可错性）上来讲，还是从认识途径上讲，心理特性（或现象）和物理特性（或现象）有诸多不同。正因为如此，心灵显得与物质世界格格不入——这在当代科学哲学中表现为"显现的图景"和

"科学的图景"的对立。这种格格不入不仅导致西方哲学家们对心灵之有无及其因果性既有着形而上学的焦灼，也有着对科学主义的沙文主义的担忧，还有着对人文主义未来命运的深切关怀。或许，这也是心灵哲学之所以能够成为西方哲学中的一门显学的根本原因。

另外，鉴于心灵的本质、活动和功能对人类文明的生成发展与绵绵不绝的推动具有不言而喻的意义，心灵如何对立于身体、物质如何产生意识以及客观如何产生主观之类等心灵哲学本体论与认识论难题便是一个不可回避，也是不可越过的人之为人的根本性问题。因为它不仅关系到每个人该如何安身立命，例如对生活意义的寻求、人生价值的选择、伦理道德的安顿，也考量着人类社会实践活动的真实有效性及其限度，还有人类文明的可能性选择与被选择的真正意义。

事实上，摘除心灵的神秘面纱一直是古今贤哲所孜孜以求、不可须臾忘却的哲学责任和历史使命。只不过，对心灵的不同认知和视角导致了他们分道而行。比如，唯心主义者们基于其对心灵的宗教性或修行性的认知视角选择了对心灵的神秘化，拓展心灵的知识论、逻辑学和修行性的功用。这样的一种心灵理解进路，优点在于它可以自上而下地安排好个人生活与社会生活，缺点则是它在客观上维持了社会现状，同时也导致了社会的封闭和视野狭隘，使得社会的进步几乎停滞。

而唯物主义者却把心灵视为不断演化的自然界中的一种物质最高级形态，坚定不移地要求祛除意识的神秘性，从而把心理现象还原为物理现象或自然现象。它的优点在于推动了以人类的物质改造的生存实践为基础的社会发展，但是过于快速发展的唯物主义理解也会导致人类心灵一时根无所寄。因为坚持唯物主义心灵观则强调了存在与变化，很难坚持具有人格同一性的自我论。

但是，如果放眼人类进化的历史长河，物质生产运动和精神文化运动并不是非此即彼，而是以某种歪曲的相关性联系在一起。这种歪曲的相关性的基本力量在马克思看来就是意识形态。因为代表这两种运动的进路分别是唯物主义视角和唯心主义视角，它们终将作为不同的意识形态在不同的历史时期被深刻地、历时性地和共时性地考察。比如，从心灵神秘主义到心灵幻象论体现了唯物主义在科学时代作为资本进行自行增殖的物质源泉被前所未有地开发了出来。它们终将在人类的物质生产实践的基础上所构建起来的历史运动中殊途同归，最终辩证地融入人类社会在科学技术发展的基础上所结成的劳动共同体的历史活动之中。

恩格斯从唯物主义和唯心主义两种观念史出发，在考察孕育于19世纪的崭新的科学世界观中说，"（而）唯心主义体系也越来越加进了唯物主义的内容"[1]。马克思主义理论家孙正聿先生以三种不同的视角——自在性、自为性和自在自为性对人与世界的关系进行了哲学阐发，鞭辟入里地预见了马克思的实践辩证法理论所实现的伟大哲学革命将消融自在性和自为性的对立、自然和历史的对立。由此，孙正聿认为"马克思是真正的现代哲学的奠基人"[2]。

唯物主义在人工智能时代似乎进入了被称为第四次智能革命的新发展阶段。它以元宇宙的方式可以帮助人类创造一个新的虚拟世界。因此，唯物主义方式的心灵解释及其相关争论不可能完全停留在知识群体的理智上的争论上，它跟印度宗教哲学中辩论空有问题无遮大会颇为不一样的是，它因为关联科学技术与金融资本，所以有改造现实世界的非常强大的现实基础。

因此，唯物主义以一种大众看起来非常魔幻而又十分现实的方式塑造他们的心灵观。电影行业纷纷从哲学家们关于心灵哲学和人工智能哲学中的元问题的探讨中汲取灵感。这些把种种心灵哲学思想实验搬上荧屏以至于让很多突破心灵观常识的关于心灵的"感性存在"在潜移默化地改变我们当代关于心灵的认知。如果说中国古代，我们通过纸质文本所描写的戏剧和小说来想象和构建一个虚拟的幽冥世界，以此来理解心灵、自我和宗教。这些小说和戏曲在某种意义上引导了大众的鬼神世界观，比如中国有世界上最发达的神仙体系，这完全拜土生土长的道教所赐。《机械姬》和《黑客帝国》等从心灵哲学和哲学认识论汲取充沛的灵感，按照查莫斯等哲学家关于僵尸的定义改变了传统的僵尸或鬼神的生活及其世界。我们前科学时代的生活中的仙狐幽冥文化在不远的将来很快销声匿迹，大行其道的是各种科学知识、定律和僵尸文化。

当代自然化或机制化心灵的后果也不完全只局限于理智群体，这一科学

---

[1] 《马克思恩格斯选集》第4卷，人民出版社2012年版，第233页。
[2] 孙正聿：《从两极到中介——现代哲学的革命》，《哲学研究》1988年第8期。

哲学运动实际上在金融资本和国家利益的驱动下已经深刻而快速地影响了当今社会的发展走向。因此，在资本逐利性的驱动下，哲学理论和科技创新让我们失去了认识论的基础，比如元宇宙所带来的心灵与自我的虚无主义和人格同一的丧失及其所带来的自我认同危机，让我们会更加感同身受地体会到存在主义的生存论困境。一旦人工智能时代的数字化生存开启，普罗大众便会生活在一个用所谓科学术语来表达自身存在的亦真亦幻的数字化世界。这是一个失去了种种自然恩赐的生物特性和种种我们所熟悉的心理概念图式的虚拟世界。它所面临的科技伦理问题需要我们站在马克思主义实践论的立场上，用发展的眼光看待和处理。

第一章
为什么要在心灵哲学中坚定不移地信仰唯物主义

一般来说,"唯物主义"一词有两种意义,它既可以指一种道德学说,也可以用来表达一种作为世界观的哲学。18世纪,道德上的唯物主义在一定意义上等同于某种享乐主义,如作为伊壁鸠鲁信徒的拉美特利就是一个自我标榜为吃货、事实上也是死于无节制的饮食的享乐主义者,他提出唯物主义者有自己的道德基础。但是,这一道德基础并不是强调精神高于肉体的宗教,而是作为物质世界的总和并生生不息的大自然。拉美特利在其《心灵的自然史》中开宗明义地表达了这两种基础的对立以及自己的心有所向。

> 自然的道德(因为自然而有它的道德)也不同于用一种巧妙的艺术精心制造出来的道德。如果说后一种道德显得对自己的神圣来源(宗教)满怀敬意的话,前一种道德也是同样地深深尊敬真理,甚至尊敬那种仅仅貌似真理的东西的,它也同样地眷恋着它的各种爱好,各种乐趣,总之眷恋着肉体快乐。后一种道德以宗教为指南,前一种道德在感觉范围内以快乐为指南,在思想范围内以真理为指南。[①]

因为启蒙时代的宗教与世俗的冲突,唯心主义与唯物主义往往针锋相对,

[①] 北京大学哲学系外国哲学史教研室编译:《十八世纪法国哲学》,商务印书馆1963年版,第187页。

所以作为社会上层的理智群体对唯物主义的偏见在所难免，甚至任意越过在某种有限的意义上的藩篱而对唯物主义者进行恶意人身攻击。这一阶层把唯物主义跟粗鄙、底层和毫无节制等相提并论，比如恩格斯在《路德维希·费尔巴哈和德国古典哲学的终结》中对"由于教士的多年诽谤而流传下来的对唯物主义这个名称的庸人偏见"愤然反击，"庸人把唯物主义理解为贪吃、酗酒、娱目、肉欲、虚荣、爱财、吝啬、贪婪、牟利、投机，简言之，即他本人暗中迷恋着的一切龌龊行为"[①]。对于启蒙时代所发展起来的自然科学来说，唯物主义改变人类思想的真正效用不在于道德方面，而在于唯物主义通过以感觉为其认识论基础追求真理并与自然科学结盟所产生的唯物主义世界观的塑造或培育。查莫斯在心灵哲学领域展开有趣的调查，结果发现在今天的心灵哲学中，绝大多数心灵哲学家是唯物主义的坚定信仰者，就连一些基督哲学家也自称是基督唯物主义者。

一 唯物主义迷失及其后果：一个心灵观念史的速记

"世界是物质的"，这是唯物主义的基本主张。它虽然是一个非常古老的观点，但也是一个在与唯心主义共处时经常受其排挤压制的观点。因为唯心主义在历史上基本上是统治阶级思想，这与它所依附的现实生产力和生产关系有关。然而，不管如何被压制，唯物主义是一个非常有生命力的哲学观点。因为只要人类为了自身的生存和发展，进而不得不继续从事劳动实践和物质生产，那么能够正确处理人与世界关系的唯物主义就必然蕴藏着强劲的生命力。

事实上，随着人类社会生产力的大幅度提高以及科学理论和技术实践的全面迅速发展，唯物主义在改造世界中越发彰显出理论优势和实践能力，唯物主义的地位在当今社会之所以牢牢确立也是得益于此。不管怎么说，唯物主义开始接管这个世界，正致力于驱散这个世界的神秘性，包括心灵的神秘性。相反，唯心主义则逐渐式微，因为它失去了神秘主义的庇护，并在人类的种种物质生产实践活动中将自身的无能原形毕露。因为常常散布虚假信息或对种种现象作出牵强附会的解释，神秘主义屡遭世人唾弃，这正如马克思所言，"凡是把理论

---

① 《马克思恩格斯选集》第 4 卷，人民出版社 2012 年版，第 239 页。

引向神秘主义的神秘东西，都能在人的实践中以及对这种实践的理解中得到合理的解决"①。

唯物主义信仰尽管一开始是朴素的、本能的或习惯的（即未加哲学反思的），也许还混杂着各种包裹着唯心主义内核的自然宗教的思想，但是唯物主义依然能在改造世界、创造物质文明以及满足人的社会现实需要中，正确发挥观念指导的作用。马克思在论述人类的第一个历史活动即制造生产工具的历史活动时说："从这里立即可以明白，德国人的伟大历史智慧是谁的精神产物。"②当然，外部世界是物质的这一观点，符合人类认识和改造客观物质世界的常识，而心灵是物质的这一观点，则出乎人们对心灵有别于物质的常识的理解。

在人民大众的感性劳动和感性实践中，心灵和身体或意识与物质之间的矛盾尚不成为一个需要迫切加以讨论的问题。因为感性的生产劳动生活使人民大众还没有彻底地接受形而上学思维和与此相关的宗教信仰，他们只是在与他者的行为交往过程当中表达自己的思想的时候，还有在自己的睡梦中，发现心灵似乎就是一种可以脱离肉体的灵魂，可以自由地游荡于物质世界的时候，便不时地萌芽出心灵的观念。他们所构想的心灵的观念与心灵世界跟他们所直观到的物质性的外部世界形成鲜明对比，因而自发形成了一幅心灵与世界二元对立的世界图景。

经常制造出虚假意识形态的玄想家和僧侣在城乡分离的社会大分工之后有了一定的纯粹个人时间。在这闲暇之余，他们对世界与心灵的认识才有可能就此脱离现实的社会劳动和社会生产，这就使得想象在绝大部分时候占据这些形而上学家的大脑并在他们从事哲学思辨的时候发挥自主性和建构性的作用③。根据马克思在《德意志意识形态》中的阐发，这些形而上学家头脑中本来留存不多的唯物主义思想遭受到严厉的挑战和批判。

唯心主义者除了喜欢假定现实的、受物质制约的个人精神之外，还假定某种特殊的精神情况存在，这就为神秘主义心灵观与有神论提供了合法性依据。他们认为这种"特殊的精神"主宰自然界和人的心灵，物质本身只不过

---

① 《马克思恩格斯选集》第1卷，人民出版社2012年版，第135—136页。
② 《马克思恩格斯选集》第1卷，人民出版社2012年版，第159页。
③ 马克思把形而上的哲学活动理解为想象或构造的精神活动，它不同于现实的实践的意识活动。

是对某种特殊精神的显现和外化。正如黑格尔所言，精神外化为自然界。人的心灵既对立于物质也优越于物质，它能认识到某种特殊的精神。

马克思剖析了唯心主义认识论之谬误及其历史根源，"……只有在除了现实的、受物质制约的个人的精神以外还假定有某种特殊的精神的情况下才能成立"①。经过统治阶级在一定时期的宣扬和教化，劳动人民在历史实践中所形成的唯物主义观念受到了严厉的挑战。唯心主义理论凭借统治者的力量占据了主导性思想，并隐蔽地为统治阶级利益提供合法性论证。

当然，唯心主义僧侣也在幕后默默地发展出属于个人的、思辨的形而上构造。在唯心主义兴盛时期，劳动人民的精神被彻底异化了。这导致的结果就是，劳动人民在生产实践中创造了自己，却不能理解自己，他们接受了把自身引向神秘主义的种种唯心主义教条。正因为有了这样先入为主的种种唯心主义观念，劳动人民一旦在日常生活中试图对其所遭遇的事件进行解释时，他们很容易折向唯心主义。

因为人们在诉诸物质性的解释失效后或缺乏足够的唯物主义解释机制，很容易转向唯心主义解释，即胡乱地认定事物的本质以及编造不同事件之间的因果联系，这也是封建迷信之所以兴盛的原因。当苏格拉底号召认识论转向，即号召古希腊人把对自然的认识转向人的内心，而不去考察道德伦理所产生的物质根源时，有哲学理论品格的唯心论开始产生了。

柏拉图在心灵世界当中发现了世界的二重性，即现象世界与理念世界。他在脱离世俗、脱离生产的形而上学沉思中，相信了万物皆有其理念的泛灵论。柏拉图主张不能单纯地从现象世界本身来理解现实世界，而应该从理念世界当中的表达理念的概念运动当中去理解世界的运动与过程。这样一来，人们对世界现象的认识很容易被引向唯心主义和神秘主义。

毋庸置疑，唯心主义固然有其合理的意义，因为它通过对人类的心灵活动的能动反思把人类心灵的认识能力、认识规律和情感价值给揭示了出来，发展了人的主观能动性。而神秘主义则往往依附了宗教，视信仰高于理性，结果变相地压制了人的主观能动性和人的理性的发挥。因此，神秘主义解释很容易成为宗教的守护神和黑色外衣。这也就一点儿也不奇怪基督教创立之

---

① 《马克思恩格斯选集》第1卷，人民出版社2012年版，第151页。

初附会推崇理念世界的柏拉图主义,以此告诉万民上帝的存在与解释上帝何以万能与至高无上。

当然,神秘主义未必导向宗教信仰,比如现在心灵哲学当中涌现出了唯物主义的神秘论,如托马斯·内格尔、科林·麦金等。这些哲学家坚持神秘主义并不是想否定乃至推翻唯物主义,而是基于康德主义立场考量人类关于意识认知所不可或缺的概念装备。他们作为认知主义神秘论者,认为人类的认知局限性是妨碍人类对心灵的彻底认知的根本性原因。

这一根本性原因显然受制于我们当前的自然科学图景及其理论体系下的概念认识。有鉴于此,揭开心灵的神秘面纱还需要在科学的社会实践基础上,尤其是从量子力学、脑科学、脑神经科学的发展中吸收关于心灵认知的哲学概念,以便获得某种关于心灵认知概念性或理论性突破的灵感。

因为没有这些理论或概念上的发展和突破,我们的社会实践就不能达到相应的水平,即没有具备解释人的心灵的条件和能力,那么我们只能暂时认为心灵是神秘的和不可知的。作为对心灵的神秘性的理解补充,作为人的社会实践活动原则的宗教信仰则基于虚假的意识形态的欺骗和蒙蔽,如统治者的精神统治需要和社会规范、伦理道德的现实需要等,被有效地联系起来。

如此一来,"心理学问题常常是宗教的领地。希波教区主教圣奥古斯丁生活于 4 世纪。对于奥古斯丁而言,上帝是终极真理,而认识上帝是人类心灵的终极目标。……13 世纪,圣托马斯·阿奎那重新解读亚里士多德,并且稳固创立了经院哲学,这门学科重新把接纳人类理性作为在寻求真理道路上对宗教信仰的一个补充"[①]。

神秘主义往往是宗教信仰的表现形式,而宗教信仰通过烦琐的宗教仪式反过来巩固了神秘主义的权威。这一后果对于人类社会历史发展的危害是不言而喻的。最根本的是,唯心主义神秘主义跟宗教的铁血联盟牢牢地垄断了真理,扼杀了人类理性,扑灭了社会历史领域可能出现的不利于统治阶级进行阶级统治的任何变动。

这个世界在走向宗教意义上的"永恒""不朽"的同时,也走向了毫无

---

① [美]戴维·霍瑟萨尔:《心理学家的故事》,郭本禹等译,商务印书馆 2015 年版,第 33—34 页。

活力的沉寂，生产力的停滞和经济衰败，甚至社会的腐朽与堕落——欧洲中世纪僧侣的腐朽与堕落就是对失去竞争与活力的社会的可怕写照。神秘主义、宿命论和决定论所带来的愚昧呆滞犹如瘟疫一般在社会的方方面面慢慢流行开来。这反过来也让孤寂苦坐于冰冷高深的修道院中的经院哲学家们凭借其出神入化的哲学思辨驰骋于当时神学、科学与医学等一切领域解释中。

神秘主义世界观对于科学的戕害和真理的探索是致命性的。陈修斋先生在论述欧洲实体学说的流变时，证实了中世纪的神学对科学研究和追求客观真理的危害：

> 这些经院哲学家们认为，每一类的实体，都各有一种特殊的"实质"（entity），构成其实在性和"种差"，而与这实体的各部分的关系无关。这种实质也就是所谓"实体的形式"。例如火之不同于水，不仅是由于其各部分所处的境况不同，而是由于火具有与水截然不同的某种"实质"或"实体的形式"。当一个物体的状态改变了时，也不是它的各部分有了变化，而是一种"形式"取代了另一种"形式"。如水之变成冰，他们也认为是一种新的形式取代了先前的形式从而构成了一种新的物体。不仅那种实体之间带根本性的不同是用这种"实质"或"实体的形式"的不同来解释，而且那种微小的和感觉性质方面的变化，也用所谓"偶性的形式"的不同来说明。[1]

我们可以从这看到，唯心主义者理解世界万物的模式，即形式。首先对世界万物进行归类，这种归类当然得依赖于概念定义。归类之后的实体就不总是真正的实体，而是一些抽象的概念，然后对规定物质的概念冠以"特殊的'实质'"，这些"实质"就是充满了种种关于隐秘的质的奇奇怪怪的猜想的心灵产物。这样，唯心主义就容易否认社会历史与自然科学规律，随心所欲地歪曲现实，裁剪历史，甚至伪造历史和制造虚假的病理学和社会学原因。

比如，唯心主义者并不从物质对象，如鸦片的物理化学功能当中去理解鸦片的性质，而是从鸦片在吸食它的人身上的效果上发明出某种"隐秘的质"

---

[1] 陈修斋：《试论西欧大陆唯理论派哲学家的实体学说的演变》，《武汉大学学报》1980年第6期。

来说明物质本身。癫痫病应该从病理学上去寻找癫痫病发病的原因,而不是归咎于他们所发明的"魔鬼附体"。这一纯粹依靠思辨炮制出来的关于万物的自然本质的唯心主义的说明方式是一种徒增实体的说明方式,它只会使得我们远离对事物的性质本身的认识,增加我们对神秘世界的恐惧和对宗教的越发依赖。

总之,用通过奇思妙想得来的虚妄不实的实体猜想以及由此发展一套关于这些纯表达于概念实体的理论来解释客观的物质性质和物质的运动规律是当时形而上学家的惯用手段。这些手段会把我们从探求真理和真正对各种现象作出科学解释的道路上引开,由此造成社会发展的停滞不前,并给普通百姓平添无妄之灾。

> 因此,如软、硬、轻、重、冷、热之类,也都是一些和它们所属的物体截然不同的存在物。众所周知,经院哲学家们就用无数所谓"隐秘的质"来解释事物的各种现象。如鸦片之所以能使人麻醉入睡,就因为鸦片具有"使人入睡"这种"隐秘的质"。这样,对于任何一种未能解释的现象,都只需用一种同名的"隐秘的质"来搪塞。这当然就完全阻塞了人们探求真理和真正对各种现象作出科学解释的道路。因为经院哲学的这种解释不仅毫无意义,而且往往导致种种错误见解而妨碍了对事物现象作出正确解释。例如有些物体落在地上而有些物体升入空中,经院哲学家们就说"重"是落地物体所具有的"实体的形式",而"轻"是升空物体所具有的"实体的形式"。这样,重的和轻的物体就被说成是两类具有本质上不同的特质的物体,从而阻止人们去研究这些表面上不同的现象是否出于同一原因,并能用同一规律来解释。[1]

由此观之,脱离了与社会物质产生的历史实践相结合的唯物主义的引导,我们容易迷恋神秘的"形式"来解释世界。这样我们就很难获得更多的关于物质世界的真正知识,我们只能在思辨的神秘王国中被种种不可证伪的神秘解释搞得云里雾里,失去了发挥理性思维的能力。有鉴于此,马克思强调,

---

[1] 陈修斋:《试论西欧大陆唯理论派哲学家的实体学说的演变》,《武汉大学学报》1980年第6期。

知识从认识论上讲不应该完全脱离感性，这样容易陷入胡乱猜想和空洞抽象的危险。

马克思进一步认为，知识的真理性不是一个经院哲学问题，而是一个实践问题。它应该严格地限定在服务于我们的生产与生活的经验层面，理论问题只有在广大人民群众的物质生产活动中才能解决，才能实际地增加和积累人类知识。因此，马克思认为，生产劳动和从事科学技术的发明创造才是推动历史发展的"火车头"，而"天命观"与"目的论"之类的解释历史发展过程的抽象的思辨形式只能对历史之外的文学叙述做一些于事无补的点缀。

马克思强调，事实相对于观念而言具有优先性。观念解释绝不能改变事实本身，除了作为一种蒙蔽人民的虚假的意识形态宣传。马克思通过一个现实的事例来论证自己的观点，即"好像美洲的发现的根本目的就是要促使法国大革命的爆发"①。美洲的发现是一个偶然的经验事实，对于这一事实的解释就应该追溯到美洲大陆之所以被欧洲人哥伦布发现的社会条件、经济条件和技术条件等这些被叙述者的意识形态所遮蔽的物质事实。

而唯心主义者们基本上却无视这些基本事实。他们擅长倒果为因，通过发明了一些无法通过实证予以辩驳的逻辑术语，把法国大革命和美洲大陆的发现因果解释性地关联起来，从而论证自己的意识形态的合理性与合法性，即把法国大革命视为美洲大陆发现的目的性原因，从而宣扬法国大革命所昭示的理性精神是一切社会现象发展的根本性原因。

不过，唯心主义并非毫无益处。它的应该被认可的优点在于为唯物主义的理论抽象提供相应的概念工具，从而增强了唯物主义深刻地认识世界的能力。对于马克思主义者们来说，他们非常清楚地知道他们从唯心主义的哲学思考中发现不了科学的实证精神和实证能力，也发现不了基于人类的生产关系和生产方式解释社会现象的唯物史观，因为它的能力在于"过分地"②思辨。

过分思辨容易造成随意地解释历史，任意地（或根据他们自己的心理需

---

① 《马克思恩格斯选集》第1卷，人民出版社2012年版，第168页。
② 思辨本身未必过分，过分的是让意识思考脱离社会现实即不受思辨本身所支配的界限、前提和条件，凭借一套概念范畴体系去自行地推演和附会各种历史事实。

要或他们所倾向的政治现实需要）诉诸天命般的目的论的局面。这样，过分思辨的哲学批评就突出精神的历史解释作用，这一心灵活动的主要工作是驾驭概念与范畴，如把"目的""绝对精神"等概念强加于两个或多个不同的事件，赋予这些事件之间以因果必然联系。过分思辨对于唯心主义者犹如属性或功能对于实体，即便是前后两个时间顺序颠倒的历史事件也因为天命论的哲学思辨色彩而戴上因果关联的概念枷锁。因此，过分思辨不让物质运动规律染指唯心主义者的精神活动，以便完成哲学这样的自夸，即"历史的哲学仅仅是哲学的历史，即他自己的哲学的历史"[①]。

二 唯物主义心灵哲学与自然科学的结盟

脱离了自然科学这一作为第一生产力推动力的历史进步的火车头，唯物主义就蜕变成了空洞无用的哲学口号，什么也解释不了。它所能容纳并表现出来的理论思维能力几乎没有什么标志性扩张。甚至可以说，它并不会超越其在唯心主义占据统治地位的时代已经表现过的唯物主义的理论思维能力。因此，唯物主义必须跟科学结盟，就犹如马克思所强调的那样，理论必须关照现实、指向现实一样。

事实上，启蒙时代的科学作为一种倾向于唯物主义世界观的现代物质生产方式和人的实践方式也在不断地随着科学实践的成功而由此不断更新着我们的唯物主义世界观。唯物主义在自然科学的强有力的推动下不断地发展自身的理论形式。恩格斯在论述19世纪的自然科学的发展及其与唯物主义的关系时就有这样关于自然科学与唯物主义之间的辩证性互动的准确洞见，"（甚至）随着自然科学领域中每一个划时代的发现，唯物主义也必然要改变自己的形式"[②]。

因此，基于这样一个基本论断，即世界从根本上来说就是物质的或同一于物质，被现实科学逐渐确立起来的唯物主义信仰是正确的、科学的。尽管唯物主义随着当代科学的迅速发展变得越来越客观，科学家和哲学家试图在任何领域内把唯物主义认识路线坚持到底。但是唯物主义虽然源远流长，被

[①]《马克思恩格斯选集》第1卷，人民出版社2012年版，第221页。
[②]《马克思恩格斯选集》第4卷，人民出版社2012年版，第234页。

历史所选择并展现自身改造物质世界的威力却是一个历史过程。

但是，基于几千年的前科学时代的唯心主义流俗熏染，在心灵哲学中践行唯物主义却似乎不是那么容易的事情。因为，笔者在一开始就论述过，心理现象、状态与过程跟物理现象、状态与过程存在着种种基于认识论的本质上差别。这些差别一方面导致了我们对世界和心灵的理解产生了实质性的偏见，另一方面，这种认知偏见引发不同的哲学建构与表达，即我们所知道关于唯心主义和唯物主义的不同哲学路线斗争。尽管从理性上讲，正如唯物主义相对于唯心主义的正确性，只有在本原这一狭隘的范围内才有意义。

从某种意义上，古往今来的哲学就是处理心灵和世界的关系。因为对于世界与心灵的认识视角的不同，由此形成的世界观也有所不同。历史上，相对于唯心主义世界观而言，唯物主义世界观有着远未成熟的思辨系统和理论体系，唯物主义世界观的支撑和形成的强有力的理由似乎只在于它在处理具体物质生产的过程中才被给予一定的技术上的重视。

因为，在唯心主义主导的世界观里，劳动本身受到轻视，物质生产和物质交换在历史发展过程中被理解为一些无足轻重的人类活动。可事实上，唯心主义对自然界的改造活动只有虚假的理论推动作用，对以人的意识活动为基础的社会历史的发展也影响有限。尽管不可否认的是，唯心主义的确有这样强大的思辨传统，即有着从主体方面对心灵与世界进行过分理解，以至于它在编制包揽万有的抽象的形而上学体系的时候，抽象地发展了人的能动性。

相对于唯心主义不被担心意义和价值之类问题来说，唯物主义之所以难被坚持是因为缺乏一个它自身能提供的自然化的精神世界以栖息。因此，唯物主义者必须径直面对现有科学知识所有所不逮的未知领域。它只能纯粹靠人类有限的理性的力量和唯物主义信仰在尚未知晓的无知黑夜里摸索前进。尽管如此，这似乎是唯物主义可敬的地方，追求真理是近代唯物主义兴起的一个很重要的精神理由。在某一段时期，这种理由提供了科学发展的满足性条件。

反观唯心主义，它同样有追求真理的诉求。但是它在追求真理的路途中通向了求得心灵安慰的歧路，结果它的追求作用似乎与鸦片具有同等功效。从历史上看，唯心主义似乎跟神秘主义有一段坚不可摧的结盟，唯心主义的兴盛也不是凭空而起。凡是用当下知识不能理解和不能解释的，都被思想懒惰地贴上神秘主义的标签，然后被输送到跟现实的物质生活无关的唯心主义世界里，然后通过对现实生活进行相关的因果解释的虚构，最后又灌输给因为对于自己无法解释的现实世界的现象和事件的恐惧而主动接受某种带有神秘色彩或封建迷信的虚构解释的民众。

因此，人类总是被束缚在思辨的、抽象的、神秘的和因果混乱的思维框架中小心翼翼地生活。疾病或心理学研究就是一类典型的例证。在前科学时代，人体解剖是不可思议的事情，一定会触犯神灵。心理疾病不是被忽视就是被涂上穿凿附会的解释，比如把癫痫视为某种神灵附体。因此，要做一个彻底的唯物主义者，就要让一切在自己的理性法庭上受到最无情的批判，"一切都必须在理性的法庭面前为自己的存在作辩护或者放弃存在的权利"[1]，其目的就在于祛除"任何神秘和思辨的色彩"[2]。

因此，信仰唯物主义需要巨大的理论勇气，尤其是信仰唯物主义心灵哲学。坚持唯物主义的理论勇气就在于坚持用唯物主义的主张，即我们通过物质统一性的知性理解来衡量一切包括物质现象和心理现象在内的现象。因此，人的心灵也未能有法外开恩的豁免权，它也应该被理解为物质的东西，即一类由基本物质所派生出来的物质形态。

把心理现象、状态和过程还原给物理现象、状态和过程的还原论是当代唯物主义的主流。但是，将心理现象还原为某种物质或物质形态的难度，有可能是唯物主义信仰在此难以为继的滑铁卢。因为这种还原的不可能的相关论证似乎成为还原论唯物主义者的不可逾越的拦路虎。心灵的神秘性成为滋生不可知论和神秘主义的温床，由此也成为唯心主义尚有市场的原因。

唯心主义者凭借着世界的神秘性而任意增加只有哲学家自己才懂的神秘实体和概念，比如绝对精神，以此不断编造一个个自称可以永恒的固若金汤的形而上学体系，从而形成虚假的意识形态得以藏法纳垢的唯心主义的世界观。恩格斯领会马克思的唯物主义哲学意图，他强调马克思的新唯物主义同黑格尔的唯心主义的决裂，重新把观点世界的视角落在了唯物主义的观点上。也就是说，他试图在一切科学领域贯彻唯物主义，无论是自然科学领域还是社会科学领域，由此形成一个世界统一于物质和物质运动的科学哲学体系，

---

[1] 《马克思恩格斯选集》第3卷，人民出版社2012年版，第775页。
[2] 《马克思恩格斯选集》第1卷，人民出版社2012年版，第151页。

这一科学哲学体系一以贯之地表达了唯物主义的世界观中，从而形成一个科学的世界观。恩格斯强调："同黑格尔哲学的分离在这里也是由于返回到唯物主义观点而发生的。……除此以外，唯物主义并没有别的意义。不过在这里第一次对唯物主义世界观采取了真正严肃的态度，把这个世界观彻底地（至少在主要方面）运用到所研究的一切知识领域里去了。"①

唯物主义心灵哲学不仅是一种极具理论勇气的充满批判精神和革命精神的哲学主张，更是一种非常严肃的科学态度。所谓心灵哲学的科学态度，其宗旨还是秉承启蒙主义的"怀疑非物质的心灵"的理论勇气，试图把心理属性还原为一种物质形态，即用物质本身的属性、存在方式和运动规律来解释心理实在和属性。这既要驳斥哲学家认为心灵不是科学研究对象的形而上学的观点，也要反对持有这一观点的理论预设和价值前提，即科学只适用于非心灵的物质，因此只有用思辨的态度才能把握心灵的本质。恩格斯强调心灵也是科学的研究对象，而且科学研究不应该有先入为主的理论预设，而是要按照（自然的和历史的）事实的本来面貌来进行研究，即实事求是。他说："人们决心在理解现实世界（自然界和历史）时按照它本身在每一个不以先入为主的唯心主义怪想来对待它的人面前所呈现的那样来理解。"②

唯物主义心灵哲学要掌握解释心灵的话语权，就应该努力扑灭流行在心灵哲学当中的种种形式上的神秘主义和目的—因果论的二元论。唯物主义者明显对立于唯物主义的精神运动的世界图景，或理念、概念运动的世界图景，唯物主义者就应该形成，至少尽可能地（这一种尽可能的判断只能依据生产力和科学的发展程度）形成唯物主义世界观。

也就是说，强调世界的一切现象都统一于物质，即一切现象都能从物质存在、物质形态和物质属性与它们的运动变化规律当中得到合理说明的唯物主义世界观是我们理解自然的心灵的出发点和归宿。当代信仰唯物主义的责任和使命就是要在一定的历史时期、一定的科学发展中找到关于当代科学所能提供的对心灵问题的真正解答的证据、观点和方法。

因此，唯物主义者要彻底打破唯心主义哲学体系，就应该跟自然科学结盟。

---

① 《马克思恩格斯选集》第4卷，人民出版社2012年版，第249页。
② 《马克思恩格斯选集》第4卷，人民出版社2012年版，第249页。

因为自然科学本质上是以不同的物质实在部分为其研究对象的,如从量子等微观物质到存在实体的桌子、椅子,都是科学的研究对象,乃至于心灵。因此,自然科学和唯物主义在理论预设上就有一致性,都把一切研究对象视为物质的,主张用物质的观点、方法和理论去研究各种具体物质形态的本质及其运动规律。

因此,自然科学和唯物主义就是天然的同盟军,它们有共同的哲学方法论和哲学立场。自然科学是唯物主义哲学借以适应时代发展,从而改变自身哲学形态以便更好地解释物质世界的脚手架。有了唯物主义的指导,自然科学就真正成为追求真理、探索未知及改造世界的无产阶级武器。这一点,从自然科学家转化而来的哲学家看得非常清楚:

> 在十九世纪,自然科学作为一种社会建制(a social institution)业已成熟:它进入大中学校,要求把实验室和图书馆并列,并且宣称:古典文学和哲学都不是真正的教育者,只有它才是真正的教育者。……海克尔、赫胥黎、克利福德的好战,是处于攻势中的科学之表现。这些著作家促使公众注意到一种新的并且如它后来所显示的是极其强大的社会力量的出现——这有点像一位小伙子的躁动不宁使人注意他已经是一位不得不加以重视的新人了。[1]

事实上,这一种结盟就是要把科学哲学化,即科学必须要有一定的物质概念基础和坚实的逻辑结构,进而提高科学关于其研究对象和方法研究的理论水平。这样一来,科学实干家不仅知其然,而且知其所以然,科学发展也就不至于过分地偏移在错误的道路上,这是唯心主义指导科学所给我们的教训。这样的唯心主义指导,尽管有一些天才的思想,也预测了一些后来的科学发现,但是总的来说,科学发展陷入了没有意义的空洞的概念中,如用"隐德来希""活力"来说明人身上子虚乌有的精神性存在。

另一方面是要把哲学科学化,我们要把哲学的功能予以重新定位。哲学是一种科学的世界观和方法论,哲学的功能的确在于解释现实世界,而且还

---

[1] [澳]约翰·巴斯摩尔:《哲学百年 新近哲学家》,洪汉鼎等译,商务印书馆1996年版,第361页。

要改造世界。哲学不再是一种脱离现实的形而上学，而是一种致力于改变世界的革命性力量。它让不断发展的与心灵的某一方面相关的自然科学的最新成果成为我们关于心灵与认知的哲学思考的理论依据。通过对当代物理学、心理学、神经科学和脑科学的融合和修正，构建包括心灵和社会及其运动规律在内整个物质世界的结构体系的科学系统。

科学主义者蒯因在论述哲学的功能时提出，哲学是自然科学的继续，就是要让哲学为科学的进一步发展提供可能性，从而使哲学成为不断变革科学概念从而推动其发展的助推器。这样，不仅会为科学不断变革自己的发展形式和力度提供相应的理论空间和推动力，也会在各种科学的发展的新的可能性进路中发现对心灵问题的诊断与解答，从而提供与科学一致的心灵观。

唯物主义者一旦从物质生产实践中和具体的自然科学研究中获得大量而充足的关于物质概念与物质运动规律的确证性科学成果，并以科学逻辑的方法整理这些材料，那么可以一反过去自然哲学只能靠猜测和逻辑推演说明事实的作风，即"用观念的、幻想的联系来代替尚未知道的现实的联系，用想象来补充缺少的事实，用纯粹的臆想来填补现实的空白"[①]。

一旦哲学有了科学的自然研究成果——具有很好的唯物主义哲学养分的成果，便可用于制成令人满意的自然体系。这个自然体系就向我们展示了唯物主义的世界观。因为它能符合事实地证明这个世界是物质的。唯物主义者"决心毫不怜惜地抛弃一切同事实（从事实本身的联系而不是从幻想的联系来把握的事实）不相符合的唯心主义怪想"[②]。就这样，唯物主义者就要用通过科学实践所得到的不同物质之间的实际代替空洞抽象的联系。自然科学在唯物主义思想的指引下，通过自己的实践劳动和科学经验确证了世界的可实证性、非神秘性与可知性。

为了更好地改造自然与社会，实现自然和社会的统一，实现人的解放和自由，科学必须摆脱神秘主义恐惧，摒弃那些把我们引向神秘主义的没有意义的语词和空话。我们必须果断地抛弃唯心主义世界观，树立起自然和历史相统一的唯物主义世界观。坚持唯物主义就是要反对过分地思辨，清除一些胡编乱造的神秘存在物，号召科学活动从物质本身的规定性和物质自身的运动等方面去

---

① 《马克思恩格斯选集》第4卷，人民出版社2012年版，第252页。
② 《马克思恩格斯选集》第4卷，人民出版社2012年版，第249页。

说明所发生的事件本身,以便现实地发现不同事件之间的逻辑联系。

这样就有了唯物主义世界与唯物史观产生和发展的科学逻辑,即把社会历史的发展动力归结为"是具有意识的、经过思虑或凭激情行动的、追求某种目的的人"[①]的社会历史活动,从而清除了在历史领域中大量充斥着的臆造的人为联系,确立起"那些作为支配规律在人类社会的历史上起作用的一般运动规律"[②]。

恩格斯对 19 世纪的科学发展叹为观止,他深刻地领悟了科学与哲学结盟的必然性及其对社会发展所产生的革命意义。他提出了如下论断,即"18 世纪科学的最高峰是唯物主义,它是第一个自然哲学体系,是上述各门自然科学完成过程的结果"[③]。恩格斯的论断不是凭空猜想,也不是基于思辨的结论,而是着眼于当时所呈现的种种科学事实。

经验自然科学所提供的关于自然界和人类社会的知识不再是孤立的、分散的和有限的,而是联系的、整体的和系统的。由于上述各门自然科学事实的完成和汇合,第一个自然哲学体系得以形成。恩格斯认为,"由于这三大发现和自然科学的其他巨大进步,我们现在不仅能够说明自然界中各个领域内的过程之间的联系,而且总的说来也能说明各个领域之间的联系了"[④]。

鉴于这种联系,唯物主义者凭借感性的确定性这一基础就可以在脑海中形成一幅关于自然界、社会和人类心灵彼此联系的清晰而系统的地图。这一系统的逻辑地图跟墙上挂的地理地图一样,可以被社会所共享、确认和掌握。它的形成不依赖于个人的纯粹思辨或天才猜想,而是社会各个科学部门通力协作的结果。科学的优势在于把隐匿在自然现象之后的东西揭示给人看,这就使得种种神秘的东西和思辨的东西不攻自破。

三 当代唯物主义的哲学困境:解不开的意识之结

的确,科学一旦被实际从事物质生产的无产阶级劳动者所掌握,便爆发

[①] 《马克思恩格斯选集》第 4 卷,人民出版社 2012 年版,第 253 页。
[②] 《马克思恩格斯选集》第 4 卷,人民出版社 2012 年版,第 253 页。
[③] 《马克思恩格斯全集》第 3 卷,人民出版社 2002 年版,第 527 页。
[④] 《马克思恩格斯选集》第 4 卷,人民出版社 2012 年版,第 252 页。

出惊人的效能，无产阶级一经教育，也可以有用于改造现实的理论思维能力。从理论功能上讲，科学理论思维跟唯物主义的形而上学思维结合在一起，形成了一幅相生相长的局面。科学越要向前发展，越要占领如心灵科学在内的一切认识论禁区，便越要实现自己的理论超越，从而跟扩充科学的理论思维能力的唯物主义哲学相结合，以使唯物主义的理论形态更好地促进科学自身的发展。

唯物主义的形而上学图景形成于唯物主义者不断反思自己关于不同的物质概念的科学图式和不同的物质概念之间的逻辑联系。现代科学的特点便是越来越具有非直接指导现实但是跟现实具有很强的实际联系的理论思维作用。科学与唯物主义在整个世界范围内逐渐成为我们所能接受的，并成为融入我们生活实际当中的主流思想。因此，唯物主义的科学解释便成为现代人理解一切发生的现象的首要选择，这跟过去首先想到唯心主义的种种神秘解释截然相反。

当今心灵哲学领域的种种争论和探讨，归根到底就是要提出如何将心灵进行自然化的种种方案。所谓心灵自然化就是根据不断发展着的、打上了科学烙印的唯物主义观点去解释人的心灵的本质、结构和运作方式。当代研究心灵哲学和心灵科学的学者基本上都是唯物主义者。他们都坚信心灵是一种物质现象或自然现象，只不过当现代科学还没有发展到足以解释心灵的时候，心理现象仍然是谜一样的存在。但是，这并不妨碍唯物主义者对心灵自然化的雄心壮志。因为，过去的科学成果令人瞠目结舌地推翻了我们以为天经地义的常识，做出了前所未有的突破。科学从一开始的举步维艰，跌跌撞撞，以至于到后来通过不断地解决现实问题改变世界，从而形成了唯物主义世界观。

恩格斯在19世纪看到了一幅虽然远不完善，但是已经建立起来的唯物主义世界观的科学图景。因此，当代唯物主义者没有理由不去尝试"世界是物质的"这一哲学主张，即要求把种种高深莫测的心理现象还原为一种物质现象，以便建立起一个更为清晰的、可以迅疾跟我们的社会精神生产相结合的关于物质世界的科学图景。这样我们可以把它转变为现实的生产力，以便造福人类。当代澳大利亚心灵哲学家弗兰克·杰克逊如是表达了心灵哲学界的心声和自己的志业：

寻求肉体的物理原因竟然是最科学的伟大成就之一，这是难以置信的。我们一度认为闪电是由于雷神发怒，现在我们解释它是由电势不同造成的释电。我们曾解释抽水机的操作原理是真空不相容性，现在我们解释为气压。我们曾解释植物的生长为生命灵气，现在则解释为细胞分裂。我们很难相信我们手臂弯曲的原因是因为喝啤酒的期望引起的。

我们能从外部发现一些影响事件发生的证据。我们会发现，肌肉收缩要比我们用肌肉纤维组织的化学改变来解释还要快，这似乎是不合理的；或者从大脑中传导出的信号激活的那些变化并不能被计入像物理描绘的那样用先前的大脑状态解释，或者大脑中的一定的因果互动，或外部刺激我们而影响中枢神经系统方式。原则上，这些超越了神经科学能解释的范围。[1]

杰克逊的观点表达了科学通过摆脱唯心主义的蛊惑，找到了自己赖以生存和发展的形而上基础，即诉诸唯物主义解释——一切不解之谜都可以在物质性的存在、运动和变化发展中得到合理的自然化的或者非神秘化的解释，这是正确的科学研究方向，不能有丝毫动摇。以前，我们无法理解电闪雷鸣，认为这一自然现象是雷神发怒；我们不知道一颗种子变成参天大树是由于细胞分裂，而是把它视为生命灵气。当一个个无法理解的神秘现象被排除的时候，我们发现了何为自然。现在我们有理由认为，人们的快乐、痛苦和悲伤等主观体验是可以根据某种物质形态说清道明的，这让我们对现在还以之为生命原则的生命力这一非常炫目的流行语保持哲学上的怀疑。当我们对物理世界有了一些科学理解，并由此形成一副从微观到宏观的理解架构时——尽管具体科学还在补充一些细节性的知识，比如发现了宇宙的新物质；发现了脑的某个部分的神经发射跟我们的记忆、思考和情绪的某种关联等，我们有理由相信现在的心灵研究工作能够推动心灵哲学的发展，直至揭开心灵的奥秘。

一般来说，没有哪个哲学家怀疑比发现心灵的秘密更能勾起哲人的兴趣，

---

[1] ［新］戴维·布拉登-米切尔、［澳］弗兰克·杰克逊：《心灵与认知哲学》，魏屹东译，科学出版社2015年版，第11页。

也没有哪个哲学家认为还有什么事业比揭开心灵的奥秘更困难重重。因为，心灵似乎只留下了它的物质性印记这一活动场所，即神经关联物或神经基质。但是，它本身却从不曾在物质世界面前现身。心灵总是躲在物质的背后，却让我们直观或相信它的与众不同的神秘存在，以至于哲学家麦金认为心灵不可能是科学研究的对象，因为现在的科学还只能研究种种有物理因果效应的东西。

老实讲，心灵似乎是一个神秘的黑箱。这是功能主义心理学关于心灵的经典隐喻。它借助人类大脑这个物质性设备，有目的地通过我们身体所做的每一处活动、行为和过程，如跑、跳、走路和说话等，发出神秘性指示。这会让我们产生这样一种大脑中驻扎着作为主体的自我的"小人理论"错觉。但是，当我们凭借科学仪器检查人脑这个物质性心灵侦探仪器时，只能发现大脑里一串串电子脉冲的发射和传递，大量的神经元、突触、树突以及细胞活动，从来不见心灵活动的痕迹。

整个大脑宛若一个巨大而忙碌的发电报工作室，电报内容随着我们的大脑活动源源不断地输送进来。人的心灵状态、活动和过程则取决于这些神经元、突触、树突和细胞活动的"大规模兵团协同作战"。因为三斤重的鲜活头颅中存在860亿个神经元，尽管只有很小的一部分神经元参与我们当前的意识活动。但是如果某人的后脑勺突然被别人打了一闷棍，却很有可能导致他的意识模糊。因此，我们不得不从如下两方面跟进我们的心灵哲学研究。

一方面，对心灵科学的探讨不单是哲学家的事业，还是科学家的事业。心灵科学要有真正的突破，不能再仅仅依靠哲学家或某一科学家，如心理学家的单兵作战，而需要哲学家配合多个自然科学齐头并进。因此，当代心灵哲学的讨论大多数是在具体科学的发展程度或发展进程中进行的，是心理概念分析和脑神经科学、心理学、精神病理学、生理学、生物学、认知神经科学和物理学、计算科学、人工智能、量子力学等的有效结合。

特别是磁共振成像技术（Magnetic Resonance Imaging，MRI）、正电子发射断层扫描（Positron Emission Tomography，PET）和脑电图（Electroencephalograph，EEG）等逐步打开了人脑之黑箱，并且绘制出了大脑全局功能地图——这一项令人瞩目的工作是由加拿大的神经外科学家潘菲尔德（Wilder Penfield，1891—1976）在对人类大脑皮层的临床研究中所开创的，他的基本方法是"让病人处于清醒状态，这样可以询问病人的主观感受，观察行为变化"[1]。

神经科学家不但发现了意识所借以产生的大脑皮质活动，更认识到心灵的创造活动不仅依赖于大脑的活动区位，还依赖于不同脑区位的神经网络结构。这好比灯亮取决于灯泡、开关和人的同时合作。有了这些科学研究的实际成果，我们虽然不能靠近心灵哲学的本质，但是我们却可以了解心灵的活动方式、心灵和大脑之间的实际联系，比如什么样的大脑状态就有可能出现什么样的心理状态。同时，大脑的某个部位的损伤可能导致哪些心理现象出现或缺失等。

最有趣的是，脑神经科学家发现了在人身上存在着大量的心理学僵尸行为。所谓心理学僵尸，就是无意识的条件反射，而我们在过去日常生活当中却把这种无意识的心理活动视为有意识的心理活动。比如，"有东西突然靠近眼前你要眨眼，呼吸被堵住你要咳嗽，灰尘使鼻子发痒你要打喷嚏，出乎意料的噪声或者突然的运动会使你吓一跳"[2]，等等。

僵尸模式完全不同于有意识的处理模式，前者可以认为是机械性本能，而后者则是有意识的创造性活动，承载着责任、道德与伦理等社会要素。美国认知神经科学家加扎尼加说，科学界基本上已经达成共识，心灵是大脑这一有机体进化到高级阶段的产物，"神经科学家和心理学家都做出了这样的结论：大脑作为一个整体一定大于其部分之和，大脑一定能产生心智"[3]。

但问题是，我们不知道心灵如何产生于物质，只知道心灵可能是神经元网络结构的整合性产物。根据这一突现论的观点，我们可以接受大脑所产生的意识功能不同于单个或一小部分元细胞的功能。但可以肯定的是，心理现象或属性是人脑这一生物系统的高阶生物现象或属性。

唯物主义心灵哲学家死死抓住心灵的种种概念问题，基本上把不同于物理现象的心理现象分成两类：一类是感受性质（Qualia），就是我们的主观体

---

[1] 陈宜张等编：《人类大脑高级功能：临床实验性研究》，上海教育出版社2010年版，第3页。

[2] [美] 克里斯托夫·利赫：《意识探秘：意识的神经生物学研究》，顾凡及、侯晓迪译，上海科学技术出版社2012年版，第286页。

[3] [美] 加扎尼加：《认知神经科学：关于心智的生物学》，周晓林等译，中国轻工业出版社2011年版，第14页。

验、具有现象学性质的东西等。这一概念基本上类似于洛克所说的第二性质，只有我们的主观意识状态才能把握它，感受性质是使得我们的人生变得丰富多彩的东西。比如，我们看见桃花的粉红、盐水的咸味和饥饿的感觉等。另外一类是命题态度（Proposition Attitude），其包括人的理性思考状态，它是人的有内容的思维形式，如欲望、相信、怀疑、猜测等。比如我想要一杯奶茶，我相信北京是中国的首都，我怀疑马克思的全部手稿是否还留存于世的事件，等等。

坚持唯物主义立场的心灵哲学家一旦以唯物主义的眼光反思人的理性或思维的技艺，语言的幻象在理性的照妖镜下立刻暴露无遗。在当今唯物主义者或物理主义者看来，心灵是一个前科学时代的术语，因此需要用科学的概念框架和科学理论，尤其是物理学的术语，给出新的符合科学理论的解释，否则干脆把它送进语言历史博物馆，留给人类学、语言学等学科研究。

正如鼓吹取消民间心理学的取消主义者们所说的那样，民间心理学有着大量的关于心灵的伪科学概念，其中的心理清单充满荒芜驳杂和混乱不堪，要么充斥着如"燃素""热质"之类的子虚乌有的心理概念，要么就是充满了词语的误用。因此，根据保罗·丘奇兰德（Paul Churchland）的看法，要发展出一门关于心灵的科学，就首先要对"我们的心灵本体论、结构论、地形学、地貌学的深层基础及其形成发生过程进行必要的批判反思"[①]。

我们试图用科学的或者理智的方式对心身问题略施牛刀的时候，却惊讶地发现我们压根就没有真正理解过心灵，如果我们完全放弃内省的话，甚至连理解心灵的理路也无迹可寻。这时候，我们发现，我们似乎碰上了奥古斯丁在思考时间的本质时所遭遇的类似难题。我们不但不能直接地回答心究竟是什么，甚至就连试图把心身问题准确而清晰地表达出来都很难。维特根斯坦以前，有很多一辈子都热衷于参心悟道的哲学家，但是他们差不多在专门从事探讨心灵的本质等问题的时候一筹莫展，除了炮制自己的心灵哲学理论以外，没有实质性的进步。

实际上，维特根斯坦的语言哲学革命为心灵哲学所带来的震撼是，心灵几乎是一张心理语词所编织的无形之网。因此，心灵现象很容易受到错误的

[①] 高新民：《心灵与身体——心灵哲学中的新二元论探微》，商务印书馆2012年版，第574页。

语言表达的遮蔽。有鉴于此，维特根斯坦建议从分析心理语言入手来把握心灵本质。鉴于语言分析的哲学用法，我们成功地发现我们一直在受民间心理学的心灵认知的概念架构的误导。高新民现实指出：

> 当代心灵哲学、认知科学以及发展心理学、动物心理学将它（常识心理学）称为"民间心理学（Folk Psychology）"。它是典型的原始文化的残留物或"活化石"，因此值得解剖和分析。因为通过对它的剖析，我们既可反观原始灵魂观念的庐山真面目，也可窥探当代人的文化心理结构以及人关于自身的常识图式，更可从中探寻二元论者坚持这样一种显然有逻辑问题的理论的心理学奥秘和根源。[①]

意识的自然化操作的前提是把有待解释的心理现象与可据解释的物理现象区分开来。可是，心理现象又包罗万象，千姿百态，林林总总。因此，我们事实上就连提出区分心理与非心理的标准也很难。塞尔还是勉为其难地为心理现象特征的判断给出了四个依据，即有意识、意向性、主观性和心理因果性。鉴于心理现象的有意识性或现象学性质是心灵的最重要的、最典型的、最神秘的特征，使我们把身心问题转移到使其颇为棘手的意识的根本性问题上来。

我们可以发问的是，意识的本质究竟是什么，思维本身算不算人的意识的本质属性；有意识的心理状态是如何产生于人脑中无意识的"灰白色的物质活动"的呢，这当然是一种探究意识本体论的提问方式；而关于意识的认识论或知识论的提问方式，则是作为物理世界的根本性特征的客观性又何以可能把产生构成我们心灵生活的主观性给容纳于其中呢？

当代脑神经的发展为我们理解心灵提供了另外一条经验主义进路。因为，可以毫不夸张地说，大脑功能定位图已经被脑神经科学家做得尽善尽美。克里克和科赫等科学家们深受启发，寻找意识产生的大脑机制，认为只要搞清楚了心灵的活动机制便了解了心灵的本质、构成与功能，等等。因此，他们花费了大量的时间和精力来寻找神经关联物（NCC），即其联合

[①] 高新民：《心灵与身体——心灵哲学中的新二元论探微》，商务印书馆2012年版，第619页。

在一起对任何特定的有意识的知觉印象都是充分的最小神经机制,以证实这个克里克称其为惊人的假说,即"'你',你的喜悦、悲伤、记忆和抱负,你的本体感觉和自由意志,实际上都不过是一大群神经细胞及其相关分子的集体行为"①。

脑神经科学家们准备用经验科学上无可辩驳的事实来说明数不胜数的心理属性(如你看见熟透的西红柿是红的,你有了想要咬一口的欲望;看到竞争对手在面试场上侃侃而谈,你相信你不是一个又丑又笨的人;你相信有朝一日能在北京买上房子,等等)就是脑属性。也许这条探索心灵的进路就躯体感觉、视觉、听觉和嗅觉等感受质(Qualia)来说非常成功,但它在意识问题上却遭遇了人们的质疑。意识还原被哲学家托马斯·内格尔(Thomas Nagel,1937—)、大卫·查莫斯(David Charmers,1966—)、内德·布洛克(Ned Block,1942—)和科林·麦金(Colin McGinn,1950—)等心灵哲学家所驳斥,有人把这些二元论者的反驳做了一种恰如其分的哲学刻画——"笛卡尔复仇"。

内格尔率先指出,意识还原绝对不同于其他非意识的物质或物理对象的还原,如用化学分子H_2O来说明水一样。原因在于,意识还表现为感受经验的存在,而这种感受经验是在试图把意识属性还原为物质属性的还原过程中物质基质所不具备的属性。因为一旦我们取消了意识属性,我们也就取消了人类有意识的认识活动本身。

因此,意识还原论是错误的。查莫斯强调属性二元论,来论述意识属性和物质属性,并把意识问题称为难问题,以便区别于认知计算问题。麦金发出一连串咄咄逼人的追问:"意识状态怎么可能取决于大脑状态呢?黏湿的灰质是如何产生多姿多彩的现象的?是什么使得我们称之为大脑的身体器官与其他器官相比是如此之独特,例如毫无意识特征可言的肾脏?无数没有知觉的神经元的集合怎么会产生主观的知觉?"②所以,意识依然是一个难以认识、难以言说的神秘对象。

---

① [英]弗朗西斯·克里克:《惊人的假说》,汪云九等译,湖南科学技术出版社2018年版,第2页。

② [英]麦金:《意识问题》,吴杨义译,商务印书馆2015年版,第6页。

四 说明心身关系范式及其唯物主义形态

意识是心灵的根本特征，它是人类知识与道德的基础。一旦我们把意识视为一种类似物理的东西把它取消掉，那么随之一起消失的是意识赋予我们的认识方式和认识所依赖的主体性。这一关于心灵的当前认识论困境被很多人乐此不疲地解读类似于量子力学的测不准定理对经典物理学所造成的困境。也正因为如此，我们很难说坚持唯物主义心灵哲学家可以把对心灵的本质的理解向前推进了半步。虽然每天都有关于心灵的科学研究成果不断传来，很多突破性成果听起来确实令人兴奋不已，但是关于心灵的本质问题的形而上学探讨却就此陷入困顿的状态。

我们惨淡地看到这种在心灵哲学领域逡巡不前的结局："在回顾和评价心灵哲学近几十年的研究状况时，一般人不否认所取得的成就，因为存在着这样的有目共睹的事实，即无论是研究成果的数量，还是所提出问题的广度和深度等，都是过去所没法相比的。但是，冷静地反思已有成果的质量，人们又显得忧心忡忡，因为相比于古代对心灵的认识，人们看不到取得了什么实质性的进步。这就是人们通常所说的心灵哲学的'危机'或'尴尬'。"①

这里所说的实质性进步就是理解心灵的本质的进步。言简意赅地说，心灵是否可以诉诸唯物主义理解，即把心灵判定为物质的，还是非物质的。如果是物质的，那么这个世界就统一于物质；如果是非物质的，那么这个世界就是不统一的，至少是物质的和非物质的并存。我们根据当今的科学事实，如用物理学所承诺的物质概念来分析，还丝毫看不出意识的物质性。但是，唯物主义者坚信，意识的产生肯定离不开意识所实现的机制与物质基础——这已经是当代社会所形成的科学常识，并且这一科学常识被普遍视为意识自然化的基本前提，虽然还有基督教学者从哲学或神学的视角对无实体的心灵的讨论津津乐道。

不管怎么说，我们依然可以在唯物主义的框架内思考意识的本质。因为

---

① 高新民、陈丽：《心灵哲学的"危机"与"激进的概念革命"——麦金基于自然主义二元论的"诊断"》，《自然辩证法通讯》2015年第6期。

它可能是物质的一种新形态，我们以前所不曾了解的形态。我们能感知到它，理性推论到它，但是不能将它诉诸某种物质形态的说明，或许这是因为我们的物质概念框架出了问题。因为我们现有的唯物主义概念库里还没有找到与意识概念相对应的概念清单。一旦我们找到了一定的物质形态，那么我们就能够对意识现象作出合乎科学标准的唯物主义说明，可以认定意识是生物学的派生物。因为它不在基本物质构成清单当中，而在基本物质的高阶系统的功能作用当中。

心灵哲学中最近半个世纪都在进行关于意识的心身等同论的哲学争论，经过查莫斯的不懈努力，仍有一部分唯物主义心灵哲学家谨慎地接受了这样一个事实，即神经关联物不等于意识活动本身。这样的努力表明了认知科学关于心灵认知的科学限度。也就是说，认知科学似乎没有能力进入意识的本质问题探讨中。

因此，20世纪60年代，唯物主义、功能唯物主义等因为无法完全征服感受性质所带来的主观体验的顽疾而退隐出心灵哲学界。心灵哲学家们的思路也发生了变化，即不再试图把意识归结为某种基本物质的属性，而是开始为心灵寻找在其物理世界的位置，承认马克思所说的意识是作为物质的集合体所突显出来的、高阶性的事实。

只不过当代唯物主义者更愿意把心理现象看作一种在进化论图景下的有机体的高阶现象。高阶现象和低阶现象的区分在生物学界里是再普通不过的事实。唯物主义者丹尼尔·斯图尔加重申唯物主义者哈特里·菲尔德的观点，"它（唯物主义）起到一个高层次的经验假说的作用，这个假说不是少量实验就能让我们放弃的"[①]。

事实上，进化论告诉我们生命的历程就是一个由低到高、不断发展的历程，而整个宇宙更是这样一个具有多个层级的科学图景。宇宙的本性正如中国古人所推崇的生生不息，由一种状态变化到另外一种状态，由一个层次跳跃到另外一个层次。在不同的层次里，我们具有完全不同的实在论图景。在宇宙大爆炸不久，宇宙被分解成它的基本构成物，是由极其炽热而又高度活跃的"夸克海洋"所组成的。我们见到了长河落日、江河奔腾、万物苍天竞

---

① ［澳］丹尼尔·斯图尔加：《物理主义》，王华平等译，华夏出版社2014年版，第15页。

自由的有机体的层次；更有放眼宇宙的各大超新星的角逐。这个世界的确具有生生不息的特性，这种生生不息的特性推动着宇宙的生成、发展和变化，而宇宙的每一次生成、变化和发展都实际地改变着自己的原有的物质形态。

恩格斯说："像唯心主义一样，唯物主义也经历了一系列的发展阶段。甚至随着自然科学领域中每一个划时代的发现，唯物主义也必然要改变自己的形式；而自从历史也得到唯物主义的解释以后，一条新的发展道路也在这里开辟出来了。"① 恩格斯颇有见解地说明了物质形态的多样性、异质性以及不同形态之间的流动性。

我们甚至很难用一种标准的物质形态形式去说明或限制另外一种与它不同的物质形态形式。这种理论上的科学说明在心灵哲学当中被称为"还原"，所谓还原就是用基础的物理属性概念和术语去说明由其他构成、实现和生成的高阶属性、过程和现象。我在上面引用过弗兰克·杰克逊的描述，这种还原思维方式从科学史来看的确帮助我们取得了不少成就。

但是在心灵还原的科学活动中，以前关于唯物主义形式的理解在说明具有主观经验的感受性质的时候似乎力不从心。因此，在适应唯物主义对心灵的科学解释中，唯物主义也必须改弦更张。当代唯物主义的困难是不可以把心理语言转化成物理语言，因为心理语言一旦转化成物理语言，便失去了其背后所蕴藏的心理状态的感受质（qualia）。当"疼痛"的表达不是借以一种心理语词，而是一种痛苦的表情，如脸部抽搐，那么把疼痛还原成一种物理状态是不可能的，因为它的确失去了主观体验，这样的还原没有意义。

在生机勃勃的有机世界里，物种的每一次进化都伴随着该物种的质的飞跃。英国生物学家摩尔根说："通过由适应所推动的进化过程，当物质开始以某种方式构型，真正的新颖性质又以它们出现之前所没有预料的方式影响事件的进程。"② 但是，物质形态的每一次变化或转化都会增加我们了解物质世界的难度。当前，我们在理解高阶现象和低阶现象、宏观现象和微观现象之事实的时候，需要用一些反映物质形态的概念范畴表达出来。但是，有些关

---

① 《马克思恩格斯选集》第 4 卷，人民出版社 2012 年版，第 234 页。
② ［英］托马斯·鲍德温编：《剑桥哲学史 1870—1945》（下），周晓亮等译，中国社会科学出版社 2011 年版，第 734 页。

于不同物质形态的关系性表达，借用了唯心主义的范畴概念，以便使得某种高阶的物质形态可以令人理解。

物质世界的实际形态和实际运动规律可能是一回事，而对物质世界的实际运动规律的描述和解释可能是另外一回事。正如马克思在谈论自己的资本论研究方法时所说的那样，叙述一经成功，"材料的生命一旦在观念上反映出来，呈现在我们面前的就好像是一个先验的结构了"[1]。因此，唯物主义为了描述心灵的物质派生性特性和功能，既借用了其他领域的唯物主义理论术语，如随附、实现和构成等，也用了原来为唯心主义所采用的术语，如突现、目的论等。这些术语都是为了统一处于高阶的心理属性和处于低阶的物理属性之间的关系，因此也形成了不同的唯物主义形态，如唯物主义、目的论功能主义，随附唯物主义、实现唯物主义和构成物理主义等。

当代唯物主义的形态多样性则给唯物主义和唯心主义过去泾渭分明的理解提出了时代性的科学难题。如果熟悉近代唯物主义与唯心主义的发展史，我们就会发现这不是唯物主义和唯心主义在本质上的针锋相对，而是哲学意识形态上的门户之见。因为，关于物质和心灵的定义及其表现形式会随着自然科学的发展而产生革命性的变化。

另外，我们现在很难用传统唯物主义的物质概念理解意识问题，比如把物质视为有广延却不能思考的东西，而把心灵视为有思维却不能有广延的东西。物质的变化与运动是既不生成也不毁灭，而是由一种物质状态转变为另外一种物质状态。不可否认的是，物质运动本身肯定有其规律性，但是不可能具有目的性和突现性。

用目的论和突现论这些概念对物质运动进行预测和说明或许是一种解释的强加，它本身并没什么关于表达实在的实在论意义。因此，借用这些唯心主义术语也不可能使唯物主义者导向二元论立场。根据戴维森和丹尼特的解释主义观点，目的论和突现论之类的这样曾经被视为唯心主义的概念装备，但是在科学虚构主义和哲学工具主义立场看来，可以被唯物主义所充分利用，因为它们只是对于特定的物质形态或其运动状态的某种隐喻性说明，并不真正持有形而上立场。

---

[1] 《马克思恩格斯选集》第2卷，人民出版社2012年版，第93页。

但是，不管怎么说，当今的唯物主义和唯心主义在关于科学概念本质的持久论战中，都对各自的核心概念进行了重新阐释，以至于呈现出唯心主义和唯物主义相互靠拢、你中有我、我中有你的倾向。唯心主义或许抛弃了实体二元论，肯定了物理世界的基础性地位。但是，唯物主义要顺应自然科学的发展对于主观能动性给予科学的说明，那么就必须借鉴唯心主义概念库存清单中的概念范畴，对唯心主义概念术语吸收并加以改造，使之成为唯物主义的必要概念工具。可以说尤其是关于意识与心灵之类的科学解释，唯物主义应该对于唯心主义加以批判性地借鉴发展。

所谓自然主义也不再像物理主义那样追求干脆、简洁、彻底、漂亮和优美的还原。对于自然主义者来说，物理主义概念图式无疑是最基本的，但不应该是唯一的。它强调"还原"是一个被滥用的哲学术语，它更乐意承认世界的层级性。但是，自然主义者认为，没有必要回到新柏拉图主义的立场来强调诸如物理的、化学的、生物的、生理学的以及心理学的不同层次之间的法则学、形而上学或概念之间的关联。自然主义虽然强调自然秩序的层级性和等级性，但也不像物理主义那样强调，只有基础物理学实在，如原子、光子等才具有真正的实在性，或真正的因果力，而只是强调物理实在相对于高阶实在来说具有更基本、更基础的地位。

这样的一种自然主义所承诺的自然科学研究对象具有科学概念的实在性，如基因、化学分子等同样具有理论实在地位。它制止了还原主义的强有力的扩张，削弱了由层级制度所组建起来的标准的自然科学图景的融贯性，也否定了随附性、构成论和实现论在不同具体科学的层级关系中的可能性应用。也许这是一种保护，力图避免物质概念扩张的冷酷性，为自由意志和伦理道德留下一定的自主性空间。但这只是一种暂时性休战，唯物主义暂时还不能通过其本有的概念革命实现其理论的彻底性，因此给心灵开了一张在自然主义的形而上图景中得以短暂逗留的临时居住证。

作为一种意识形态，唯心主义日益退出理论理性舞台是资本主义历史发展的必然。因为资本主义中最活跃的因素是建立在商品拜物教的基础之上，科学因被视为拜物教的魔术师而被彻底地尊奉起来。但是，唯物主义相对于在漫长的哲学理论历史上已经发展得很精致的唯心主义来说，一方面可以在面对唯心主义的思想进攻中大显身手，另一方面可以借此应付心灵哲学界中来自唯心主义的进攻，不至于面对唯心主义的思想实验的进攻变得手足无措。

休·普莱斯（Huw Price）分析了唯物主义占领人类的理智世界的利弊："正如第三个千年的沿海城市一样，人类话语的一些重要领域似乎因现代科学的兴起受到威胁。当然，这个问题并不新，也不是完全不受欢迎。自然主义的潮流自十七世纪开始兴起。它的兴起更多地起到了净化而非污染思想界的氛围的作用。尽管如此，受到威胁的部分是人类生活中最为核心的一些部分——四个 M，即道德（Morality）、模态（Modality）、意义（Meaning）和心理的（the Mental）。当代形而上学的一些关键议题涉及这些概念与其在自然主义世界观中的位置与命运。"①

普莱斯在这里一方面指出了唯物主义作为理智清洁剂的功能，他用真实反映现实物质世界的理论、观点和方法来看待和检验唯心主义解释物质世界时所提出的种种概念、术语、观点和理论的实际效用，清除了一些没有意义的语言，让思想界得到净化。这也是马克思在对抗唯心主义随心所欲地在思想上胡编乱造所掀起的哲学革命的根本原因。但是，普莱斯的做法在很大程度上也是响应语言革命的应有之义。

但是，普莱斯比较保守的是认为唯物主义似乎在破拆形而上学上做得太过分。因为，它的僭越，即要取消心理、道德、意义和世界的发展的多种可能性——属于心灵、道德、价值与形而上的领域，这令作为哲学家的普莱斯的确难以接受。在普莱斯看来，这一种难以接受不仅仅是关乎唯物主义反对唯心主义术语、概念及其理论体系那么简单，因为它更是关乎我们所有拥有的理论思维能力以及由此而来的有意义、有道德、有主体性地位的心灵生活是否有可能招致极端唯物主义的虚无主义的彻底推翻和否定。因为唯物主义与科学技术的密切结合所带来的改变世界的强度、力度和深度着实令人印象深刻。正如当今量子人工实验室主任内文所说的一样，"好像什么也没有发生，什么事情也没有在发生，然后一声大喊，你突然在不同的世界了"②。

这难免是一种理智上的误解。十八九世纪的科学唯物主义者极力推荐发

---

① ［澳］丹尼尔·斯图尔加：《物理主义》，王华平等译，华夏出版社 2014 年版，第 23 页。
② https://www.scientificamerican.com/article/a-new-law-suggests-quantum-supremacy-could-happen-this-year/.

展唯物主义世界观的这种可能性，但是那时候的自然科学发展才刚刚起步，仅仅是运用力学的尺度来衡量化学性质的和有机性质的过程（在这些过程中，力学定律虽然也起作用，但是却被其他较高的定律排挤到次要地位），其所发生作用的对象是自然界中的高阶现象。

但是，当代的取消式唯物主义则完全赞成这样的主张，否定我们关于心灵的常识理论，构建完全符合科学主义的物理图景。这样雄心勃勃的唯物主义进取所带来的人类精神生活的忧患让以普莱斯为代表的哲学家们隐忧不已。因为，这样的一种唯物主义科学观逼迫我们生活在一个脱离了大众的感性与认知能力，完全依靠抽象思维能力和科学操作主义态度生活的世界，那个世界是没有意义与道德，也没有人类的真情实感的魔幻科学世界。

作为人工智能的僵尸世界会给现代人的心灵生活造成多大的困惑与不堪，这是当前难以评估的事情。唯物主义者没有很好地解决主观和客观、意识和物质之间的唯物辩证关系，这导致他们在不经意间又走上了机械形而上学的和虚无物质的唯心主义的对立老路，即纯粹地给人的本质下抽象的定义，从而让人的本质的解释要么成为永恒的物质，要么成为永恒的精神。这一无谓的对立以及由此导致的科学主义与人文主义的对立只有在马克思的实践唯物主义的主客二分化和辩证统一的解答中可能得到圆满的说明。

第二章
心理主义与唯物主义的发展

唯物主义世界观及其本体论承诺，旨在在探索心灵的奥秘的道路上论证并提供一种唯物主义科学的研究纲领和科学的方法论。但是，这一理性主义志向显然不是一蹴而就的。因为在作为推进科学研究的一种必要科学研究范式，即唯物主义的正确道路上，总是有横亘于其中的作为如认识论、道德、伦理和美学等基础的心理现象，它与强大无比的流俗观念联系在一起，造成了太多未解之谜。这使得当我们走在唯物主义的道路上的时候出现了反反复复、九曲回肠的局面。

启蒙哲人虽然逐渐从有神论的哲学神学的意识形态中挣脱了出来，但是仍然难以接受世界是物质性的这一唯物主义世界观。他们仍然相信，人的心灵状态跟神的距离很近，而跟物质性的这一概念的距离很远，因此他们仍然滑行在二元论的世界观当中。早在18世纪，拉美特利就正确地预见了心灵哲学领域内的一场无可逃避的斗争，即唯心主义与唯物主义的斗争。

虽然斗争的侧重点、斗争的形式以及展开辩论的证据与手段有所差别，但是唯心主义和唯物主义的斗争持续存在于整个心灵哲学的发展史中。拉美特利说："我把哲学家们论述人类心灵的体系归结为两类，第一类，也是最为古老的一类，是唯物论的体系；第二类是唯灵论的体系。"[①] 这一场在心灵哲学中的波澜壮阔的唯心主义与唯物主义的斗争随着接踵而来的心理学发展而已经超越成为学术之争转向走向理性启蒙的社会思潮的一部分。它将通过下

---

① ［法］拉美特利：《人是机器》，顾寿观译，商务印书馆2017年版，第13页。

面对心理学发展史简洁有力的勾勒和 19 世纪名噪一时的心理主义关于心理现象和物理现象之间关系的诸多争论的论述的展开而生动流畅地反映出来。

一 蒙昧时代的隐喻心灵：被误导的心灵探索

我可以怀疑一切，但是唯独不能怀疑自己。因为无法怀疑的东西在我们的认知里便是最真实的东西，它可以构成我们知识大厦的认识论基础。这是笛卡尔的怀疑哲学、启蒙哲学或理性哲学之所教，心灵哲学之所以成立的哲学方法论之根基。根据这一合理的哲学或认识论方法论，我们的确无法怀疑作为我们主体的心灵存在与否，而且在实际的日常语言运用当中，我们对心灵本质的理解看起来始终如一，即"有恒常、主宰、不变与实体化"的自我观念似乎天经地义，得到了遍居于世界各地的不同的原始民族的不约而同的认可。[1]

可以这么说，我们的心灵观实际上在一开始（即雅斯贝尔斯所说的三大轴心文明形成之时）就停滞不前了，这一现象跟人类对科学知识的乐观的进步主义期望毫不相符，跟韦伯所论证过的启蒙主义之实质在于祛魅化的观点相悖，即我们在认识世界的理智征途中大踏步前进，但在认识心灵与自我上却毫无作为，如用依然保留着前科学时期的隐喻和类比的术语来描述心灵，从而使得心灵躲过了理性法庭的审判。但是，启蒙时代所流行的启蒙精神强调用理性之光来照亮一切。这种启蒙精神起初是多元的，甚至是自相矛盾的，但是它的基调和底色却从来不曾变过，那就是启蒙主义者所达成的一致共识——由理性精神所引申出来的科学精神。可以这么说，启蒙精神的根本要义就是理性精神，理解世界便是诉诸具有如客观、理性、简约和实效等特征的科学精神。

当我们用科学主义、解构主义的理性之光来看待或解构人的心灵时，我们会不自觉地惊讶科学史上竟然会出现这样的怪事：常识心理学早就以宗教、社会文化或风俗习惯的方式出现于人类原始的蒙昧时代了，而且这种心灵观

---

[1] 凡事皆有例外，印度一些宗教对自我论的看法就有些不同，耆那教开顺世外道之先河，主张无我论之断见，具体参阅汤用彤《印度哲学史略》，上海人民出版社 2015 年版，第 34 页。

只有到了科学唯物主义的今天才真正地被意识到。在那时，这种二元论的心灵观在柏拉图的唯心哲学思辨当中以理论理性的方式定型。而后来的两千年，至少是马克思、维特根斯坦之前基本上没有损益。

虽然我们看到中世纪的农耕文明在物质生产、物质交换和社会交往的过程当中逐渐发展出了不计其数、丰富多彩到难以描述的心灵语言，关于这一点只要看看各个民族所流传下来的诗歌、历史、小说还有宗教哲学作品就会明白，例如《圣经》《古兰经》等，其中有相当丰富驳杂的关于心灵的方方面面的隐喻性描写和说明。但是我们对心灵的本质的认识却没有什么实质性的进展，这跟我们对外在世界的科学认识相比简直天壤之别。因为夸大了的唯心主义哲学研究必然走向实用的唯物主义的对立面，它只会让人陷入某种耸人听闻的幻觉。

即便是现在的很多时候，我们的身体处在科学时代，而我们的心灵却处在前科学时代。一方面，我们更加习惯地推崇和夸大人的意志、毅力以及人类在智能上的优越性；另一方面，迅猛发展的人工智能作为一种后马克思主义时代的工业技术现象，则正在一点点地缩小人类赖以自豪的理智地盘，以至于对自觉自由的人类生活形成了形而上的冲击。

我们需要重新回到马克思主义哲学创始人马克思的经典文本当中，重新思考马克思本人对人的本质的理解，从而回应来自物理主义和二元论的还有处于居中状态的副现象论的攻击与威胁。比如，引起街头巷尾议论纷纷的ALphaGo已经具备自我学习的能力，它用70个小时击败了人类现今围棋界的顶级高手。智能与非智能的定义以及人与非人的区别正息息相关于心灵哲学所头疼的心理状态和物理状态的界限的议题。马克思的新唯物主义哲学在这个问题的回答上具有很大的优越性，乃至于超越了当今心灵哲学中所流行的解释主义、视角主义以及工具主义的心灵认知路径。

笔者很想在这里申述一下这样一种几千年以来对心灵探索中所"体"现的实实在在的现象，即为什么那些一辈子都热衷于参心悟道、旨在能够参破心灵本质的哲学家、神学家和宗教学家等都受到语言的误导，没有把人类对心灵的本质的认识推向纵深？这本身就是一件匪夷所思的事情。很显然，我们过去主要集中在宗教、哲学与文学里对心灵进行探讨。导致这一认识停滞不前的根源，不仅在于过去不发达的科学使得无益的思辨有机可乘，还应归咎于我们陷入了心灵语言之窠臼。心灵语言对心灵的本质的遮蔽如此轻易地误导了我们上千年，引得无数智者竞折腰。直到维特根斯坦的横空出世，他让心灵语言的概念分析成为我们分析心灵本质的最为锋利的"奥卡姆剃刀"，那隐藏于我们民间心理学之中的身体的幽灵才得以显山露水，显示出其实体上空假的本质。

也许，"传统的心身问题实际上是源于人类思想史上不同时期的概念交织在一起所形成的一个假问题"①。怀特在《文化科学》中所描述的"戈肖克"（Golshok）的例证对我们了解心灵的观念史颇有启发。据说，很久以前，有个原始部落相信存在一种叫"戈肖克"的东西，并认为它是幸福的基础。为了弄清楚"戈肖克"究竟是什么、有何作用、由什么构成以及与其他事物有何关系等一系列问题，该部落一代又一代最有智慧的人都煞费苦心，上下求索，各种各样的创新理论也相继提出，但是这些问题却始终得不到解决。

终于有一天，有个人对"戈肖克"一词的来源发生了兴趣。他经过追溯发现，戈肖克"仅仅是一个名词，除了词语之外一无所有"②。维特根斯坦就是这样的一个人，他虽然没有做心灵观念的词源学考察工作，但是他重构了民间心理学所产生的逻辑可能性和发生学过程。但是，我们还是应该饶有兴味地、简要地考察一下作为西方文明及其哲学始祖的古希腊文化的心灵观是如何发生的，以及我们对心灵的认识又是如何被后来的哲学术语所误导的。

这样一种心灵研究的误导显然不是肇始于推崇神人共性或形神同一论的古希腊宗教、神话和文学，而是始于执意区分出现象与本质的柏拉图哲学。因为体现于荷马史诗中的早期古希腊神话中的神人共性的观念，并无民间心理学中所预设或认同一个决定我们一举一动、一笑一颦的实体性的、主宰性的、智慧性的心灵或作为身体的引擎的自我。

古希腊哲学研究专家安东尼·朗（A. A. Long）曾在其《心灵与自我的希腊模式》的导言中表达过自己的看法，"希腊人没有'发现'心灵，但是他们在阐述心灵的语言和概念上有过巨大的贡献"③。因为希腊人所使用的

---

① 高新民、沈学君：《现代西方心灵哲学》，华中师范大学出版社2010年版，第107页。
② [美]怀特：《文化科学——人和文明的研究》，曹锦清等译，浙江人民出版社1988年版，第48页。
③ Long A. A.. *Greek Models of Mind and Self*, Harvard University Press. 2015. x i.

心灵、自我与人格同一性等概念，还是停留在其对心理状态的指称或描述上，虽然没有饱受哲学术语之影响，但是跟柏拉图和亚里士多德等哲学家关于心理状态的精确阐释相比，也算是语词上"混淆不清"①。

对古希腊哲学史有所了解的人都知道，心灵与肉体的哲学区分肇始于柏拉图，他认为心灵可以脱离肉体。柏拉图借苏格拉底之口，向其信徒大谈死亡的好处，"灵魂经历变化，由这个世界移居到另一世界……法官啊，还有什么事情比这样（死亡）来得更美妙呢"②？即便是没有经过中世纪对心灵哲学的浓重粉饰，笛卡尔的怀疑主义之理性之光明也难以照射到"我思"之上。在自我、知识和道德救赎上，笛卡尔的心灵观又与柏拉图的心灵观何其相似！

这耐人寻味地表明，哲学在不断地用专业术语或哲学行话解蔽心灵的同时也在借着专业术语或哲学行话遮蔽着心灵的本质。罗蒂在《哲学和自然之镜》中指出，"这种词汇在哲学书籍之外一无用处，而且不会在日常生活、经验科学、道德或宗教中导致任何结果"③。但是，这对于终日与语言打交道的哲学家而言，不啻是一个伟大的理智灾难。

诚然，无论是柏拉图还是亚里士多德，他们的心灵观都承认心灵作为神性的分殊可以为我们反省所得到，且它对现实的物理世界有着因果作用的实在性（Entity）。尽管两者的致思路径有所不同——前者是几何学（数学）的致思路径，而后者却是生物学的致思路径。在对心灵的看法上，这两种心灵观都符合我们对日常心灵观的基本偏好。

我们之所以支持常识心灵观是基于它符合我们对心灵模型的设想的这一实用主义考量。因为二元论的心灵观很容易肯定与满足我们对于常识性心灵语言的需要。它可以揭示我们的心理状态和看起来恰到好处地促进主体间的相互交流。诚然，毫无疑问，我们每个人都是使用心理语言的行家里手，如现在的公民教育的基本要求是公民有充分表达自己的意愿的权利和能力。

因此，我们以一种自发的实用主义态度看待心灵，真心以为我们的心理语言表达出了我们所体验到的作为一种实在样式的心理状态，而不是遮蔽了

---

① Long A. A. , *Greek Models of Mind and Self*, Harvard University Press. p. 3.
② 李盟编：《世界著名思想家的隽永语丝》，北京联合出版公司2015年版，第183页。
③ [美]理查德·罗蒂：《哲学和自然之镜》，李幼蒸译，商务印书馆2011年版，第36页。

它。然而，宗教哲学则把持了关于心灵的形而上学并夸大了形而上学的功效，试图利用语言诱使我们把一时还难以捉摸的心理状态投射入未知的神秘之域。这尽管是一种形而上的幻相，但是，我们从基督教哲学家安瑟尔谟关于上帝存在的五个证明当中可见一斑。

因此，这一种人言啧啧的心灵认识现状固然可以归咎于我们关于身体构成与其活动机制研究，尤其是脑神经科学研究的不发达。但是，还有一个语言哲学上的原因，即在马克思和维特根斯坦等人之前并没有人揭穿奥古斯丁以来的语言是具有表达共相实在能力的语言幻相，我们深受语言表达之蛊惑，从而不自觉地把描述心灵的隐喻性和类比性的语言当作对心理状态的合理描述，至少是把语言视为可以传达自己的心理状态的合理描述。更有甚者，基督教哲学家把语言看作通向信仰上帝的捷径，他们认为《圣经》就是上帝的语言，它代表上帝的思想、真理和道路，就连世界本身都是上帝的思想反映或投射。

这一基督教信仰的高度抽象化的哲学思辨传统可以从亚里士多德的《范畴篇》的两种不同的实体学说当中找到思想上的残余物。后来的基督教认为，亚里士多德主义更适合解释神与人的思想与语言之间的关系。亚里士多德认为神是人的归宿，寻找这种归宿就应该摒弃人的种种不太纯粹的灵魂（如植物灵魂和动物灵魂等）。因此，他告诫人们幸福和永生的秘诀就在人的纯粹思辨当中。而那纯粹思辨的对象，在被误解了的意义上，就等同于语言概念或范畴。

这一种误解只有在海德格尔对亚里士多德的存在或者是追问当中才不经意地露出端倪。海德格尔向人类质问这一种我们在日常生活中难以感受和理解的但是理性上又是极端迫切的问题，"我们用'存在着'意指什么？我们今天对这个问题有了答案吗"①？

因此，他强调作为人的本质的思想阵地的理性要重新思考存在本身的问题。"所以现在首先要唤醒对这个问题本身的意义的重新领悟。"② 海德格尔煞费苦心地试图揭穿导致对存在本身的遮蔽是由于日常心理语言的混乱和错误，这源于我们日常语言对其所表达的存在者的语法误用。隐喻和类比都是以我们

---

① ［德］海德格尔：《存在与时间》，陈嘉映、王庆节译，商务印书馆2017年版，第2页。
② ［德］海德格尔：《存在与时间》，陈嘉映、王庆节译，商务印书馆2017年版，第2页。

自认为熟悉的或者理解的现象、事件、过程与实在为喻体。因此，我们信任地以此来说明那些原本是家族相似的共相。其精妙之处就在于这种语言表达既是一种文学的、科学的创造，又是一个时代、一种文化或一种氛围的反映。

因为隐喻本身就是既清晰又模糊、既个体例示又共相概括、既具有科学表达上的精确与客观，又具有与事实理解的出入与解释多样性的可能。它不仅贯穿着讲述者当时所具有的知识背景，也犀利地把自己所表达或论述的主题（Topic）意向地指向于一个可以被传达和理解的认知对象。隐喻本身也许并不表达什么，但是它的确如荷兰哲学家德拉埃斯马（Douwe Draaisma）所论述的那样，在某一时代与区域的文化或氛围的表达下，这种文化和氛围的确引领了我们通过文化和氛围展示的世界观的走向。

语言的模糊性和不精确性本身需要形而上学的本体论来疏导和规范，而形而上学的本体论承诺本身又使语言成为我们生活传统、文化交流的极限和界限。今天的语言种类空前的杂多和繁荣，这让我们越发清晰地感受到语言交流中所现实地存在的语言限制和误导。就像"上帝"这一逻辑谓词一样，它混杂在实在谓词当中，经过一种宗教信仰的长期灌输和仪式化神圣化肯定，就陡然间变成了全知全能的实在者。实际上，它可能什么都不指称。"上帝存在"只是我们犯了推理谬误，这让我们理所应当地以指称自然类的方式来指称一个不存在的对象。

宗教神学如是，诗歌的艺术创造也如是。它们却把隐喻的艺术表达视为人类进行诗歌创作所不可或缺的写作手法，这也使得许多诗歌名垂千古。北宋词人宋祁的名句"绿杨烟外晓寒轻，红杏枝头春意闹"中的"闹"把无意识的自然界的季节更替以人的生命活动方式表达出来，体现着感性、活泼与生动，似乎自然界本身就是一个统一的存在者，西方谓之大自然（Big Nature）。

这种所谓氛围也可以被理解为某种我们受它潜移默化的影响。我们把它当作概念架构和理论前提之类的意识形态。但是，形而上学家和神学家却习惯于把原本仅限于在抒情或音乐等艺术领域中所使用的手法迁移到理论领域，从而在无理论内容的地方生造出理论，借以蛊惑世人，比如把铁树开花看成是某种神秘的启示或神灵的显现，这是启蒙主义所不容的。

然而坚持启蒙主义的理论勇气和理论思维总不乏挑战性。这在顾今抚昔的启蒙史研究当中或许可见一斑。启蒙，就其字面意思而言，就是人的理性的觉醒，而理性的觉醒就是要跟过去的非理性、文化传统乃至宗教迷信决裂。用恩格斯的话说就是"一切都受到了最无情的批判；一切都必须在理性的法庭面前为自己的存在作辩护或者放弃存在的权利。思维着的知性成了衡量一切的唯一尺度"①。但是，要明白的是，这种决裂是一个历史过程。因为启蒙运动所迸射出的世俗真理并不能一开始就犹如神话般横空出世，或像"雄鸡一唱天下白"那么简单，而是必须经历启蒙主义者通过的启蒙运动对历史与理性传统的逐步分离。这种剥洋葱式的逐步分离尤其贯穿于作为意识形态根本的观念框架与思维范式之中。

在这一艰苦卓绝的思想批判的分离过程当中，借以表达自己的世界观的新范式才得以开花结果，展示出以辩证的革命的方式推动历史的车轮前进的启蒙运动的历史螺旋上升的发展本性。这一点被哈佛大学学者克兰·布林顿在为盖伊教授所作的《启蒙时代》一书的序言中深刻地表达了出来。盖伊教授在研究西方启蒙史的时候，真实地、动态地、感性地披露与还原了当时的启蒙主义者或者所谓"哲人们"的所思所想、所作所为的历史过程：

> "哲人们"在何种程度上抛弃了基督教那种把宇宙划分为上帝之城和尘世之城的传统图景。路易·德·圣鞠斯特，是一位年轻的法国革命党人，在一次议会的演讲中简明扼要地说道："幸福是欧洲的一个新观念。"他并非是简单地在谈另外一个天堂世界中的终极幸福，而是关于此时此地的幸福的概念。不过，盖伊教授也同样展示了大多数人，实际上包括"哲人们"自己，在多大程度上继续接受西方犹太教、基督教传统的那些基本信条。②

总而言之，我在这儿极力想让大家留意这样一个似乎被我们所忽略或模糊掉的关于启蒙的历史事实，即启蒙时代的理性之光或理性实践既不存在预先设定的或理性天赋的"政治正确"的主流意识形态的引导，也没有依据于绝对纯

---

① 《马克思恩格斯选集》第3卷，人民出版社2012年版，第391页。
② [美]彼得·盖伊：《启蒙时代》，汪定明译，中国言实出版社2005年版，第5页。

粹理性活动原则，而是一个既有新旧思想激烈争论的革故鼎新，又有因迎合当时主流意识形态而因循当时既有概念框架设定的混乱驳杂的时代大杂烩，这就令我们很难明确地画出一条我们可以完全把他们认定为启蒙主义者阵营的绝对红线。

因为启蒙时代是一个思想激越但是背负着沉重的思想包袱的时代。这一启蒙时代一方面的确表现为"批判一切"的理性实践和理性思维，一方面却也表现为对传统观念与概念框架的无意识的接受和预设。这也就是说，过去的"启蒙哲人"有可能不加批判地预设过时的传统观念与概念框架，比如笛卡尔的心灵观。

我们看到，笛卡尔的心灵观是启蒙主义者所不曾驱逐甚至设想的带有最大神秘色彩的哲学/神学概念，它被纳入现代的哲学与科学的概念框架当中去，以便满足"哲人"声称可以借此实现对一种崭新的科学世界观的构建。笛卡尔在批判中世纪基督神学的同时还是把上帝预设为可以作为理性的根本来源的不可怀疑的理性圆满者。正如牛顿创立经典力学的同时也把他的天才尽掷于基于他坚信上帝是第一推动力这样的神学命题并以之为前提的上帝研究当中。

笛卡尔的确用怀疑主义这一套行之有效的哲学方法论之利剑摒弃和排除了他在青年时期所"陷于疑惑和谬误的重重包围"[①]的知识，但是他却无意中隐藏了最大的谜——可以无中生有地创造世间的上帝。笛卡尔说："我知道很多没有信仰的人不愿意相信有一个上帝，不愿相信人的灵魂有别于肉体。"[②]

看吧，笛卡尔就是通过他那非三段论的理性直观来论证心灵的实体化，并由此将安瑟尔谟的本体论论证故技重施，以便安顿好关于上帝的存在的信仰，或为有一个上帝辩护有了一个可靠的阿基米德之支点。无疑，笛卡尔用一系列摆脱了拖沓冗长的经院哲学的神学证明的抽象干净而又简明扼要的哲学论证解放了现代科学，让现代科学尤其是现代数学在改造世界时大显神威。

但是，就心灵与道德而言，笛卡尔的哲学论证巩固了神学，揭示了秘密，但是也隐藏了更大的秘密。他无不自得地说，关于上帝存在的证明已经被古往今来的许多伟人所论证，他的任务不过是"（如果）从哲学的角度上，出于好奇

---

① [法]笛卡尔：《谈谈方法》，王太庆译，商务印书馆2017年版，第5页。
② [法]笛卡尔：《第一哲学沉思集》，庞景仁译，商务印书馆2017年版，第3页。

心并且仔仔细细地再一次找出一些最好的、更有力的理由,然后把这些理由安排成一个非常明白、非常准确的次序,以便今后大家都能坚定不移地确认这是一些真正的证明,那么在哲学里就再也不可能做出比这更有好处的事了"①。

从某种意义上来说,笛卡尔无意之中充当了最狡猾、最高明的骗子。他用理性之光启蒙了世人,但是又刻意让我们误以为有光者必有光源,这正好暗合了《圣经》里的话语,"上帝说要有光,世界便有了光"。

我们现在或许多少有点明白,没有什么比考察这些习惯于玩弄哲学概念并借此突破传统的固化思维的哲学思考能更好地反映这一启蒙时代多少有点光怪陆离的特征。英国哲学史家以赛亚·伯林在《启蒙的时代——十八世纪哲学家》一书当中以感同身受的细腻笔触入木三分地指出,一般来说,哲学问题往往是历久弥新的,而促成哲学思考的导向转换与发展的思考哲学的理论方法和概念架构则是跳跃的,不可通约的,但是这种跳跃和转换的背后便是各种不同思想传统之间暂时的苟合。

> 这些问题及用来提供答案的方法的历史,实际上即是哲学史。不同时代的不同思想家们,都试图在各种观念的架构中,通过各种方法达到关于这些问题的真理,而这些观念的架构和方法,即这些问题本身得到解答的方式自身,由于众多力量的影响而嬗变。这些力量中有年代稍早的哲学家所给的答案,时下流行的道德、宗教和社会信仰,以及科学知识的状态,最主要的还有当时的科学家们所运用的各种方法,尤其是当他们取得了惊人的成就并因而使他们的理解影响他们自己及后代的想象时。②

笛卡尔哲学就是以自己的方式重新提出了中世纪的哲学/神学问题,回答了哲学上的真理、知识和认知问题。可以这么说,他是中世纪最后一个神学家,因为他非常愿意为上帝的实有辩护,并且完全懂得中世纪的纷繁芜杂的神学术语以及那些关于上帝的哲学/神学论证模式。因此,有理由说他完全继

---

① [法]笛卡尔:《第一哲学沉思集》,庞景仁译,商务印书馆2017年版,第3页。
② [英]以赛亚·伯林编著:《启蒙的时代——十八世纪哲学家》,孙尚扬、杨深译,译林出版社2012年版,第2页。

承了中世纪神学之遗产精华。

但是，他那融入了自己发明的数学方法的简洁明快的哲学风格为实证知识的攫取提供了理性的源泉，重新厘清了神学与自然科学之间的关系，并以神学的方式为自然科学的自我解放开道，从而开启了哲学的现代性。可以说，笛卡尔的承前启后的哲学形式是启蒙运动的社会历史发展过程中的"众多力量的影响而嬗变"之一的结果。

这种所谓"众多力量"基本上由两种社会意识形态所构成：一是神学思想的根深蒂固——无论是在当时的普通欧洲人心中还是以启蒙自命的"哲人"眼中，二是世俗观念中的物质的观念和人本主义的观念的逐渐复苏。这两种社会意识形态反映在哲学的唯心主义和唯物主义的斗争当中。当时的笛卡尔敏锐地把握了这一点，因而强调世界上只有两种实体，即物质性存在和精神性存在。他试图在物质实体和精神实体之间寻求合法的、有效的平衡，这导致精神和物质的平衡跌宕起伏于今天的心灵哲学研究当中。

二　心理学范式的转换：由纯粹思辨到科学实证

当然，笛卡尔的这一平衡法的做派是基于他所发起的哲学转向所实现的，也是一种哲学思考范式的风移影动。他这一哲学功效至少确保了由各种物质形态所构成的自然哲学研究不再受神正论的某些论证干扰，从而把古希腊神话以来的精神高于物质的递嬗归结为物质与精神的平行论。正因为这种研究范式的转换，以各种物质形态为研究对象的自然科学迅猛地发展起来，结果导致了形而上的地盘急剧萎缩，连康德都不得不借助海枯巴哀叹道："过去，我拥有至高无上的权力，我所生的都是有能力的儿女——而今，我却流离失所、被人遗弃、一无所有了。"[1]

在心理学漫长而曲折的历史上，哲学神学传统根深蒂固。美国心理学史家戴维·霍瑟萨尔在谈到心理学和宗教的关系时说道："心理学问题常常是宗教的领地。希波教区主教圣奥古斯丁生活于4世纪。对于奥古斯丁而言，上帝是终极真理，而认识上帝是人类心灵的终极目标。……13世纪，圣托马

---

[1] ［德］康德：《纯粹理性批判》，韦卓民译，华中师范大学出版社2000年版，第3页。

斯·阿奎那重新解读亚里士多德，并且稳固创立了经院哲学，这门学科重新把接纳人类理性作为在寻求真理道路上对宗教信仰的一个补充。"①

当然，在启蒙主义者看来，自然科学的分化与独立和与此相照的形而上学地盘的衰微是一件再好不过的事情，这正好中了凡事诉诸理性之光的启蒙主义者的下怀。因为只有把它们纳入自然科学研究的对象，这些原本只能全靠思辨所得的知识才有了被实证、甄别和挑选的可能。因为自然科学的分化使得科学家们能够以有助于客观研究的科学手段分门别类地对事实上存在的某一种或某一类对象科学的方法进行科学的、客观的研究，这样就避免了哲学上的许多不必要的啰唆和误导。

但是，这种自然科学的分化与独立不是完全抛弃形而上的功能和作用，相反，一门具体科学的存在地位以及基于此的研究价值必须要以一定的哲学批判或形而上探究为前提。因为，由形而上探究所导致的哲学的本体论的变动会促发拘囿于某一科学研究范式的不连续性的跳跃和整体性的发展。由此推之，心理学的发展必须凭借理性之光彻底清除超自然主义的神学笼罩而回到以自然科学研究范式为其研究范式的科学研究上来。这样做的好处就在于彻底隔断神学哲学家们在心理学和独断论的神学之间所煞费苦心建立起来的虚妄的脐带。

在洛克生活的启蒙主义时代，人们对"心理"一词尚且陌生，它还没有成为一个像今天这样使用得如此频繁的日常词语。18世纪，人们所掌握的借以观察和解释世界万象的知识还基本依赖于《圣经》。洛克提出的"白板说"恰逢其时地针对了当时的关于一切知识包备于《圣经》的传统，它认为一切关于心灵的知识来源于人的经验，要么就是感觉，要么就是反省，其余则跟心灵本身无关。

这种观点很快被当时的启蒙小说家所接受和娴熟地运用，以至于洛克的心理学说在18世纪成为一种时尚。连劳埃德·斯宾塞文等也认为"18世纪人对'心理'的理解，是由洛克建构的"②。因为文学分析中的"自我"观念或自我意识，不再需要祈求上帝，而是诉诸对人的想法以及对想法的印象的客

---

① [美]戴维·霍瑟萨尔：《心理学家的故事》，郭本禹等译，商务印书馆2015年版，第33—34页。
② [英]劳埃德·斯宾塞文、[英]安杰伊·克劳泽、[英]理查德·阿皮尼亚内西编：《启蒙运动》，盛韵译，生活·读书·新知三联书店2016年版，第12页。

观而严格的分析。这样,洛克由此认为人们对上帝的认识远远超出了自身的能力,或自身的能力限制了我们对上帝的认识,因此专注于心理观念与表征的哲学分析性考察。

因此,心理学解释是人对人自身的(心理)行为的一种解释,这就跟上帝对人的行为的解释路径渐行渐远,进而有利于心理学的解放和独立。毕竟,洛克的经验心理学把人在探讨心理现象时对上帝的关注转向了对人自身的心理表征关注,甚至转向了对生理学和解剖学的关注。

事实上,就没有什么比心理学的成立及其发展史能更好地说明人类科学史的整体性的、范式性的和辩证性的发展规律。它漫长而曲折的发展史告诉我们关于一个时代的基本心理概念或术语及其基本研究方法是如何被定型下来的。它们是由那个时代的知识精英对其一致认同和熟练频繁使用并由此成为一种文化或氛围才能使之成为基本的。

当然,致使这些基本心理概念和基本研究方法成为一个时代的科学研究风尚的背景性原因还在于那个时代的物质基础或经济发展与社会交往的意识形态,这些决定了他们愿意采取什么样的研究方式和通过这些研究方式能够攫取到什么样的(科学的、神学的甚至是艺术的)知识。现如今,心理学早已发展成为一门独立自主的具体的自然科学,其作为一门研究学科的一般性定义是"心理学则是研究心理活动的形式和规律的科学"。

"心理活动又叫心理现象,简称心理。"① 不必专门学习心理学,我们在日常交往中自发地积累了很多心理学的知识。我们也因此能够深刻感受到心理学的用处,尤其是在今天这个强调理性与科学的时代。我们很难怀疑心理学作为一门学科门类的存在地位,或者说,我们很难相信心理学居然未能占有自然科学的一席之地。但是当时,心理学模糊地隐藏于神学与哲学的研究之中。也就是说,只有神学才是代表哲学和神学的真正的存在。

我们甚至天真地以为,"心理学作为一门科学的学科,其发展不仅连续不断而且符合逻辑"②。然而"这是一种流传广泛的错误判断"③。心理学所要跨

---

① 韩永昌、王顺兴、朱本编:《心理学》,山东教育出版社1987年版,第2页。
② [德]赫尔穆特·E. 吕克:《心理学史》,吕娜、王文君等译,学林出版社2009年版,第8页。
③ [德]赫尔穆特·E. 吕克:《心理学史》,吕娜、王文君等译,学林出版社2009年版,第8页。

越的最大门槛是神学的束缚，尽管洛克通过其经验心理学哲学的确把心理现象或心理状态以及表达这些状态的人的行为举止从上帝的神秘安排的神学解释当中解放出来，试图让心理现象和心理状态以及表征这些心理状态成为人的理性行动的合法解释资源，并由此采用一系列的可供检测与重复操作的方法，但是这种解放不能一蹴而就，而是不停地徘徊于错误的道路上，艰难前行。不管怎么说，洛克开启了一个好开端。

我们现在不得不把心理学的科学化归功于德国实验心理学威廉·冯特（1832—1920），他的心理学贡献在于在德国莱比锡大学组建了第一个心理学实验室，并开始了对人类行为的研究，进而把内省法——即这一对自我的心理状态的检视能够重复观察和检测的科学方法引入了心理学，最终将心理学带出了非科学的思辨领域，建立起了科学的心理学。

心理学史的种种证据表明，这一种心理学范式研究的转换历经曲折。即便是冯特这样功勋卓著的心理学开创者也犹如物理学上的牛顿一样，将二十多年的时间花费于研究非实验性的大众心理学的相关内容，而这些相关内容"总是有非试验及推测性的部分"①。这恰好印证了科学史家库恩在论述科学革命的基本结构时的观点，"所谓的标准研究遭遇了'危机'而受到动摇，直到传统的研究范式受到新的研究范式的挑战并最终被取代"②。

一个不争的事实是，心理学很难摆脱神秘思辨的干扰，否则也就不会有今天的心灵哲学的热门研究了。但是范式却一再发展变化，从二元论到物理主义一元论，再到自然主义。心灵哲学最开始作为神学的一个部门而存在，即在康德那里被称为灵魂宇宙学。现在基于心理学作为一门学科分化和独立，尤其是它与跟研究心理现象的神经科学、脑科学等相关学科相整合在一起，心灵哲学成了一门探究心理学元问题的具体哲学部门，如心灵本质问题。

但是就历史的追根溯源而言，心灵哲学产生的历史应该比心理学早得多，由于它跟心理学的研究对象是一致的，也可以称为心理学哲学。但是心理学哲学其实就是心理学的形而上学，它关心人的心理现象的样式以及存在地位，这关系到心理学学科的合法性的根本问题。如果没有心理现象，那么所谓心

---

① [德] 赫尔穆特·E. 吕克：《心理学史》，吕娜、王文君等译，学林出版社2009年版，第8页。
② [德] 赫尔穆特·E. 吕克：《心理学史》，吕娜、王文君等译，学林出版社2009年版，第2页。

理学就会被历史地判定为一门伪科学研究，关于心理学的知识也就只是一些毫无用处的坛坛罐罐。

如此，人们就不会以敝帚自珍的方式保留心理学的书籍，相反，人们就会像休谟一样，把心理学书籍从图书馆里拿出来，付之一炬。比如唯物主义中极端的取消主义就认为心理现象是不存在的，存在的只有人的脑神经活动或活动模式。那么根据这一观点，心理学就是一门伪科学，对心理学的研究就没有太大意义。

因此，从学理上讲，心灵哲学对心理学的探讨直接决定了心理学的前途和命运，这种形而上学的导向不仅给心理学带来了范式的转换，也决定了心理学的整体性发展，至少对于丹尼特等取消主义者来说，他们不会再认可第一人称研究或内省报告的心理数据的真实性。

应该说，心灵哲学的应运而生必须说到心理现象对于人类本身而言具有的特殊性和复杂性——因为它跟物理现象研究有本质的区别，难有可供我们如观察物理对象的观察对象，只能诉诸第一人称的内省报告或亲知（acquaintance）。那么，灵魂学，也就是现在的心理学，是不容彻底分割于形而上学的。因此，心理学起初脱胎，并最后分离于形而上学，但是现在又因为心灵哲学而回归科学的形而上学。

康德批判哲学继承了笛卡尔哲学衣钵，他只承认世界上三类存在或者两类存在，即世界、灵魂和上帝。上帝的概念预设因最终与科学文明的启蒙思想越行越远而被索性抛弃。康德据以总结出传统形而上学由以下三大部分构成，即理性神学、理论宇宙学和理论灵魂学。康德秉承笛卡尔的怀疑主义方法论的哲学思考路径，发起了由"我知道什么"到"我能认识什么"的哥白尼式的认知转换，由此考察人的理性认识能力的最大可能性和明显的界限标志。

经过三大批判之后，即纯粹理性批判、实践理性批判和判断力批判，康德明确感觉到传统的理论神学、理论宇宙学和理论灵魂学均不可靠。"理性是自然界的立法者，但对超验的领域却一无所知，人类的知识限于现象界；传统哲学中理论灵魂学对灵魂不灭的论述也是一个荒谬的推论。"[①] 由现象界通向作为物自体的实在界的认知断裂是康德对理论灵魂学的一个根本性的认识

---

① 黄颂杰等：《西方哲学多维透视》，上海人民出版社2002年版，第446页。

论判断,这一根本性的认识论判断也标志着心理学具备摆脱神学独断论的束缚,投向科学主义怀抱的可能性,这为心理学作为一门自然科学的学科创建提供了形而上之基础,从而使得心理学科学摆脱那常被当时所奚落的陈旧的、千疮百孔的独断论。

当然,康德自述,这一对心灵的原创性洞见的贡献应该还要最大可能地授予休谟。正是休谟揭示了独断论因为依恃于上帝之全知全能的理性担保而滥用了理性本身,正因为独断论的存在,我们才会盘桓于知识的迷谷里旷日持久,既没有出路,也谈不上什么进展。休谟的反省现象学中关于心灵不过是一串观念的看法,让康德看到了推翻笛卡尔以降的现象学的希望。"我坦率地承认,就是休谟的提示在多年以前首先打破了我教条主义的迷梦,并且在我对思辨哲学的研究上给我指出来一个完全不同的方向。……多亏他的第一颗火星,我们才有了这个光明。"①

当时康德看到了传统形而上学所带来的停滞不前的哲学困境,它一度沦落为犹如精致古董般的处境。这似乎被削弱了作为范式性原理的形而上学地位,一切靠思辨本身来故步自封。他悲痛地说:"其他一切科学都不停在发展,而偏偏自命为智慧的化身、人人都来求救的这门学问却老是原地踏步不前,这似乎有些不近情理。"②

尽管如此,康德依然抱着救赎的心境来拯救传统形而上学。他认为,通过对传统形而上学的改造,能够建立起为之提供原理性知识的科学形而上学。探讨物质世界一般运动规律的理论宇宙学已经交付给不同的自然科学门类来予以研究,如物理学、化学和生理学等。宇宙灵魂学或理论心理学这一探讨心理现象统一性和一般原则的研究则交给心理学。如果说,康德的怀疑主义先验哲学是笛卡尔的先验理论性的逻辑展开的话,那么相当公允地说,康德的确忠实地继承了笛卡尔物质和心灵的划江而治的哲学策略,只不过康德的怀疑主义把世界与自我或灵魂隐匿于感性现象学之后的逻辑推理之中。他并不否认传统形而上所追求的终极目标,认为这些终极目标应该是人类理性实践的本体论预设,也是人类有限的理性所必须依据的认识原则。

---

① [德]康德:《未来形而上学导论》,庞景仁译,商务印书馆1982年版,第9—10页。
② [德]康德:《未来形而上学导论》,庞景仁译,商务印书馆1982年版,第4页。

无疑，这一种隐匿的手法是相当高明的。因为只有我们对理性的本质、功能和机理有着深厚的理解才能提出这样的心灵哲学方案。如果说莱布尼兹嘲笑笛卡尔主义的追随者马勒伯朗士主张把心灵（物质）之于物质（心灵）的因果作用归结为上帝干预世界事务的一种偶然而为之的因果作用或因果能力，并借此说明上帝通过施洒的神水决定世间的一切的这一做法何其荒唐蹩脚。他自己试图用"前定和谐说"把上帝理解为作为自然规律系统之总和自然神。康德关于物自体和现象界的划分以及由现象学介入物自体的逻辑推理则为自然主义者把上帝送上断头台提供了可能。

就人类自身理性认识能力而言，康德对世界、灵魂与上帝等理念（Nous）作出的纯粹认知形式的理解引起了黑格尔的不满。黑格尔反对康德的"形式主义"，理由是，黑格尔认为，康德对感性认知能力和理性认知能力的区分以及他对两者的效用的限度的探测在无意之中掩盖了这样一个事实，即精神作为总体不能被割裂开来，否则精神之效用的总体不能给予我们。

根据黑格尔的看法，"但康德认为现象学的主要任务是划分感性与理性的界限，规定感性原则的有效性和限度，是从不可知论出发，是要限制经验知识的范围，把它限制在现象界，不许它过问本质或物自体。而黑格尔的精神现象学则是从现象与本质的统一性出发，目的在于通过现象认识本质，最后达到绝对知识"[①]。

黑格尔试图在其哲学史讲演录中重申这一点，即类的物质生活和历史发展是上帝精神性现象辩证展开的结果。也就是说，他更愿意把人类精神视为一种抽象的、能动的和辩证的整体性发展过程。通过精神现象学的认识论进路，他运用辩证的否定观而写就《精神现象学》，被认为是古典形而上学的顶峰之作。跟诸如实体主义、绝对主义、基础主义和理性主义传统形而上学相比，黑格尔的哲学体系作为辩证法的集大成者有可圈可点之处。他通过自创精神现象学开辟了另一种哲学把握方式，强调现象和本质之间不可割裂，而又有其内在的辩证逻辑。因此，我们应该从事件的活动表现中去认识事物的本质，这是有别于康德的获得总体之效用的地方。

但是，黑格尔哲学给人以一种老调重弹的感觉。在黑格尔眼里，上帝

[①] [德] 黑格尔：《精神现象学》（上），贺麟、王玖兴译，上海人民出版社2013年版，第11页。

就成了一种没有任何偶然性的绝对，一种弥散于具体的整体，哲学则成为一种出乎外、入乎内的意识状态。这样一来，人类的物质生活及其过程表现为人的精神发展过程，上帝仍然是无法试探却又无处不在的因果者。尽管黑格尔哲学在论述人类的历史发展上的确因其辩证法的革命性优势而具有合理内核，但是他试图把物质贬斥为"纯粹的虚无"的做法，过分地夸大了人的意识的能动作用。这一种历史的反动遭费尔巴哈的唯物主义哲学所猛烈攻击，当然这是唯物主义对于德国古典哲学的唯心主义的第二波攻击。杨祖陶认为，费尔巴哈的感性唯物主义哲学"推翻了唯心主义的统治，树立了唯物主义的权威"[1]。

但是，尽管上帝观念的本质被费尔巴哈从人感性构想的角度被正确地重构了出来，"宗教是世界和人的本质的概念，它对人的本质是必要的，即宗教和人的本质是一致的。然而，人并不凌驾于这一必要概念之上。相反，这一概念是凌驾于人之上的，它鼓励、决定并操纵着他。……只要人依然处于纯粹的本性状态，上帝也就会依旧保有自己的本性——某种自然力的化身"[2]。

马克思把唯物主义从自然界拉到了社会历史领域，并把唯物主义精神贯彻于社会历史的发展过程当中。他肯定物质生活就是人类生活的一面真实的镜子，并把人类的物质实践当作人类的精神生活的基础。同时，他还认为考察人类发展的文明程度就要看人类物质文明的丰富程度及其指示物质生活的生产力水平，进而从理论上戳穿了理性主义者所沿袭的中世纪神学的谎言，即再三在世人耳边聒噪的"认识上帝是认识心灵的终极目标"。马克思提出了当今中国非常熟悉的建立在人的自然属性和社会属性之上的"实践出真知"的观点。

费尔巴哈和马克思、恩格斯等唯物主义先辈看到了黑格尔的逻辑哲学把理性主义发展到了无以复加的地步——应该说，这一点是费尔巴哈和马克思、恩格斯等理性主义启蒙主义者内心所击掌叫好之处。但是，他们也看到了黑格尔哲学背后的浓烈得化不开的宗教精神已经违背了理性的初衷。他们希望

---

[1] 杨祖陶：《德国古典哲学逻辑进程》，武汉大学出版社2003年版，第6页。
[2] [英] 约翰·亚历山大·汉默顿编：《西方文化经典》（哲学卷），李治鹏、王晓燕译，华中科技大学出版社2016年版，第273—274页。

哲学应该效仿法国大革命那样把上帝送上断头台，将革命进行到底。

但是，他们遗憾地看到，黑格尔却在其批评哲学的背后为上帝预留了一把可以把上帝重新扶上的宝座。因此，黑格尔在这充当把落魄的英国君王重新扶上宝座的托利党。这是这些具有彻底批判精神和革命精神的坚定唯物主义者所丝毫不许的。他们想看到的是唯物主义哲学的革命性和彻底性。

因此，他们觉得有必要进一步批判上帝神学。根据德国学者汉斯·斯路格（Hans·D. sluga）的看法，费尔巴哈和马克思、恩格斯等唯物主义者们有一致的观点，"上帝不过是人的投射于客观性当中的人的本质，心灵不过是一具具体身体的属性；观念只是实在的人的创造物"[1]。笔者之前已经论述过，在社会历史解释领域，马克思强调物理上的优先性，而不是精神上的优先性。这一观点是马克思的本体论哲学——物质第一性、精神第二性的逻辑展开和理论发挥。

近代启蒙哲学运动的实质在于在各个科学领域大规模地彻底展开韦伯所说的祛魅化运动。这一祛魅化活动志在在种种实证科学领域中清除掉非自然化解释或与自然化解释相冲突的理论解释。但是，马克思所说的实证主义跟作为科学方法论的实证主义的哲学流派有着天壤之别。马克思所讲的实证，主要批判的是唯心主义的不假经验任意地构造人类生活历史的信口胡诌。

马克思通过考察人的生活方式强调，"经验的观察在任何情况下都应当根据经验来揭示社会结构和政治结构同生产的联系，而不应当带有任何神秘和思辨的色彩"[2]。马克思充满诗意地描述了这样一种适用于整个人文社科的方法论，"在思辨终止的地方，在现实生活面前，正是描述人们实践活动和实际发展过程的真正的实证科学开始的地方"[3]。由此看出，马克思所强调的实证，应该是由人类实践来完成的知识构建活动。该实践需要充分发挥人主观能动性、自主性和创造性。它作为人的自由行动能力的表现和塑造者，并不能简单地被归属于分门别类的自然学科范围内的活动。

---

[1] Hans D. Sluga（1980）. *Gottlob Frege*. Routledge & Kegan Paul. London. p. 17.
[2] 《马克思恩格斯选集》第 1 卷，人民出版社 2012 年版，第 151 页。
[3] 《马克思恩格斯选集》第 1 卷，人民出版社 2012 年版，第 153 页。

三　心理主义及其评价

黑格尔的绝对唯心主义随着费尔巴哈和马克思等唯物主义者的振臂一呼而旋即式微，但是就认识论而言，黑格尔主义的确试图维护这样一个关于知识的普遍必然有效性的认识论直觉，即知识完全来源于直观性思辨，而跟劳动性生产与交往实践无关。在他看来，绝对精神既是知识的最可靠来源，也是知识本身。但是这种奇谈怪论[①]很快就被当时的知识界所唾弃，当时知识界随之再次发出"什么是我们知识的合法或有效性来源"的追问。

对此，当时的一些哲学家认为，只有心理主义才可以担此重任。心理主义的强势部分是因为它对黑格尔主义的逻辑主义的强大反叛，另一个不可忽视的原因则是19世纪下半叶已经有了重大发展的心理学。心理主义起先不是一种学派，也没有统一的理论体系。心理主义产生于反对黑格尔的神学哲学统治。心理主义是一种关于心理现象的理论观点与理论态度，它强调心理学对于如逻辑学、数学、哲学等有关自然科学的基础地位和作用。因为这些学科研究的对象要么就是心理现象，要么就是以心理为基础，有关学科的规则必须按心理学的方式建立起来。

据赵修义、童世骏等学者的考证，"'心理主义'最初是一个用来表示19世纪上半叶一个德国哲学学派的术语。这个以弗里斯（Jakob Friedrich Fries）和贝内克（Friedrich Beneke）为代表的学派反对当时占统治地位的黑格尔主义，主张哲学研究能运用的唯一工具是自我观察（或反省），认为除了把真理还原为自我观察的主要要素之外，不存在别的确立真理的途径。这样，心理学就成了一切其他哲学分支，如逻辑学、伦理学、形而上学、法哲学、宗教哲学和教育哲学的基础。……心理主义成了这一时期欧洲哲学中的一个时尚"[②]。不管怎么说，心理主义有这样一个基本的理论假设，即从认识论上说，凡是属于心理的，肯定必须依赖心理来说明。这样的认识论假说的诱人之处

[①] 所谓"奇谈怪论"就是自然科学的发展使得当时的知识界认为自然本身就是一个体系，而无须体系者之类的东西，再回到神的时代只能被视为奇谈怪论。

[②] 赵修义、童世骏：《马克思恩格斯同时代的西方哲学》，上海人民出版社2014年版，第219页。

在于它试图建立起大一统的社会科学理论或者使得社会科学有了如同自然科学一样统一的理论结构，进而令使人误入歧途的神秘主义难有容身之地，尤其是冯特的实验心理学的建立为这一理论上的统一性展现了某种可能性的苗头。

这一种认识论诱惑是科学主义中的自然主义所孜孜以求的。科学主义自然主义者认为哲学的本体论承诺应该依赖于自然科学的本体论。因此，心理主义风靡一时也是有原因的。连布伦塔诺都承认，哲学受到了重创，不再"享有普遍的智力信任"[①]。布伦塔诺简直不忍直视，心理学即将接收哲学原有的地盘，有可能世上再无哲学家。当然，这是他坚持为心理现象与物理现象划界的主要原因。

心理主义在有着经验主义哲学传统的英国表现为联想主义，穆勒明确划出生理学有别于精神学的界限。他以心理学为基础对我们关于"物质"和"心灵"等概念作出分析。虽然根据联想主义心理学的观点，我们的确有着关于精神现象和物理现象两个层次，但是我们很难由此推论精神现象和物理现象有什么因果关联。尽管如此，穆勒还是认为，尽管精神状态和肉体状态之间的关系尚未充分证明，但是他认为精神状态之间有相继的齐一性却不容置疑。

穆勒甚至在心理物理现象的因果关系上作出如下论断："一切精神状态，或者是由别的精神状态直接引起的，或者是由肉体状态直接引起的。当一精神状态是由精神状态产生的，称此处有关的规律为精神规律。当一精神状态是由一肉体状态直接产生的，这规律就是一肉体规律，属于物理科学。"[②] 穆勒既囿于精神现象和物理现象的异质性，又硬着头皮说两者有某种因果关系。因此，他在逻辑上失去了其依赖自洽的逻辑基础，但是这也为后来的心理主义者马赫、罗素等的中立一元论提供了其哲学改进的可能性空间。

马赫接受了新康德主义者德国心理学家赫尔姆霍茨的理念，即把心理学当作一门可以解释的逻辑学、伦理学、社会学等一切社会科学，因为凡是存在于社会科学之中的项目也无不存在心理学的研究范围当中。赫尔姆霍茨把经验结构看作我们的感官以及中枢神经系统的"无意识推论"的一个函数，我们的认知不过是在此函数之下负责"外部世界"的输入和经验世界的输出

---

① Hans D. Sluga（1980）. *Gottlob Frege*. Routledge & Kegan Paul. London. p. 35.
② 赵修义、童世骏：《马克思恩格斯同时代的西方哲学》，上海人民出版社2014年版，第221页。

的工作。马赫的物理学素养让他很信服这种论调。

他认为，物理学过去百年在自己的领域有了突出的成就，还一度成为其他学科的典范。但是物理学如果想进一步在自己的领域内保持具有后劲的连续优势，它必须依照实证主义修正过去的形而上学。"如果像旧的形而上学那样把心身、心物当做实体，确实无法形成关于心身问题的科学理论。但如果把心身当做实证范围以内的经验事实和现象，那么这样的心身及其关系问题就可望得到科学的说明。"①

马赫所谓实证就是对感觉进行分析，他认为不管是对"物质"还是"心灵"的形而上认定都离不开我们对它们的感觉认知。我们只需对感觉认知进行分析，便会得到关于"物质"和"心灵"的不偏不倚的结果，即没有任何本体论承诺的本体论结论。根据这一科学方法论，马赫摒弃了之前"物质"和"心灵"的陈腐界限划分，也摒弃了科学主义的自然主义的实在论和唯物主义的形而上的坚持，承认人和世界没有本质的区别，不过是要素的复合体。

马赫认为，颜色、声音、温度、压力、空间、时间乃至心情、感情和意志都是暂时复合体，只不过借以复合它们的复合体的构成方式和构成要素有很大不同而已。而从实证主义的角度来看，心、身和世界虽然起源于自身的逻辑构造，但它的本质还是要素。"所谓要素就是指'复合体的最后组成部分，也就是到目前为止我们不能再作进一步分解的成分'。在特定的意义上，即在考察物体 ABC……要素与人的身体 KLM……要素的相互联系时，可以把要素等同于感觉，因为在这种特殊的函数关系中，物体的颜色、声音、压力、时空等要素就是人体的感觉。马赫特别强调两者只是在这个关系②中才是等同的。"③ 马赫终于借助这种要素论破除了所谓主观性难题，即如何把主观经验融入客观的物理解释当中。

我们看到，马赫的办法是承认"物质""精神（心灵）"是人本身所独有的体验。这种体验不能说是物理的或心理学的，只能说是感觉或亲知上的。他认为，感觉只是我们认识的构成要素中的很小的一部分，而广大无边的要素既不

---

① 高新民、沈学君：《现代西方心灵哲学》，华中师范大学出版社 2010 年版，第 152 页。
② 即一定的函数关系当中。
③ 高新民、沈学君：《现代西方心灵哲学》，华中师范大学出版社 2010 年版，第 152 页。

能说是"物质的",也不能说是"精神的"。它们并不构成感觉材料。马赫的这种观点有点类似于莱布尼兹论述有感知能力的单子的单子论。正如高新民先生所指出的,马赫害怕自己的要素论成了变相的感觉论。不管怎么说,这种误解因为莱布尼兹主义的单子论传统给人留下的印象太深刻,至今难以消除。

马赫自以为提出了超越笛卡尔的心身二元论和洛克的第一性质和第二性质的科学形而上学,并冠自己的哲学理论以中立一元论。他鼓吹自己的理论为解决心物传统问题找到新的出路。客观地讲,马赫的确有综合性创见。要素论其实并不比德谟克利特的原子论更高明,也不高明于莱布尼兹的单子论。但是他的确根据新时代的物理学,对两者的理论有了自己的阐发。相比于德谟克利特的原子论,他看到了现代物理学所支持的认识论要素是我们得以认识世界和心灵的根本原因。但是,他认为这些认识论要素快速地生住异灭,因而也决定了桌子、椅子等物质聚合与散灭,这有点类似于赫拉克利特的无常流变。但它是德谟克利特的原子论所不曾强调的。

而在莱布尼兹那里,世界唯有单子(上帝也是一个最为圆满的单子)的理论却没有照顾山河大地的物质性本身。因为它们根据宇宙的规律昼夜不息地运转,但是没有知觉。但是莱布尼兹看到的世界却是活泼的、弥漫神迹的世界,而马赫的要素论里全然不存在这个问题。它能说明心理现象的存在,也能说明物理现象的存在。

因此,马赫的中立论的透彻和融贯是无可置疑的,可问题是马赫的中立一元论以"实证"和"分析"自居,但是要素是否能纳入实证的范畴则是一个问题。也许它充其量也不过是个形而上学的假定,这陷入了康德的二律背反之二的悖论中,即"世界上的一切都是由单一的东西构成的"正题与"没有单一东西,一切都是复合的"。马赫没有真正超越以前的形而上学的建筑术,只不过是使用了不同的建筑材料而已。因此,在某种意义上讲,他的形而上学建筑风格保持了一致于传统的建筑风格。

尽管如此,步马赫之后尘的有罗素之流,两者在形而上的框架和分析方法中的确没有本质的区别。他们都提出用分析的哲学方法来反对传统的实体的学说,坚持用一种更为基本的实在来说明世界的多样性。而两者的差异就在于,他们的确存在着传统中世纪的共相和殊相之争。马赫是宣扬原子无差别的德谟克利特主义者,他的要素就是一种无形无实的共相,是一种出于理论构建需要的约定。而罗素的事素或事态则是一个个带有自己的特点的个体事物，它们各自独立，并且不会互相干扰。罗素是不赞成世界的复合而坚持世界的多样性的莱布尼兹主义的单子论者。因此，中立二元论作为一种摆脱唯心、唯物之争的科学方法论，已经开阔了哲学思路，合流于美国的实用主义的大海当中。

从此观之，心理主义已经彻底地摆脱了上帝干预世界的神学束缚，自觉地跟日益崛起的现代科学相结合。它从现代科学的基础理论中去寻找问题意识，自觉一致于时代所赋予哲学的问题。在一定程度上，心理主义重新恢复了某种思辨形而上学传统。比如，心身的本体论问题就随着科学的每一次发展而孕育出不同的科学理论观点。

但是，尽管大多数心理主义者都在试图求得关于世界统一性的论证，但是这种统一性的撕裂的根本在于心理现象和物理现象异质。这使得一个统一的科学世界观始终难以形成。与此同时，关于心理主义与唯物主义的两种不同的概念框架始终激荡相摩。唯物主义或者从中发展而来的物理主义始终没有成为理解心灵世界的唯一范式。

因此，心灵之谜仍然存在。当代的心灵哲学——20世纪的心灵哲学的心灵哲学家就是为此而生。心灵哲学虽然年轻，但是它已经进入高速发展的快车道，成为一门仅次于政治哲学的显学。心灵哲学所最为迫切思考的不再是作为实体的心灵，而是现象性心灵。它关心的议题是由直觉所把握的心理现象是否存在，是否有其本体论地位，经验或感受质的存在以何种方式存在。这些问题是当今由分析哲学所掀起的关于心理的现象学分析的现象主义所关心的议题。

四　机械唯物主义的心灵哲学

唯物主义在西方哲学史的发展潮流中向来就有其古老深厚的哲学传统，德谟克利特的朴素的原子论即被马克思作为世界的物质性的观点而进行过深刻的思考，当代哲学家丹尼特的工具主义者也喜欢用德谟克利特原子库的思想隐喻，并把它作为理论模型说明他的工具主义在心灵哲学中解构意识的功用。

在启蒙运动中，唯物主义作为革命的力量出现在决定人类历史发展方向的舞台上，如最具代表性的法国唯物主义的百科全书派——拉美特利、狄德罗、爱尔维修和霍尔巴赫。他们高扬理性主义大旗，强调通过经验发现推进科学的发展。他们推崇一种人道主义的价值观，让理性主义、科学唯物主义和人道主义三位一体，作为启蒙运动的三驾马车冲破神学束缚的厚厚雾霾。

唯物主义可以作为一种不同于神学的世界观横空出世，这离不开当时法国启蒙运动中反对神学束缚的人本主义、科学主义的有力声援。在当时的历史环境中，有神论千年以来就刻意向大众灌输这些陈词滥调，即没有神人间便不过是没有意义，人间秩序的建立和维持就无从谈起。这让当时的欧洲人不得跨越神学雷池一步，就连伟大的直觉主义哲学家帕斯卡都认为，不信仰上帝的人是悲哀的，这种悲哀至少是理智上低能和道德上无所凭借的悲哀。在这种压抑人性的令人窒息的语境中，唯物主义不仅是一种令当时的进步青年耳目一新的哲学论调，它还是一种与人道主义相互依托的价值观的哲学基础。

牛顿力学在天文物理学的成功应用迅速在欧洲大陆广泛传播开来。法国的唯物主义者相信自然是自然的原因，没有第一因。他们坚持用自然的科学术语来说明自然现象本身，坚决反对神学神秘主义的干涉，并强调经验或感官才是作为知识的唯一可靠来源。爱尔维修肯定自然界的客观存在，认为一切事物都是自然界的组成部分，自然就是一切事物的总和。

霍尔巴赫的《自然的体系》（1770）成为18世纪唯物主义的经典文献，他在书中提出了一种彻底的还原主义观念，即人类是一种纯物理的存在，生理人根据感官传递的刺激的机制去行动。道德人根据非直接的物理原因去行动。在18世纪晚期，机械唯物主义早已突破了笛卡尔的"动物是机器"的哲学假设。该理论把千百形态的生物，包括自诩为上帝的选民的人都视为某种物质的复合，还赋予生物行动以一种有规律可循的物理机械运动的理解。

当康德试图用科学的形而上取代其中裹挟着的神学形而上学的传统形而上学的时候，自然科学在当时的欧洲有了不停地改变世界一般性观景的进步。可以说，与反神学活动遥相呼应的是自然科学在19世纪有了长足的进步，比如被恩格斯誉为"是从哥白尼以来天文学取得的最大进步"[①]的否定了牛顿第一推动的关于太阳系起源的星云假说；代表当时最高科学水平的"三大发现"，即细胞学说、能量守恒和转化定律以及达尔文生物进化论。

---

① 《马克思恩格斯选集》第3卷，人民出版社2012年版，第432页。

这些自然科学的巨大突破进一步扩大了唯物主义在宇宙天体的演化、自然的进化和社会的发展中的解释力。唯物主义的实证科学基本上依托于自然科学的发展。自然科学在改造世界上的成功令唯物主义者的信心陡然大增，关于科学的形而上学的自然主义应运而生。物理、化学、生物和生理学、心理学等的发展已经深刻地影响了启蒙主义哲学家的哲学思考[1]。

具体来说，在19世纪30年代，德国化学家维勒（Wohler，1800—1882）在1928年成功地实现了人工合成尿素，有力地促进了有机化学的发展，并逐渐形成了有机结构理论。维勒和李比希（Liebig，1803—1873）首先提出有机化合物由"基"组成，接着又发现"基"可被其他简单物取代。

19世纪40年代，他们又将有机物分类，从而使复杂的有机物初步显示一定的条理性。他们在此基础上提出的有机化学理论，填补了以前生命论者所认为的有机体和无机体不可统一的鸿沟。有基于此，人类心理现象，向来被认为有机体的生物现象，可以在未来的科学层面上被提供以物质性的理解。这一设想似乎不是没有希望的。

尽管李比希是一个坚持生命活力论者（Vitalist），但是他所从事的有机化学的工作却实际上揭示了高等形式的有机现象的物理化学过程。在生理学上，法国最杰出的生理学家伯纳特（Claude Bernard，1813—1878）堪称生理学界的天才式人物，他在实验室内是一位强调事实、一丝不苟的实验人员；而在实验室外，他却是一位充满想象力的人物。因此，他能很好地把科学事实和科学假设兼顾起来，提出了肝脏糖原生成学说（1857），并成为内分泌学说的开拓者，其杰出贡献在于提出了"生命现象之稳定不依赖外界因素的学说"[2]。

另外一位与伯纳特旗鼓相当的人物米勒（J. Muller，1801—1858）从事特殊神经技能的定律研究，即"每一感觉器官以其特有的感觉对各种刺激产生应答"[3]。他的科学研究确认了有机体是复杂的生理机制这一观点，能量守恒

---

[1] Hans D. Sluga（1980）. *Gottlob Frege*. Routledge & Kegan Paul. London. p. 18.

[2] ［意］阿尔图罗·卡斯蒂廖尼：《医学史》（中），程之范、甄橙主译，译林出版社2014年版，第716页。

[3] ［意］阿尔图罗·卡斯蒂廖尼：《医学史》（中），程之范、甄橙主译，译林出版社2014年版，第718页。

定律的发现则让实体二元论失去了赖以自洽的逻辑根据，这是当代副现象论复苏的一个重要科学论证依据。

能量守恒定律已经占据难以撼动的科学统治地位。它的存在让自然科学家们在思考自然科学的基本运动规律的时候，基本上不用担心上帝背后无形的手的操控——这样一条定律提供了关于世界和心灵的机制运作的充足理由。因此，由自然科学领域延伸到跟精神或意识的活动有关的社会科学领域，尽管黑格尔的绝对精神还容许上帝存在，但是康德的纯粹理性批判的努力让上帝不得在干预世界的运作上上下其手。

上帝"死"了至少有这么一个好处，就是跟上帝有着千丝万缕的关系的心理学可以挣脱出神学的桎梏，而被当作一种自然现象予以客观地研究。比如早期的心理学行为主义就是完全否认心理现象的存在——"20世纪，华生竭力主张，心理学应该放弃所有与心理有关的内容，只研究行为"[①]。但是，心理现象被认为具有科学研究的合法性而被保留下来，与其一起保留下来的还有作为其理论基础的心理主义。对于唯物主义还原论说，心理主义却流毒甚广，难以根除。

这恰恰是心灵哲学所刻意探讨的议题。心灵哲学就是在自然主义的科学理论范式之下，而不是在神秘主义的神学理论范式之下开展激烈而严肃的心灵有无之辩。这种关于心灵的有无之辩不是像神学上的装腔作势，而是用科学的方式直击问题的核心，即完全用自然主义术语和概念解构心灵的本质。它至少以一种引导人们研究方向的问题意识指明当今的心理学哲学或心灵哲学的发展症结之所在。

对唯物主义的心灵哲学有着莫大贡献的是拉美特利，他生前出版了一本具有唯物主义心灵哲学、道德哲学和美学的小册子，并将这个小册子冠以能直抒他胸臆的具有唯物主义战斗号角的《人是机器》之名。拉美特利，作为当时坚定的无神论者和唯物主义者，如同马克思绝不屑于隐瞒自己关于无产阶级解放的观点一样，至死不渝地宣扬自己的唯物主义心灵观。他不屈服于当时的任何敌对势力的肉体迫害和精神恐吓，并与之做出最为坚决、最为革命和最能启迪心智，能唤起人们对美好人性的向往与追求的斗争。

---

① [美]戴维·霍瑟萨尔：《心理学家的故事》，郭本禹等译，商务印书馆2015年版，第1页。

拉美特利说："一个明智的人，仅仅自己研究自然和真理是不够的，他应该敢于把真理说出来，帮助少数愿意思想并且能够思想的人；因为其余甘心做偏见的奴隶的人，要他们接近真理，原来不比要蛤蟆飞上天更容易。"① 拉美特利的"虽万人，吾往矣"的追求真理的精神赢得了乐意收容"受愚人神学家迫害的人"的腓特烈大帝的赞许，腓特烈大帝慨然收容了从荷兰投奔来的拉美特利，并在他的葬礼上诵读了文风颇为华丽、真切的悼词。

> 对于哲学家来说，一场疾病就是一所生理学学堂；他（拉美特利）相信，他能清楚地看到，思想不过是机器运转的结果，发条出了差错，就会极大地影响我们体内被形而上学者称为心灵的那一部分。他在康复过程中满脑都是这些念头，勇敢地擎起了经验的火把，闯进了形而上学的黑夜。他用手术刀切开了人类理解能力的细薄肌理，别人从那里看到了一种高于物质的东西，他却只发现了机械装置。②

拉美特利作为一个颇有造诣的生理医学家，师从他所毕生尊敬的导师哈勒（1707—1772）。哈勒扩充了人类解剖学的知识，他的皇皇八卷本的生理学原理让后来者马让迪（Magendie）感叹他的每一个自以为突破古人的实验都在哈勒的《人体生理学原理》一书当中找到关于其所设想的实验的描述。哈勒通过实验了解了生理学当中的肌肉的动力学机制，在生理学领域做出了杰出的贡献，这其中为人所牢记的就是他对于肌肉的"应激性"和神经的"感受性"所做的研究。有基于此，他否认灵魂存在于有机体中的亚里士多德主义观点，肯定感觉和运动起源于神经髓。他认为这才是灵魂的所在地，而不是笛卡尔所设想的沟通肉体和灵魂的那个点——松果腺。

拉美特利根据其严格的经验主义原则，提出这样的疑问，"我们有没有任何经验使我们不得不相信，只有人才受到某一种灵明的照耀，这种灵明是其他一切动物所没有的"③？他的回答是没有的。由此，他坚决抛弃了那种灵魂

---

① [法] 拉美特利：《人是机器》，顾寿观译，商务印书馆 2017 年版，第 13 页。
② 转引自 [荷] 德拉埃斯马《记忆的隐喻 心灵的观念史》，乔修峰译，花城出版社 2009 年版，第 79 页。
③ [法] 拉美特利：《人是机器》，顾寿观译，商务印书馆 2017 年版，第 42 页。

寄居于肉体中的假设，为什么要用灵魂的假定来解释人的活动呢？人为什么一定要有高于物质的精神呢，为什么不可以把人当作机器装置呢？

他以医学家的专业眼光讽刺笛卡尔及其追随者马勒伯朗士的实体二元论，"他们认为人身上有两种不同的实体，就好像他们亲眼看见，并且曾经好好数过一下似的"①。拉美特利认为，笛卡尔在数人的神经数目的时候，肯定是数多了。他说，人跟动物没有本质的区别，"人体是一架会自己发动自己的机器：一架永动机的活生生的模型。体温推动它，食料支持它"②。

这部机器完全按照物理的、化学的和生理学规律运行着。"在动物实验中，拉美特利曾观察到死亡动物的肠壁蠕动以及分离的肌肉能因刺激而收缩的现象。根据这些实验，他在著作中推论，如果对动物来说这些是事实，那么对人来说也必定是事实，因为两者的机体构成基本上是相同的。"③拉美特利试图用纯粹机械论来解释人的理性心理现象、道德心理现象和审美心理现象。他说，能产生理性、善恶和美丑等观念的人只不过是"比最完善的动物再多几个齿轮，再多几条弹簧，脑子和心脏的距离成比例地更接近一些"④。

在心灵与身体的关系问题上，拉美特利认为肉体决定心灵，心灵依赖于肉体，"因此（肉体）所接受的血液更充足一些，于是那个理性就产生了；难道还有什么别的不成？有一些不知道的原因，总是会产生出那种精致的、非常容易受损伤的良知来，会产生出那种羞恶之感来"⑤。他强调，我们身上的欢乐痛苦等心灵状态取决于我们的体质。"有多少种体质，便有多少种不同的精神，不同的性格和不同的风俗。"⑥

所谓体质的差异，"是黑胆，苦胆，痰汁和血液这些体液按照其性质、多寡和不同方式的配合"⑦之间的差异。拉美特利由此正确地认为心灵是物质世

---

① ［法］拉美特利：《人是机器》，顾寿观译，商务印书馆2017年版，第13—14页。
② ［法］拉美特利：《人是机器》，顾寿观译，商务印书馆2017年版，第21页。
③ ［美］洛伊斯·N.玛格纳：《生命科学史》，刘学礼等译，上海人民出版社2012年版，第184页。
④ 北京大学哲学系外国哲学史教研室编译：《西方哲学原著选读》（下），商务印书馆1982年版，第122页。
⑤ 北京大学哲学系外国哲学史教研室编译：《西方哲学原著选读》（下），商务印书馆1982年版，第122页。
⑥ ［法］拉美特利：《人是机器》，顾寿观译，商务印书馆2017年版，第18页。
⑦ ［法］拉美特利：《人是机器》，顾寿观译，商务印书馆2017年版，第18页。

界的一部分，心灵依赖于肉体。因此，要了解人的心灵，就必须详细地了解产生人的心理状态的运作机制。对于种种心灵状态而言，人体器官组织就是一切，一切都可以从中得到解释。

尽管拉美特利用解剖学的观点让我们明确了没有寄居于人身上的心灵，但是心灵的本质又是什么呢？拉美特利的回答是："心灵只是一个毫无意义的空洞名词"①。他把心灵的作用仅仅归结于想象，想象所表达的工具是符号，而符号就是对客观事物的标记。人对事物的标记能力就是符号的功能，对事物的认识能力就是对符号的想象。

因此，没有所指地谈论心灵或心理状态的确是没有意义的。想象本身包括记忆、判断和推理，但是这些认知心理活动是"脑髓的幕上的种种真实的变化"②。由此可知，拉美特利几乎全盘接收了洛克的经验反映论的观点，跟洛克的白板说的认识论没有本质的区别。

但是，就如何详细地认识人的心灵这一问题，拉美特利在方法论上仅限于严格的"经验和观察"，他否认哲学家的思辨能力具有能够真正发现心灵的奥秘的可能性。他赞叹具有哲学头脑的医生"打着火把走遍了、照亮了人身这座迷宫"③，并强调只有他们才能揭开隐藏在我们身体当中的所看不到的无数奇迹，形而上学的翅膀在了解人的心灵上并没有用处。

这样就客观上限制了拉美特利在理解心灵的本质上所能提出真正的问题以及他关于这个问题所形成概念的能力。比如心理现象是否存在，是以同质还是异质的存在。"心灵的一切作用既然这样依赖脑子和整个身体的组织"④，那么心理状态如何具有作用于物理状态的能力，亦即心理过程、心理状态等在机械论的宇宙观当中是否具有自主性，以及由此而来的人在物理世界里是否有自由意志。如果拉美特利的确能看到这些弊端，他是否还坚信直观唯物主义，或者说唯物主义只有机械论这样一种运作方式，是否还有别的存在

---

① 北京大学哲学系外国哲学史教研室编译：《西方哲学原著选读》（下），商务印书馆1982年版，第123页。
② 北京大学哲学系外国哲学史教研室编译：《西方哲学原著选读》（下），商务印书馆1982年版，第114页。
③ ［法］拉美特利：《人是机器》，顾寿观译，商务印书馆2017年版，第16页。
④ 北京大学哲学系外国哲学史教研室编译：《西方哲学原著选读》（下），商务印书馆1982年版，第122页。

方式。

我们可以看到，拉美特利想给世界一个纯粹的物质因，对心灵的解释也应该诉诸纯粹物质因。他虽然接受了洛克在认识论上的"反映论"和在知识论上的"观念说"，但是也不否认人的种种认知心理现象和道德情感心理现象等。因此，在某种意义上，他不会像丘奇兰德等取消主义者所倡导的那样否认人身上的心理状态的存在，而是秉持一个同一论者的论调。

但是，把种种心理状态同一于物理状态似乎更符合拉美特利的未来的理论走向（如果他活得足够长）。他的观点跟副现象论的观点更接近。因为他并不认为物理现象和心理现象是同一个东西。他无意中追随了洛克的表征的观点，即心理现象作为一种符号表征着整个物理世界。但是，当时的拉美特利局限于他的有限的形而上的思辨能力，没有看到心理现象即便不作为实体也可以作为一个客观存在的现象的这一事实。

因此，在笔者看来，拉美特利没有真正地提出关于心灵哲学的形而上问题，即心灵存在的标志、范围以及存在的因果作用。另外，他的确看到了纯粹的形而上思辨所带来的导致众说纷纭以至于难以达成一致的"弊端"。因此，他极端地强调生理学物质的研究方法只能是实际跟人体打交道的科学家的"观察和经验"，这抑制了他对心理学哲学的思考能力。只能让他成为一个直观的唯物主义者。但是，无论如何，拉美特利压制了在大多时候纯属浪费时间的思辨，提倡跟科学联姻的唯物主义，真正地把心理学当作一门纯粹的经验科学来予以研究，这的确开了唯物主义风气之先河。

虽然费希那等庸俗唯物主义者认为思想跟物质的关系犹如肝脏跟它的分泌物之间的关系一样，但是他们由此发现了更多的心理运作过程，扩大了物理主义所能解释的地盘，以至于神经科学家克里克及其爱徒科赫还是试图用"一团黏糊糊的"等神经活动来解释人的意识，并试图用足够的神经科学知识来为人的道德提供一个详尽无疑的解释。

前面指出，由于拉美特利的时代局限性，他不能根据当时已知的不太发达的生理学事实提出很好的心灵哲学问题，比如什么是心理状态，心理状态的本质特征是什么，心理状态和物理状态有什么根本的区别以及心理状态是否真的对物理状态有因果作用等。这些心灵哲学的形而上的思考很遗憾地被忽视了。

拉美特利只是把心理现象起源于物理现象的起源论混同于心理现象就是物

理现象的属性或事件同一论,这种观点很难说有现代心灵哲学的形而上的争论的意味。"到了18世纪中期,人们越来越对机械哲学理论的解释效能持不乐观态度。用机械哲学理论来解释繁殖、胚胎发育、消化、营养和生长等生命现象,即使不是不可能,也是一件困难的事情。"① 因此,直观唯物主义很快就被弃之如敝屣,被科学界和哲学界取而代之的是支持心理主义的活力论和突现论等。

但是,跟喜欢坐在书斋里,试图用纯粹思辨的方式揭开心灵奥秘的形而上学家不同,一些医生和生理学家却通过进一步积累关于人的种种生命现象和生理现象的大量事实提出自己的关于心灵与世界的形而上思考。我们任何一个有纯粹理性思维乐趣的人都会好奇人的本质,尤其是他认为自己可以对此有所作为的时候。

出生于19世纪维多利亚时代的生物学家、哲学家托马斯·亨利·赫胥黎(1825—1895)认识到了人身上的心理状态和物理状态两种事实。当他看到对发生在人身上的事件被第一人称观察和第三人称观察会分别产生不同的事实时,赫胥黎大为惊讶,并对心理学哲学产生了浓厚的兴趣。赫胥黎接受了英国经验主义哲学的观念论,同时也接受了笛卡尔的具有自动装置功能的机械宇宙观。

观念论让他相信人具有让认知成为可能的东西,那就是心理状态。他作为一个生理学家,看到了人身上的诸多生理学事实。因此,他尝试性提出一种关于心身关系的理论,即副现象学论。副现象论认为心理状态,比如思考和欢笑,对我们的身体行为没有因果作用,这的确是一种违反大众常识的论断。赫胥黎试图在第一人称观察和第三人称观察中保持一直偏爱科学观察的不平衡。但这一不平衡的确跟当时流行的质量守恒定律一致,也跟现代科学的世界观一致。事实上,从当时的自然科学发展起来的当今的心灵哲学,就是在不断调和分别代表两种不同的世界图景的心理主义和物理主义的根本冲突。

---

① [美]洛伊斯·N. 玛格纳:《生命科学史》,刘学礼等译,上海人民出版社2012年版,第185页。

第三章
物理主义：心灵哲学研究范式

相对于物理学而言，心理学的进展要缓慢得多。心灵的呈现不是物理的呈现，也不是幻觉或错觉的呈现，而是一种我们由内省所感受到的呈现，是不容否定和不可设错的事实，而这一事实恰恰是理解心灵的本质之所在。因为我们似乎不能用物理主义术语理解物质的方式去理解心理现象。心灵之谜最终变成了一个我们既挥之不去又难以理解的谜。

心灵之谜破坏了我们所科学认知的物理世界的统一性。它在削弱与威胁着我们科学对"确定性的寻求"。鉴于理性主义者对"确定性"有着异乎寻常的执着追求，他们把它视为现代哲学的合法根基，心灵与世界之间就越发显得格格不入。这使得现代理性主义者的启蒙哲学家们沮丧万分，尤其是当他们对世界的物理性质了解得越多，他们就越强烈地感觉到心灵这一幽灵般的神秘存在被映衬于物理世界的灰冷色调的时候显得愈加刺眼。

布罗德（C. D. broad，1887—1971）长期执教于物理学，后来转向心灵哲学研究。他感受到了心灵的不可思议，发奋写了一本厚达六百五十多页的专著——《心灵及其在自然界中的地位》。这本书的标题明显地表达了关于心灵自然化的焦虑意识。不得不说，这本书一经问世，广为心灵哲学领域学者所阅读。他试图依照自然科学的方法和态度对心身问题作出实质性的理解，考察了20世纪初的物理学哲学和生物学哲学切入心灵问题的可能性路径与相关解答，这为后来的心灵哲学的探讨提供了自然化的出发点。

麦克道威尔在奠定其心灵哲学家地位的《心灵与世界》的导言当中指出了这种焦虑。"我的目标是，本着诊断病症的精神提出一种关于现代哲学的一些特有忧虑的说明——这些忧虑正如我的题目所表明的那样，集中在心灵与世界的关系问题上。"① 这一种鲜明的心灵哲学忧虑意识体现了20世纪哲学的一个非常重要的特征，即在各个学科分化割据日益明显的时代背景之下，各个学派的哲学意识空前高涨，对科学的统一性表现出异乎寻常的关注和精细严谨的探讨，连一些自然科学家都对哲学的元问题有了深入涉足的兴趣。

英国哲学家艾耶尔对此的评论是，"哲学家们比以往更认真地对待他们的行为目的以及实现这个目的的适当方式"②。这也是为什么相对比较冷门的心灵哲学迅速蹿跃成为一门"显学"的原因之一。实证主义跟传统的形而上学针锋相对。它想通过"实证"来超越"物质"与"心灵"的对立以及由此衍生而来的心理主义和物理主义的对立。这一哲学方法论上的对立也反映于当时生命科学领域中所流行机械论和活力论的两种解释模式的对立中。

相对于孔德的实证主义的新实证主义者即逻辑实证主义者，强调对我们有关"心灵""物质"等科学语言及其架构的逻辑分析，他们在其逻辑分析当中体现了科学统一性的雄心，即把心理语言还原成物理语言，让物理语言成为描述世界的统一的有力的概念范式，从而真正完成对启蒙哲学的理性主义的合法性基础的重建。

作为理性主义启蒙主义者的逻辑实证主义看到了，神尽管不是世俗世界统治的合法基础，但是影响到我们日常生活的日常语言还有一种向神秘主义开放的意识形态来干扰我们对科学世界观的实践，比如，我们日常很难不相信这样的命题的合理性，即"在活着的生物中，有一个叫做生命原理的主导原则"③，生命科学喜欢名之为"隐德来希"（意为完全实现），这似乎没有什么不妥。

逻辑实证主义看到在实际的科学研究中，特别是生命的科学研究当中，形而上学和神学化的思想又在增长。为此，逻辑实证主义小组重申"科学世界观"对公民的科学启蒙教育的重要意义，并提出"对中性公式系统的探索，

---

① [美]约翰·麦克道威尔：《心灵与世界》，刘叶涛译，中国人民大学出版社2006年版，第6页。
② [英]艾耶尔：《二十世纪哲学》，李步楼等译，上海译文出版社2005年版，第15页。
③ [奥]O. 纽拉特、王玉北：《科学的世界观：维也纳小组——献给石里克》，《哲学译丛》1994年第1期，第39页。

对摆脱了历史语言残痕的符号语言的探索以及对一个总概念体系的探索。要拒斥那种模糊的距离感和不可测的深度，要追求简洁和清晰"①。

逻辑实证主义的优良传统就在于不光喊口号，还在科学实践中落实"否认有不可解决的谜"，抵制形而上学家和神学家的"某种情绪和心情"表达，把"科学的世界观"的公民教育提上日程表，给出了有效的可操作的方案。因此呼吁用具有为科学观察所证实的物理科学语言来改造我们的日常生活语言，把一切真实的哲学问题转化为可供经验科学研究的经验命题，如诉诸心理学、社会学和逻辑学等，借此不断地挤压"伪问题"、"伪科学"以及神秘主义的生存空间，强调世界本身的"经验性"与"可实证性"。逻辑实证主义者认为，只有通过经验所直接给予的知识才是合法的科学知识，它也是科学知识本身的限度。这种限度的边界，可以通过逻辑分析来探测。正因为科学知识统一逻辑分析，大一统的科学才有可能实现。这个历史性目标的实现把公民真正引向科学世界观，从而"开启民智"。

另外，颇有维也纳学派教父美名的维特根斯坦的语言用法分析的新哲学分析方法论也实实在在地大有裨益于心灵哲学的语词概念分析，从而使科学与哲学的结合犹如猎人与猎狗的结合，没有语言概念的逻辑分析这一理性工具，可能科学家们一辈子都陷入语言哲学的陷阱，徒劳终生。比如自由意志、幸福这些既暗合于深奥的哲学问题也浸润于日常生活当中的术语一旦成为神经科学家的研究对象的时候，如果神经科学家没有变革自己对待语词的哲学思维方式的时候，他会被语言、思想和实在之间的关系所迷惑。心灵哲学的任务就是为具体的科学研究提供向导性的方向和方法。而心灵哲学的发展方向却无意当中响应了后批判时代的解构主义、去中心化以及反实在论的哲学立场。

而值得指出的是，马克思的辩证唯物主义不但破除了资本主义的经济有效的生产方式及其技术崇拜的神话，还指出了西方学者到后现代时代才领悟到马克思对资本主义的哲学解构的深刻性。资本主义学者刻意通过科学技术与制度安排来试图说明资本主义是启蒙主义运动的最终和最理想

---

① [奥] O. 纽拉特、王玉北：《科学的世界观：维也纳小组——献给石里克》，《哲学译丛》1994 年第 1 期，第 38 页。

的社会状态。其实，启蒙主义所带来的理性法庭本身也需要革命的辩证法所毫不留情的批判，因为他们所预设或向往的技术至上本身成为了一种异化人的个性，限制人的自由的意识形态蒙蔽工具，这一点只有马克思的唯物主义辩证法才能深刻地揭示出来。正因为如此，马克思主义赢得了后现代主义大家德里达的支持，他宣传自己是一个共产主义者，开放的马克思主义者，当然这是在马克思反对形而上学的开放的辩证法意义上才是。因为德里达看到了马克思主义和解构主义有太多的相同之处。正因为如此，与其说马克思需要解构主义，倒不如说解构主义需要马克思主义。

一 唯物主义心灵哲学的前奏曲：后现代启蒙语境下的概念分析

逻辑实证主义大佬石里克提出"确证"的概念来表达他为实在论找到合理的说明的意义，"按照石里克的观点，这个原则只能应用于那些其证实条件可以明确加以陈述的命题。也就是说，只容许那样一种问题，对这个问题我们能同时陈述它的回答在什么条件下能被证实"[①]。心灵的呈现本身具有非空间的隐秘的特质，如果要得以证实，则必须把心灵的语言还原成物理的语言，否则石里克认为心理现象没有实在性。因为石里克对形而上学没有一点奢望，或者说没有一点借以致用的兴趣。

但是，维特根斯坦则对心理现象有浓厚的兴趣，他在晚年把逻辑实证主义的逻辑分析原则投向了心身关系问题研究，开创心灵研究的逻辑行为主义哲学流派，从而使这一问题成为心灵哲学的核心问题，也让心灵哲学成为一个在当代哲学中最具有生命力的领域。晚年的维特根斯坦在心灵语言和心理本质等问题上倾注了大量心血，在他的带动下，马尔科姆、赖尔和彼特·斯特劳森等侧重于心理语言概念应用的逻辑分析，发现心理语言所指称的背后并无一个我们在观念上所预设的心灵的东西存在，我们之所以误以为我们有心灵存在，只不过我们在人之心灵问题上，犯了范畴错误，即执拗地以为人的每一个行为的背后必有一个伴随其发生的心灵现象、过

[①] 韩林合编：《洪谦选集》，吉林人民出版社2005年版，第352页。

程或实在，等等。

维特根斯坦认为，我们在用错误的语言类比与隐喻来描述心灵，导致了语言的误用，这种误用的根源在于我们没有看到语言的家族相似的特性，而误以为语言的背后有共同的本质。维特根斯坦认为，"哲学是针对借助我们的语言来蛊惑我们的智性所做的斗争"①，在于驱逐这一形而上幻觉，即，"好像我们的探索中的特殊的、深刻的、对我们而言具有本质性的东西，在于试图抓住语言的无可与之相比的本质。那也就是句子、语词、推理、真理、经验等等概念之间的秩序"②。维特根斯坦强调，没有这样的东西和这样的超级秩序，谈论"语言"、"经验"和"世界"的用法就应该像谈论桌椅板凳的语言用法一样稀松平常，得心应手，清晰明确。心理现象的背后没有我们所认为统一一切心理现象的本质。"我思"与"我"之间没有一点点逻辑联系。这一石破天惊的哲学或逻辑分析破碎了笛卡尔的二元论的独断统治地位，以致笛卡尔的二元论论证的逻辑基础瞬间崩塌。

维特根斯坦认为，哲学分析的考察就是语法性考察。"这种考察通过清除误解来澄清我们的问题；清除涉及话语用法的误解。"③ 语言的意义在于用法，语言用法的明确或语言的表达形式的替换也就界定了语言的边界，从而使得语言陈述变得有意义或者它的意义向我们显现出来，从而被我们所真正把握，这是语言哲学分析的基本要义。

它的哲学功能就在于把以前只能被哲学所探讨的关于"句子、语词、真理、推理、经验"等形而上对象拉回到日常语言中，在日常语言的用法里界定它的明晰的意义。维特根斯坦强调："哲学的成果是揭示出这样那样的十足的胡话，揭示我们的理解撞上了语言的界限撞出的肿块。这些肿块让我们认识到揭示工作的价值。"④

这些哲学肿块从本质上是语言肿块，是由于错误的类比造成的，即比如"心灵"一词的背后不存在我们可以指称的"实体性的心灵"，心灵本身就是一个空概念，是语言肿块；再如"理解"、"希望"和"相信"等词的背后未

---

① [奥] 维特根斯坦：《哲学研究》，陈嘉映译，商务印书馆2016年版，第52页。
② [奥] 维特根斯坦：《哲学研究》，陈嘉映译，商务印书馆2016年版，第49页。
③ [奥] 维特根斯坦：《哲学研究》，陈嘉映译，商务印书馆2016年版，第47页。
④ [奥] 维特根斯坦：《哲学研究》，陈嘉映译，商务印书馆2016年版，第53页。

必有关于"理解"、"希望"和"相信"的心理过程。维特根斯坦指出,"'语言(或思想)是种独一无二的东西'——这已证明是由语法的欺幻产生出来的一种迷信(不是错误!)。而这种迷信的狂热又反过来落向这些幻觉,这些问题"①。

1953年问世的维特根斯坦的《哲学研究》让我们瞥见了这位旷世奇才对心理语言的透彻性见解,赖尔延续了这一见解,当然是直指心灵哲学中的笛卡尔心身二元论。赖尔回顾过去的自然科学,认为沿着笛卡尔的身心二元论的错误路数来理解心灵,就会导致"人们错误地选择了据以协调心理机能和心理活动的概念的逻辑范畴"②,根源在于"笛卡尔留下了一个神话,作为他的一个主要哲学遗产,这个神话至今还扭曲着上述问题(知识理论、逻辑理论、伦理学理论、政治理论以及美学理论问题)的整个地理格局"③。

因此,赖尔决心从根本上改变这一过去心灵哲学不佳的名声,即"关于心,我们已经掌握了丰富的知识,这些知识既不来自于哲学家的论证,也不能为哲学家的论证所否认"④。赖尔意识到了这一点,自告奋勇地打破这一关于心灵哲学的停滞不前的历史局面。他认为,打开僵局的最好方式不是再去增添我们关于心灵的知识,而是"纠正我们已经掌握的知识的逻辑地理格局"⑤。赖尔指出,影响心灵哲学取得决定性突破最大的问题是心理语言和物理语言之间的交叉混乱使用所造成的"范畴错误"。"所谓'范畴错误',就是把属于一种范畴的事实用适合描述属于另一范畴的事实的说法表达出来,或者说就是把'概念放进本来不包括它们的逻辑类型中去'了。"⑥ 范畴错误的危害是它以具有隐蔽性的欺骗手段违反逻辑规则地用物理语言或行为语言去描述心理机能和心理过程。

赖尔提出了"机器中的幽灵"就是形象地构建了二元论的标准论证。其论证如下,"因为一个人的思维、感受和有意的行动确实不能只用物理学、化

---

① [奥]维特根斯坦:《哲学研究》,陈嘉映译,商务印书馆2016年版,第52页。
② [英]吉尔伯特·赖尔:《心的概念》,徐大建译,商务印书馆2017年版,第2页。
③ [英]吉尔伯特·赖尔:《心的概念》,徐大建译,商务印书馆2017年版,第2页。
④ [英]吉尔伯特·赖尔:《心的概念》,徐大建译,商务印书馆2017年版,第1页。
⑤ [英]吉尔伯特·赖尔:《心的概念》,徐大建译,商务印书馆2017年版,第1页。
⑥ 高新民、沈学君:《现代西方心灵哲学》,华中师范大学出版社2010年版,第41页。

学和生理学的用语来加以描述,所以它们必须用相应的用语来描述。由于人体是一个复杂的有机单位,因此人心必定也是一个复杂的有机单位,尽管它由一种不同的材料所构成并具有一种不同的结构"①。

赖尔首先预设了这样的前提,即(1)人体是一个复杂的有机单位。(2)根据(1),人体是一个物理对象,它的行为可以用物理的、化学的和生理学的术语来加以描述。(3)对人体的物理描述,有如物理机械运动、行为倾向等,还离不开思维、感受和有意的心理语言描述。(4)根据(3),有这样的描述的背后肯定有表现人的心理活动的实体,即幽灵,它隐匿于人的有机体活动之中。赖尔认为,由(3)推断出(4),违反了规则的使用,即过分地推断,将认识物理对象的方法迁移到认识心理对象过程当中,造成了规则或范畴使用的失当。

赖尔指出,鉴于在科学与道德之间的权衡与挣扎,笛卡尔以降的哲学家们宁愿睁只眼、闭只眼,甚至暗通款曲于笛卡尔的二元论,允许乃至肯定这样的范畴错误论证流行于心身二元论的论证之中。赖尔十分不满笛卡尔及其以后的一些哲学家心安理得地对上述十分错误的论证照单全收,他将上述的错误论证视为小人论证(Homunculi Argument),指出笛卡尔的二元论证是基于这样的直觉,即相信在我们的身体里,更准确地说,是在大脑里,有一个小人之类的东西,它能够感知色、声、香、味等,并能操控身体,或者对身体发出行动指令。

这种小人理论在整个西方哲学领域内很有市场,"千百年来,微型人②一直让人无法释怀。从犹太传说中有生命的泥人(golem),到弗兰肯斯坦③等人造怪物,人造生命的梦想也在挑战人类的极限,谁敢说梦想不会成真呢"④?记忆史研究专家杜威·德拉埃斯马指出,"心理学中的微型人和炼金术中的微型人一样,也有自己的形象"⑤,"当代的人工智能研究已经肩负起了古代炼

---

① [英]吉尔伯特·赖尔:《心的概念》,徐大建译,商务印书馆2017年版,第13页。
② 微型人就是小人,为了保持引文原貌,故在此说明。
③ 雪莱的夫人玛丽是一位痴心于人造生命的小说家,关于造人的小说有《弗兰肯斯坦》《化学家》等。
④ [荷]德拉埃斯马:《记忆的隐喻 心灵的观念史》,乔修峰译,花城出版社2009年版,第250页。
⑤ [荷]德拉埃斯马:《记忆的隐喻 心灵的观念史》,乔修峰译,花城出版社2009年版,第250页。

金术士的梦想。利用实验室资源，制造思考的新生命，这已经是为复制人类智能而达到的最高峰，是现代版的'由人工而臻自然'，或许不如炼金术士的梦想那么神秘，但壮志雄心毫不逊色"[1]。

这说明了小人理论这一作为古代乃至现代科学家的一种坚定不移、雄心勃勃的人造生命的理论基础，居然能够在理性主义的启蒙教育的形势下改头换面，混进关于心灵设想的科学研究的思维模式里面去，它以科学理论的形式为自己寻找了一块不受任何理性法庭审判的自留地，甚至强调用输入与输出之间的因果关系来说明心灵的功能主义都未免太俗，无法摆脱这种小人理论的思想束缚。

赖尔尖锐地指出，这种小人理论中所阐述的小人犹如机器中的幽灵，是笛卡尔剧场所制造出的神话[2]，它从来不曾存在过，存在的只有人的行为和行为倾向，因此，小人理论是对人的概念的错误设想。遗憾的是，笛卡尔之后的大部分心灵哲学家的心灵观都是从笛卡尔的实体心灵开始的，或者继承了笛卡尔的实体二元论，其中不乏 19 世纪最有才华的思想家，比如赫胥黎等。当代的心灵哲学也是从批判或辩护笛卡尔的心灵观出发的。心灵哲学有了今天，笛卡尔应该是功不可没。罗蒂说："把'心灵'当作一个'过程'同一时期发生于其中的独立实在，我们应该尤为感谢笛卡尔对'心灵'这一概念的发明。"[3] 笛卡尔的二元论成为心灵哲学家思考心灵的本质的最好的思维素材。正如高新民先生所说，现当代二元论者受二元论开山鼻祖笛卡尔的影响，他们在将旧二元论发展为新二元论的过程中所做的一项经常性的工作就是设计自己对二元论的清楚明晰的论证。于是，新的论证样式层出不穷，令人眼花缭乱。在学界颇具影响力或引起了较大争论的论证样式主要有：模态论证、知识论证、认识论论证、本体论论证、怪人论证、量子力学论证、解释鸿沟论证、蝙蝠论证，等等。

---

[1] [荷] 德拉埃斯马：《记忆的隐喻 心灵的观念史》，乔修峰译，花城出版社 2009 年版，第 250 页。
[2] 所谓笛卡尔剧场，就是笛卡尔坚信有一个能够感知我们的声音、颜色、味道等外部世界的观察者，这个观察者在于人的大脑之中，笛卡尔猜测是松果腺。
[3] Rorty R.. *Philosophy and the Mirror of Nature*. Princeton University Press. 2009. p. 3.

二 物理主义与第一人称消亡

以维特根斯坦、赖尔为代表的语言分析学派，使得对心理语词的概念分析或对心理语词用法的逻辑分析成为心灵哲学家们所得心应手的哲学分析工具，而且该学派影响了整个英美分析哲学走向。但是，诚如金在权所言，维特根斯坦和赖尔所开创的英美分析哲学流派最关心的是心理过程的逻辑性（的运用），而不是心灵与我们的身体本质之间的关系。

只有对赖尔的关注，才能彻底地进入心灵哲学的核心领域——心灵本体论领域。因为维特根斯坦并没有正面地论述心身关系，尤其是身体观，尽管我们可以从他对心灵观的解读中较为可靠地构建他的心身关系，但是他的确说得太少了，留给我们很多的解读的空间，以至于我们很难透彻地理解他对心灵的细微看法，尽管我们毫不怀疑维特根斯坦的确是在针对笛卡尔的二元论有的放矢。

但是即便如此，我们很难理解他究竟承不承认心理现象、内在过程等。他说过，"人的身体是人的灵魂的最好的图画"[①]，但是这并不是说维特根斯坦认为心灵也是存在的，有可能心灵与身体地位相当，有可能它们是一个东西。实际上，维特根斯坦反对支持实体二元论的灵魂不朽说，他说，对于"身体消解了而灵魂仍能存在"的宗教教导是不便理解的，因为它没有如同图画形诸话语的思想那么完美，没有和口说的学说起到同样的作用。

维特根斯坦进一步反问道："如果头脑里的思想的图画可以强加于我们，那为什么灵魂中的思想的图画不能更多地强加于我们呢？"[②]我们的确很难想象灵魂的真实写照或图景，尽管我们经常被宗教灌输以什么乱力怪神的远离生活世界的东西。鲁迅曾经指出，我们不是根据鬼而画鬼，而是根据人的形象来画鬼。维特根斯坦也如此理解人的灵魂的本质，把人的灵魂的表达理解为人的行为或行为倾向的表达，因为人的行为或行为倾向就是人的身体的活动本身。如果我们问维特根斯坦他人是否有心灵，他肯定回答说："我对他的态

---

① [奥] 维特根斯坦：《哲学研究》，陈嘉映译，商务印书馆2016年版，第196页。
② [奥] 维特根斯坦：《哲学研究》，陈嘉映译，商务印书馆2016年版，第195页。

度是对心灵的态度。并非我认为他有灵魂。"①

很显然，维特根斯坦的心灵观在于非有非无之间，他并不否认人有可能是机器——一台执行人的行为或行动的机器，但是他并不否认我们所理解的"经验"本身的存在。比如我们经验到自身的疼痛，当我们手指碰上烫热的东西的时候，会显出抽搐的表情，甚至会喊疼。维特根斯坦指出，这是真实的，"怀疑我有没有疼痛毫无意义"②!

但是，说"我知道我疼"就是陷入语言逻辑的胡说，没有意义。因为维特根斯坦认为，这个时候对疼的这种感觉的表述只是一种需要加以提防的语言游戏，因为我们不能从这句陈述当中找到可以例示它的行为或者我们不能从我们能够识别的感觉中印证这句话的陈述的合理性。他说："如果我设想正常的语言游戏没有了感觉的表达，我就需要一种识别感觉的标准；于是我们就可能弄错。"③ 维特根斯坦强调，有把握的或者是被自己真实感受到的感觉，外现于行为之中。维特根斯坦又提出一个较为明确的可以视为逻辑行为主义的合理、精准表达的关于心身问题的观点，即"一个'内在的过程'需要外在的标准"④。

然而，上述观点是哲学界在客观陈述逻辑实证主义的基本观点时屡屡提及的评论之一，这句陈述尤为明晰，毫无问题。也许对于维特根斯坦本人来说，或者在一个特定的心理过程的描述当中，这句话在说明心理过程与身体行为之间的关系时毫无违和感。但是亨特（John Hunter）教授不这么认为，他说这句话就像谜一样存在，其真谛被隐藏了起来，大家陷入误解当中却浑然不知。

因为逻辑行为主义固然驱逐了机器中的幽灵，认为我（I）是不存在的，私人语言也是不存在的，但并不是说，关于人的心理活动或心理过程、心理现象就不存在。我们对于某一说话者在一个特定的时间、空间中所表达出来的心理语言进行逻辑分析，的确会发现存在被语言游戏所误用的私人的语言，但是也保留了不曾经过关于心理语言的语言游戏所污染或迷惑了的经验感受，比如对

---

① ［奥］维特根斯坦：《哲学研究》，陈嘉映译，商务印书馆2016年版，第195页。
② ［奥］维特根斯坦：《哲学研究》，陈嘉映译，商务印书馆2016年版，第107页。
③ ［奥］维特根斯坦：《哲学研究》，陈嘉映译，商务印书馆2016年版，第107页。
④ ［奥］维特根斯坦：《哲学研究》，陈嘉映译，商务印书馆2016年版，第166页。

疼痛的自然表达，这是无须怀疑的，而且没有必要怀疑的。

但是，逻辑行为主义和以华生等人为代表的否定意识、思维之类的心理学现象存在的心理学行为主义迥然不同。理由在于，逻辑行为主义相当重视为人所体验的心理现象过程和实在，这种现象主义传统是维特根斯坦所始终不曾抛弃的传统。有证据表明，他和欧洲大陆现象学创始人胡塞尔有过通信。在后来的澳大利亚哲学家弗兰克·杰克逊的知识论证中阐幽显微，抓住了由第一人称视角所内省到的独特的经验这一认识论事实，从而对物理主义的完备论提出疑问，恢复了维特根斯坦心灵哲学中所固有的现象主义传统。

其实，维特根斯坦注意到，在识别心理现象或行为表征的实践操作中，尽管我们知道由于心理语词和物理语词的家族相似而造成的逻辑混乱。比如根据逻辑行为主义的观点，我们或许有心理过程，但是我们也有行为表征。但是我们如何在心理学研究当中区分这两者呢？维特根斯坦举了一个例子：心理学家说"我发现他情绪低沉"，该心理学家报告的究竟是行为表征还是心灵状态。维特根斯坦的自我回答是"两者都有；但并非两者并列，而是一者通过一者"[①]。

结合"'心理过程'需要外在标准"这一陈述，我们肯定维特根斯坦不是机械行为主义者，因为机械论行为主义完全忽略人的第一人称的心理表达，而维特根斯坦却强调这种表达的有效性，他质疑心理学家所报告的都是"人们的行为，特别是他们的表达"[②]。他强调"但所表达的并不是行为"[③]，所谓维特根斯坦式的"表达"不是"一个形象说法，不是一个比喻，然而确是一个形象式的表达"[④]。如她冲我微笑，究竟是一个行为还是一个表达，抑或两者兼而有之。

因此，维特根斯坦的"表达"是一个比行为更为宽泛的词，它是有我们难以言传的特定的意谓的，意谓的对象直指心理状态。不管怎么说，维特根斯坦的确明确地表示反对心理主义，但是他这种对心理现象之本体论地位的

---

① ［奥］维特根斯坦：《哲学研究》，陈嘉映译，商务印书馆2016年版，第196页。
② ［奥］维特根斯坦：《哲学研究》，陈嘉映译，商务印书馆2016年版，第196页。
③ ［奥］维特根斯坦：《哲学研究》，陈嘉映译，商务印书馆2016年版，第196页。
④ ［奥］维特根斯坦：《哲学研究》，陈嘉映译，商务印书馆2016年版，第196页。

模棱两可的暧昧态度只能让我们认定他们的逻辑行为主义不会彻底否认心理主义，至少他们肯定了对于具有正确的语言用法的心理表达的本体论地位。根据我们在自然主义的科学主义背景下对心理的因果作用的考量，我们很难设想逻辑行为主义不可能不落入视角主义的同一论，抑或心身之间具有不对称因果关系的二元论的副现象论。

通过上述分析可知，逻辑行为主义者并没有借助语言分析把心理概念驱逐出物理概念的体系，甚至他们无意于这样做，即否定心理现象的存在。因为，它的目的不是否认心理现象的存在，而只是借助关于心理语言的逻辑分析，清楚明白地揭示出，人类日常语言的混乱使用导致了语言的幻象，以至于我们设想小人式的心灵观是一种符合常识的直觉的绝对错误。这种直觉性错误植根于我们语言的使用当中，因此，我们应该规范我们的语言使用，维特根斯坦指出，只有符合外在标准的心理过程的描述才是合理的，可靠的。比如说，病人呻吟是病人心理状态的表达，也是关于行为的表达。

但是，这种表达究竟真不真实，我们不仅要观待病人所表达的何种感受的言语，还要根据医学仪器的客观的检测来决定病人是否需要止痛药。维特根斯坦所开创的语言/逻辑分析的逻辑实证主义的主要功绩在于过去视为哲学领地的语言和心灵同样可以诉诸可观察的科学的方式来理解，这是以往的哲学家所始料不及或不屑于为之的事情。

维特根斯坦的心灵哲学其实强调或纠正了这样一个或许是由传统哲学家所带来的带有偏见性的事实，即我们对心灵的理解未必在心灵之中，也就是说心灵的本质也有可能是在遵守某项规则的身体活动之中。因为以前的哲学家往往坚信私人语言的存在与第一人称在通达人的心理状态方面的优越性，他们"自以为"可以通过心理语言来表达自己的心灵状态或心理过程或者用心理语言来表达自己对他者的心灵状态或心理过程的客观的理解。其实这种种做法都容易使理解者的我们陷入我们在日常生活中所不曾察觉的语言陷阱或语言游戏当中，结果犹如糊涂官办案。

因此，没有外在标准的心理语言使用显然是违反语言使用的逻辑规则的。诚如英国哲学家玛丽·麦金所言，"我们误以为体现各种现象区分特点的那种区分，早已在心理语言的第三人称用法和第一人称用法的独特语法中充分显示出来了"①。有了外在标准,那我们就有了我们对身体/心理行为的合理考察,即诉诸第一人称和第三人称的双维度视角主义,尤其是第三人称,它"具有全然不同的用法,这种用法以复杂而难以确定的方式,很容易受在时空中展开的行为和语境类型的影响"②。

尽管第三人称的视角的表述对于目前而言还只是一种在科学上可行的且必然的科学研究纲领。但是,毫无疑问,这种第三人称视角是一种科学主义的客观主义的表达,用语言学的观点来看,是一种使用物理术语的科学世界观的表达,它有助于我们"诊断和抵制根据与物理状态或过程的类比而构想出来的作为内在状态或过程领域的心理东西的观念"③。

三 还原物理主义的逻辑空间及其历史发展形态

正当心理主义以种种形式表现出来,如马赫的现象主义,我们的心灵科学还处于前科学的时代的时候,我们丝毫没有发觉隐藏在私人的语言背后错误的人的图景,维特根斯坦的心理语言哲学分析出其不意地为唯物主义心灵哲学开创了这样一个新的时代,即终结心理主义,为构建物理主义提供了一片新的逻辑空间。维特根斯坦告诫我们在讨论心理语词概念的时候不要一开始就发问"疼痛""意志""注意"等心理术语的意义是什么,而是要先进行这样一项哲学批判活动,即对它进行概念分析,在语言的使用当中确定它的所指。这样就过滤掉许多没有意义的心灵哲学问题,从而"把一些传统的形而上学问题作为没有意义的问题排除于哲学研究之外,而使心理研究迈向科学化"④。

维特根斯坦认为,人类的心理语言往往是通过隐喻给予表达的,隐喻的好处就在于使得人们借助自己熟悉的对象或过程栩栩如生地理解,而隐喻的

---

① [英]托马斯·鲍德温编:《剑桥哲学史 1870-1945》(下),周晓亮等译,中国社会科学出版社 2011 年版,第 768 页。
② [英]托马斯·鲍德温编:《剑桥哲学史 1870-1945》(下),周晓亮等译,中国社会科学出版社 2011 年版,第 768 页。
③ [英]托马斯·鲍德温编:《剑桥哲学史 1870-1945》(下),周晓亮等译,中国社会科学出版社 2011 年版,第 768 页。
④ 高新民、沈学君:《现代西方心灵哲学》,华中师范大学出版社 2010 年版,第 197 页。

坏处就在于心理实在的人口爆炸,即把没有本体论的隐喻性心理语言当作有心理本体论地位的实在,并把它作为我们的科学的概念或行动的主体。心理主义的衰落意味着英美科学哲学家们对第一人称的主观观察极度的不信任,而对第三人称的客观观察寄予厚望。

赖尔认为笛卡尔的"心灵"与"物质"的区分犯了范畴错误,它要求把人的一切活动归结为行为或行为倾向。这一观点有很强的形而上学意味,比如赖尔必须用令人信服的观点说明什么是倾向,或者说从物理的角度上去理解倾向如何作为一个行为范畴,如何用这一范畴性概念说明人的意向活动就是倾向活动,等等。这对于分析行为主义来说具有很大的难度。因为根据维特根斯坦的观点,哲学是一项划定科学研究范围的活动,但是它并不能代替科学实践活动本身。

正是基于这一理由,维特根斯坦和赖尔过于"关注的是心理话语的'逻辑'问题,而不是解释我们的心理与我们的物理世界如何关联的形而上学问题"①。而真正"把心身问题作为一种主要的形而上学难题而重新引入到分析哲学中,并引发了持续至今的争论"②,且试图以此挖掘心理状态和过程跟脑的状态和过程之间联系的是澳大利亚唯物主义心灵哲学家斯马特(J. J. smart)、费格尔(F. Feigl)以及阿姆斯特朗(D. M. Armstrong)。

费格尔批判了逻辑实证主义者在字里行间渗透着对心身问题的形而上问题的保守和缄默,他说,逻辑实证主义者尽管倾向于把心理现象还原为物理现象,但是他们却对形而上问题有着"臭名昭著的恐惧症"和"乐意把心身问题诊断为伪问题"③。费格尔自觉地站在唯物主义的阵营当中,用当时的流行语指责科学心理学受了其理论对手现象主义的蛊惑,"首先失去了它的灵魂,然后失去了它的良知,最后失去了它整个心灵"④。费格尔强调当时的行

---

① [美]金在权:《物理世界中的心灵 论心身问题与心理因果性》,刘明海译,商务印书馆2015年版,第4页。
② [美]金在权:《物理世界中的心灵 论心身问题与心理因果性》,刘明海译,商务印书馆2015年版,第4页。
③ Feigl, Herbert. The "Mental" and the "Physical": the Essay and a Postscript. University of Minnesota Press. 1967. p. 4.
④ Feigl, Herbert. The "Mental" and the "Physical": the Essay and a Postscript. University of Minnesota Press. 1967. p. 4.

为主义和现象主义的斗争是启蒙主义时期的心理主义和物理主义斗争的继续。

前面已经提过，"唯物主义"和"物理主义"这两个基本心灵哲学术语在一般情况下可以互换使用，但是就定义而言，物理主义的表述似乎更精确地表达了世界的物质性或更好地说明了一个一切均由物理属性、状态、过程等所构成的明晰的世界。那么何为物理的，这个要放在科学里才能得到实质性的理解。

物理的或物理构成指的是由自然科学，尤其是物理学，量子物理学所假定的实在，如属性和关系等。但是，不管怎么样，就目前而言，它跟心理对象、过程和状态作为其科学的基本假定截然不同，是物理主义心灵哲学所试图把它统一于物理主义的对象。这一种统一的可能性，决定着心理学的未来命运，也塑造着物理主义所以可能的逻辑空间。

针对心理现象或状态可能具有的本体论地位，我们可以从还原的角度理解物理主义所可能具有的张力：心理现象或状态还原为物理现象或状态，这是还原物理主义的态度；心理现象或状态不可以还原为物理现象或状态，这是现象主义的态度；还有心理现象或状态压根就不存在，这是取消物理主义的态度。最能体现唯物主义与唯心主义双方关于心理现象的本体论地位的争论的关键议题的是从属于功能主义阵营的唯物主义同一论的发展，即从因果作用同一论出发的类型同一论到事件同一论的个例以及取消主义对民间心理学的批判。

（一）类型同一论的唯物主义：开启当代心灵还原之旅

在维特根斯坦及其追随者赖尔看来，心灵并不是有着优越通道（Priviledged Access）的认知主体，这样一种优越通道的优越之处在于认知的透明性和不可错误性以及在公共表达上心理语言的私人性。维特根斯坦之前，我们几乎把笛卡尔为之做出理论化辩护的日常语言的心理语言的实在性不加批判地予以接受，也由此一并接受从隐喻性的日常语言当中所隐含的哲学偏见。这种偏见使得我们大量含混不清的心理语言堂而皇之地成为我们的科学术语，从而歪曲了整个世界的结构图景，以至于严重地阻碍了科学的研究，误导了科学家们对心灵的科学研究方向。

维特根斯坦及其追随者的工作就是摒弃这种直觉上的偏见，对第一人称的观察语句提出疑问。物理主义同一论者就是要重塑心身问题的形而上学，其意图在于在物理主义的框架内安顿心灵的位置，即让心灵的概念融入物理的概念当中，这也就是说，只有经过他们辩护过的心理学概念才有科学地位，否则没有。斯马特、费格尔和阿姆斯特朗等人的心身同一论的理论自觉还是源于这样一种科学上的自信。对于这一关于心灵的物理主义命题的真理性，阿姆斯特朗说："如果证据确有其来源的话，那么它必定是来自于科学，特别是神经生理学。……没有什么哲学的和逻辑的理由能否定心与脑的等同论。"①

现代自然科学的发展使得我们能够打开人类大脑黑箱，随着对于我们大脑中的功能分区、神经结构、神经状态及其难以言说的复杂的神经活动模式的探测不断深入，自然科学家们越来越相信自然科学，如脑神经科学、认知科学和心理学、生理学等能够最终实现对心理活动的客观性物理描述。对意识的科学化最为活跃最为乐此不疲的是 DNA 的双螺旋结构的发现者，在其晚年转向意识研究的坚定无神论者克里克。他坚守了无神论阵地，并相信宗教与科学之间的历史敌意，这一历史敌意从拉美特利的短暂而又战斗的一生就看出来了。

克里克相信意识本身不存在或者是幻觉性的存在。"他认为（人们）有合理的理由摆脱上帝的世界，以严格基于自然力的解释取代对生命和意识的超自然解释。"② 因此，他的关于意识科学的书仍然不失为向神秘主义者和心理主义者发出挑战的檄文。克里克提出一个惊人的假说，即，"'你'，你的喜悦、悲伤、记忆和抱负，你的本体感觉和自由意志，实际上都只不过是一大群神经细胞及其相关分子的集体行为"③。

唯物主义同一论者们深受物理主义的逻辑实证主义和分析行为主义的启发，面对人类掌握着越来越多的脑神经科学知识，即心灵的活动跟大脑的神经活动之间有着明显的联系，斯马特和费格尔试图提出一种能够解决心理物理之间关系的唯物主义，即通过同一论唯物主义说明心身问题，这为心灵科学研究中驱逐非物质的精神解释提供了纲领性指导方向。

---

① 高新民、储昭华主编：《心灵哲学》，商务印书馆 2002 年版，第 12 页。
② [美] 科赫：《意识与脑：一个还原论者的浪漫自白》，李恒威、安晖译，机械工业出版社 2015 年版，第 172 页。
③ [英] 弗朗西斯·克里克：《惊人的假说》，汪云九等译，湖南科学技术出版社 2018 年版，第 2 页。

他们接过拉美特利的唯物主义心灵哲学的接力棒，开始新一轮关于人的心灵的唯物主义解释，继续征程于逻辑实证主义未完成的事业，即把心理语言还原成物理语言。齐硕姆认为，这一追随物理主义研究传统的纲领是有前途的。理由在于探寻心理物理的关联物在科学上是可以操作的，至少值得去尝试。"因为在感觉中，据说存在着每一类感觉所独有的物理关联物。"[1]

影响当时的心灵哲学家自觉地接受一个物理主义的世界观，即把物理主义作为分析世界一切心理对象、状态与过程的基础的还得益于行为主义的发展。20世纪所兴起的行为主义者认为，心理状态就是行为或行为倾向，如马尔科姆就认为语言不过是喉舌的运动。逻辑分析行为主义固然不时地否定心理状态，但那都是心理语言所表达的心理状态——因为有些心理语言的背后往往没有真实的存在。

分析行为主义不否认人的心理状态，而是用"行为倾向"来加以描述。比如，心理状态不是内在的，是人的范畴状态。从因果性来讲，心理断言为真的原因在于人的行为倾向。唯物主义同一论者由此认为，人的心理状态就是物理现象本身。普莱斯（U. T. Place）和斯马特接受了当时所流行的关于心灵的神经状态关联物的机械论说明，并不认为有如"相信""意向"等命题存在，他们认为存在的只有倾向。阿姆斯特朗提出了中枢状态唯物主义，强调所有的心理状态均可由中枢状态来说明。他强调内心状态产生外在行为这样一幅因果图景，并把心理状态定义为"人倾向于产生某类行为的状态"[2]。艾耶尔认为，阿姆斯特朗把原因和结果等悬而未决的问题抛开，把心理状态看作中枢神经系统的物理状态是一个科学发现的科学假说。

基于人的纯粹物质性，即人的一切心理状态、活动或过程都是物质性的唯物主义命题，如果它成立的话，有可能完全用物理学术语解释人的心灵活动。费格尔和斯马特等人利用了"同一性"这一形而上学概念把心理状态与中枢神经系统的物理—化学状态相等同起来，心灵的状态和过程等同于大脑的神经过程和状态。斯马特认为，心灵的同一理论（Identity Theory of Mind）所处理的心灵与身体这两者的关系，就好比水和它的化学表达式 H_2O 或者温

---

[1] 高新民、储昭华主编：《心灵哲学》，商务印书馆2002年版，第8页。
[2] Armstrong D. M. (1968). *A Materialist Theory of the Mind*. Routledge. p. 82.

度与其分子的平均运动的关系，实际指的是同一个对象。

从语言上来讲，它们有相同的指称，可能意义不一样；从认识论上来讲，它们所描述的是分别由客观观察得来的和主观经验得来的同一个对象。根据这种理解方式，同一论者就认为思想、情感、意志之类的心理事物就是大脑的神经中枢活动。因此，可以这么说，"她有一个美丽的心灵就是说她有一个好脑子"。"美丽心灵"和"美丽大脑"在对象和属性上是完全等同的。

费格尔的同一论是科学同一论，即在自然科学的框架内把心理语词类型还原为物理语词类型。他认为，"心理学是以物理学为基础的统一科学领域中的一个组成部分"。因此，这种同一就是类型同一。比如，疼痛等同于 C 神经纤维的激活。当我们看见天空电闪雷鸣，我们就知道天空存在大规模的电荷的释放，因此我们理解了闪电是一种物理过程。

疼痛也是如此理解。当疼痛出现的时候，我们感知到疼痛；但是我们的科学知识告诉我们，疼痛是 C 神经纤维的激活，因此，我们理解了疼痛现象是一种自然现象。但是把疼痛同 C 神经纤维的激活概念性地联系起来只能是偶然的、经验的同一，而不是必然的、逻辑上的同一，因此，斯马特特意提出局部中立论，认为心理术语在某种意义上可以翻译成物理术语。

由于类型同一论者急于摆脱非物质的心灵的解释对科学解释的困扰，相信物理概念和物理规律对于身体活动的解释是充分的。但是他们只相信心理状态类型和神经生理状态类型的绝对同一，没有看到心理现象所展示出来的个例的极端复杂性，否认心理现象的可多样实现性，否定了心理个例的复杂性，按照类型同一论的观点第一人称观察和第三人称观察就是同时性的同等有效的观察，第一人称观察的事件数目就应该等同于第三人称观察的事件的数目。戴维森的异常一元论和普特南的可多样实现性就是抓住了强同一论的这一症结。

（二）异常一元论与个例物理主义

根据物理主义类型同一论的观点，对于一个持有科学立场的认知主体而言，心理状态发生，如疼痛，一定是何种物理过程的产生。因此，疼痛与其产生的原因存在因果关系。同一论把疼痛是什么的问题，变成了是什么原因引起了疼痛的问题。因此，同一论的推理过程可以归结为如下三段论：（1）疼痛＝因果作用的承担者 R（感知事实）；（2）因果作用的承担者 R = 神经状态 B（依据科学的经验发现）；（3）疼痛 = 神经状态 B（同一性的推理）。

这种同一性因为不是先验的，而是经验的；因而不是必然的，而是偶然的。因此，心理状态和物理—化学状态不是一对一的对应关系，心理状态跟物理—化学状态的对应需要时间上的标记。因为在现实的物理世界当中，作为共相的疼痛本身是没有或者不存在的，只有在某个时间和地点当中出现的展示心理状态特征的个例才有，因而作为类型的神经状态也是没有的。只有在某个时间和地点当中出现的展示实现心理状态的特征的物理个例。这是个例同一论物理主义对类型物理主义的一种物理世界图景的形而上修正。

从人类的交往实践上，类型同一论是完全行不通的。因为在关于人的意向性行为的解释上，它甚至比行为主义还令人难以接受。如果说，行为主义把向人友善的微笑理解成某人的有技巧的皱眉头的话，那么一个类型同一论者在看到蒙娜丽莎的微笑的时候，似乎也只是在认为这不过是达·芬奇在用高超的绘画技巧把各种化学染料涂抹在画布上。这种理解真的会令人作呕，如果全凭一厢情愿的想象，谁会愿意成为一个同一论者呢？

尽管阿姆斯特朗一再强调低年级的大学生只有摆脱笛卡尔偏见，经过哲学的训练，才能理解什么是类型同一论。如果我们能够用心理语言简单明了地表达我们自己的心理状态，何必一定要用烦琐冗长，只有经过现代科学训练才有可能掌握的具有复杂结构物理语言呢？事实上，我们不得不正视这一现实，即活在理智的焦虑当中是现代性的理性明晰性所不得不付出的历史代价，它致力于对现代文明的合法性的建构，这种建构路径是否值得辩护，还是有待怀疑的。

另外，同一论者似乎也是在走拉美特利时代的机械决定论的老路，只不过，物理学进入了粒子物理学时代，决定论的解释力更加强大，更加精细而已。在严格的机械决定论面前，自由的意志难以伸张。戴维森认为这样一种绝对的类型同一论否定人的活动所呈现的事态的丰富多彩性，以及自由之于人的行动的本质。戴维森试图为其行动哲学提供形而上学基础时，便把行动哲学的触角探入心灵哲学领域。他反复琢磨康德哲学关于如何消除人的行动自由与自然之必然性的矛盾，提出"异常心灵观"来使心灵与物理世界维持必要的法则上的松弛关系。

因此，他要为"古老的（并且是常识的）观点作出辩护"①。这种古老的观点是一种常识心灵观，可以在亚里士多德哲学里找到渊薮。亚氏在讨论行动种类和特征的问题时，认为在人身上有一种主动的、自由的行动。这类行动的根本特征在于它是有理性的行动者"深思熟虑，谨慎选择的结果"②。戴维森承袭亚里士多德的行动观，认为人的行动为什么能够自由地发生或者说人的行动的发生总该有个理由，而这个理由应该从人身上的理性去说明或寻找答案。

因为从当事人的观点来看，当他行动时，对于该行动来说，肯定有要说明的某种东西。民间心理学认为，这种要说明的东西就少不了包含在人身上的理性。命题态度往往被作为基本理由解释当事人为什么如此行动，信念和态度对该行动的解释至少可以提供一个合理的基本解释，不需要存在着任何逻辑上的或心理学上的环节。

与以往的心灵观大为不同的是，戴维森的心灵观是解释主义的产物，是我们的思想、观点、爱好、文化、日常实践、生活经验等投射于人的身体活动与行为的语言解释。这种解释抛弃了传统心灵哲学的实在论立场，有着浓厚的反形而上学倾向。它不是一开始去探寻和预设人有无心理状态，抑或心理状态是什么之类的本体论问题，而是寻求与现有的科学知识整体相融贯的心灵观。这种归属主义的哥白尼式转换可谓另辟蹊径，但也造就了戴维森的心灵观的独特性，即心灵具有异常性。这种异常性常常是依据于随着科学的发展而发展的心身联系来界定的。

戴维森认为，把意向行动解释看作具有因果作用的原因解释是一种合理化解释，这种解释至少触及两种对心灵的形而上学的思考。一种是关于本体论问题的思考，这在心灵哲学领域则表现为心灵是否为一种实在性的存在，如果是的话，那么它又具有什么样的存在形式、特点、功能和本质规定性，这关系到心灵是否有本体论地位；另一种则关于存在之间的因果联系的思考，首先，既然因果关系是把实在之物用因果法则彼此联系为整体的纽带，是否

---

① ［美］唐纳德·戴维森：《真理、意义与方法——戴维森哲学文选》，牟博译，商务印书馆2008年版，第386页。

② 高新民、沈学君：《现代西方心灵哲学》，华中师范大学出版社2010年版，第357页。

也容许心灵作为其中的一个环节,与犹如机械之齿轮般咬合无缝的物理世界有某种真实效力的因果作用。其次,如果心灵的确是存在于封闭的物理世界中的一个环节,那么它又如何安然地与现有的物理因果决定论相一致。这两个问题显然密不可分,相互依赖。

心灵的本体论是当代心灵哲学的根本问题,几乎贯穿整个心灵哲学的始终,而心身之间的因果问题则是对心灵的存在方式的形而上学思考,比如,有许多哲学家就认为心灵存在的必要条件是它有能动性或因果作用,这种能动性的依据在于心灵有它的属性特征或本质规定性。比如笛卡尔坚持心灵实在论,而思考、情感和欲望都是依附于心灵实体的属性或心灵样式,莱布尼兹的平行论、斯宾诺莎的两面论,甚至后来的物理类型同一论也无意中承认了预设心理属性存在的属性二元论。戴维森在异常一元论中提出论证心理异常性的以下三条原则,正是对这两个问题所作的思考与解答。

(1) 因果交互原则(CI):至少有些心理事件在因果上关联于物理事件。
(2) 因果性法则学原则(NCC):所有单称因果关系为严格规律所支持。
(3) 心理异常原则(AM):没有严格的心理物理规律。

戴维森认为这三条原则的矛盾是表面的,如 CI 与 NCC 的合取与 AM 相悖,而 CI 与 AM 的合取则又排斥了 NCC,但其实质是一致的。戴维森抱怨说这种一致本来是物理个例同一的一致,却被物理类型同一的规律论证弄得模糊难解了。批评者们常常认为,这三条原则的不一致是预设了某类理论基础,即事件之间的同一必须是类型上的同一。因为同一需要把两个事件联系在一起的规律,而规律只存在于或发生于相同的类型当中,不同的类型之间不可能有规律可循。

戴维森认为,没有严格的心理物理规律,而同一的立论基础也不可能只有类型同一这一种,还有个例同一。在戴维森看来,物理事件多于心理事件,而且每一个心理事件个例可以由物理事件个例来替换,这样就可以在心理与物理之间建立起某种规律性联系,从而说明心理事件也是物理事件的原因,也可以对心理事件作纯物理的解释。当然,这种解释或替换就不再需要有严格的心理物理规律,而心理—物理之间的关联也不只拘泥于物理类型上的同一,还可以是物理个例上的同一。

戴维森认为,这种个例替换在单称因果(Singular Causation)上是有效的，可以推及每一个心理事件，即每一个心理事件都是某个物理事件的原因或结果。这样就是说，每个心理事件都可以与物理事件发生因果作用。由信念或愿望所描述的心理事件是完全可以充当一个事件的原因或结果。比如我拿起水杯，我解释说我想喝水。我的想喝水的愿望引起我拿水杯这个行动是完全说得通的，是一个合理化的解释。我想喝水的这一愿望与我拿起水杯这一行动构成了单称因果关系，也例示了一条严格的因果规律。

戴维森给出了一个简单明了的形式化论证，假定一个心理事件 M 是一个物理事件 P 的原因；那么，通过某种描述，M 和 P 便例示（Instantiate）了一条严格规律。他对规律的产生有自己的看法，即，"哪里存在大致上的而又同形的规律，哪里就存在凭借来自同一个概念领域中的概念而建立起来的规律"[①]。其中包含了两个重要的观点，其一，规律的建立离不开概念图式，不同的概念图式之间不可能有将两者联系起来的同一条规律；其二，严格规律如果有的话，那也只应该是物理规律，因为适合建立起规律联系的是物理学领域，而非心理学领域；其三，根据戴维森的"规律是语言的"观点，某个心理事件如果想要与别的物理事件建立起严格的规律联系，那就必须用物理概念对这个心理事件的心理概念进行重新描述，即根据经验同一原则进行替换。所以心理事件 M 若顺利地完成了替换，就可以纳入物理规律，便可以对它做出物理性的说明。也可以说，它是一个物理事件。

但是这种替换，是否犹如马克思在《资本论》中嘲弄商品在实现其价值时的惊险一跃呢？因为心理事件是主观的，而物理事件却是客观的。但是如果把握了戴维森的解释主义的实质的话，这就不是问题。戴维森所提到的"事件"这个概念是个中立的概念，它只是陈述曾在一定的时间范围内发生过的有生有灭的被认识主体所观察或体验到的真实的经验事实。

也就是说，我们不能先入为主地断言某个发生过的事件本身有物理属性或心理属性，我们之所以认识到一个事件是心理的或物理的，不是因为它本身具有心理属性或物理属性，而是因为人的理性在认识事件时便把它的认知概念图式投射于该事件之中，赋予它以物理属性或心理属性，我们便有了关

[①] [美]唐纳德·戴维森：《真理、意义与方法——戴维森哲学文选》，牟博译，商务印书馆 2008 年版，第 457 页。

于事件的物理的知识或心理的知识。所以戴维森认为，一个事件是心理的或物理的，就是说这个事件如果可用纯物理的词汇描述，它便是物理的；如果它可用心理的词汇来描述，它便是心理的。哪怕是一个传统哲学认为的纯物理事件，如在遥远的太空有两颗星碰撞也能用心理术语来描述，也可以转化为心理事件。

戴维森用他的解释主义理论与方法迂回地回答了心灵的实质、特点与功能。他提出了一种颠覆传统的心灵观，即投射式心灵观。这种心灵观认为，我们人身上并没有心灵实体，也就无所谓可供为我们认识和把握的属性，有的只是发生在人身上的为人所体验到的纷至沓来的杂乱的经验事实，戴维森称之为事件。因此，人首先活在尚未被我们的理性所修剪过的犹如原野般的经验世界里，然后才活在由我们的概念图式所组织得井井有条的现实世界里。

所谓物理世界与心灵世界的划分，只不过是认知主体的概念图式的不同投射，并非真的有两个对立的世界。至于心灵，它是人们为了更好地日常交往与实践而虚构出来的一种解释，就好比人们为了确定位置，在地球上虚构出经纬线一样。所以，从根本上说，戴维森破除自笛卡尔以来所设想的镜喻式心灵观，反对心身割裂的二元论，坚持激进的物理主义一元论。

戴维森理解心身问题以及破袭类型同一论的方式是独特的，因而也是有趣的。他思考的是心理和物理之间的因果关系的可能性，即寻找这种借以预测我们人的行动的类规律（Lawlike）的可能性。他明确指出这一种可能性是不可能的。有趣的是，戴维森本人并没有用多少科学证据来证明自己的观点。他的关于琼斯晚上拿起刀来的事例让我记忆犹新，因为我们很难准确地理解琼斯这样做的原因或理由，尽管我们的日常经验往往会让我们把她这么做的原因猜得八九不离十。但凡事皆有例外比如，当这一情形出现在惊悚剧里，我们肯定认为会有什么不寻常的事情发生，比如自杀或者防备偷袭。如果这事搁在日常，也许我们觉得她是饿了，拿起刀来往面包上抹黄油。因为这是我们的日常的一天。

戴维森教授所做的也就是他所直言不讳的思考心理学在科学当中的地位，思考的结果是保留一些民间心理学的术语，如信念 P 和愿望 Q 应该是重视世界的复杂性应有的态度以及看到这些意向性心理术语对我们的日常生活的不可或缺的意义。他接受了物理主义的物理概念作为解释世界的基本概念图式，但是同样允许心理概念随附于物理概念图式之上，因为我们还没有成熟的物理学规律来真正有效地说明和预测人的行为。尽管斯马特和阿姆斯特朗等人强调他们的类型同一论是向经验开放的，是需要在科学实践当中不断地积累这种关于心理现象与大脑中枢神经系统活动之间的关系的知识。

但是戴维森悲观地认为，这样一种唯物主义前途的前景从理论上始终是暗淡的，他并不认为物理语言可以完全取代心理语言，因此，我们在理解心理的东西和物理的东西的时候还必须要用新的范畴。戴维森提出了随附性的概念。诚如金在权所强调的那样，随附性未必是一个心身理论，而是一个可以推广到物理世界的基础属性和高阶属性之间的逻辑关系的范畴。比如，我们可以用"随附性"这一术语来论述高脚玻璃杯的形状与一定的硅化物之间关系或者用随附性来说明雪线随附于乞力马扎罗山的高度。

如果说，戴维森用随附性来论述从心理状态到物理状态难以还原的现有关系，那么普特南（Hilary Putnam）则用可多样实现性（Multiple Realizability）来描述功能状态到心理状态是可以实现的高阶状态。普特南强调认真思考类型同一论的基本观点，即疼痛是一种脑状态，或者表述得更为明确一点，在时间 T 上占有某一疼痛的属性便是大脑状态。上面已经表明，这种理解所站不住脚的地方就在于类型物理主义，就是把心理类型同物理类型等同起来，而忽视了某一具体的心理类型可以对于多种物理属性。比如疼痛在人的胳臂当中可以用神经纤维 C 实现，它也可以在鳄鱼的大脑中用神经纤维 D 实现。这样就揭露了类型同一论把心理类型同物理类型严格地同一起来的弊端。类型同一论者应该回归到个例同一论当中，个例物理主义把心理状态视为心理构成物的标记，而不是神经类型。但是这样的物质构成论分析远远不能应付复杂的心灵的种种心理状态。心灵状态应该是高阶属性，类似于计算机的软件作用。

我们看到，戴维森的个例同一论不否认解释人的行动的意向性等心理语词在精确的物理学的面前的还原的可能性，但是，由于戴维森否认了有这样的心理物理学规律——这种心理物理规律是一种精确的成熟的物理学，我们还没有成熟的物理学。因此，我们不可能再完成个例对个例的事件还原，因此，同一论在本质上是不可能的。这也断送了同一论还原论的心身问题解决方案。而功能主义的可多样实现性（Multiple Realizability）也强调了心理状态作为一种高阶的、抽象的功能状态的实在性，这样就为心理状态、属性和过程找到了一种存在的可能性。因此，这样就直接论证了心理状态是不可还原的非还原物理主义。如此一来，坚持一种基础物理主义还原论实在是穷途末路，它似乎在20世纪70年代后就销声匿迹了，当然这并不排除有新的哲学论证又重新将它复活。功能主义因果同一论在后来遭到现象主义和取消主义两方面的批判。这种批判既有来自二元论的反弹，也有来自唯物主义的更为激烈的回应。

（三）取消主义唯物主义与民间心理学的命运

不管怎么样，唯物主义者仍然没有灰心丧气，而是以一种更为激进的方式来表达自己的统一的物理主义世界观。一些取消主义唯物主义者并没有觉得心脑同一论或中枢状态同一论等唯物主义用神经科学的概念框架来解构心理学哲学的发展进路有什么不妥，相反，他们认为，这是我们唯一可靠的全新的理解方式。因为取消主义者相信关于心灵观念的解释只可能产生于它的物质构成当中，即数以千万计的神经的种类、功能及其运作方式。罗蒂认为，关于意识问题之类的心身问题之子问题，正确的提问方式是"意识的意向状态如何关联于神经状态"而不是犹如前哲学时代的提问，"我真的只是这一团肉和骨吗"[1]？

取消主义的哲学缘起还是要追溯到维特根斯坦，他所创立的语言分析流派成为英美哲学界所公认的研究心灵哲学的有力的概念武器和思维方式，他告诉我们，我们的心灵观是基于我们对心灵的理解而构建起来，有什么样的理解，便有什么样的心灵观或心灵。因为心灵远不是一个可以简单指称的对象概念，而是有着历史、宗教文化意味的概念。

维特根斯坦的心灵观"是以他对语言及语言如何起作用的看法为根据的"[2]，后来的赖尔、马尔科姆也是如此。因此，过去的隐喻心灵观这一对心灵本质的隐晦含混的回答使得科学主义者觉得受到了莫大的羞辱，他们决心重新构建一套新的科学的心灵观，重新构造心理概念的明晰性，从而完成心灵哲学上的祛魅。

---

① Rorty R. (1980). *Philosophy and the Mirror of Nature*. Princeton University Press. p. 34.
② ［英］托马斯·鲍德温编：《剑桥哲学史：1870–1945》（下），周晓亮等译，中国社会科学出版社2011年版，第760页。

因此，更有甚者，如费耶阿本德之流认为，类型同一论的失败不是由于他们在寻找意识相关物的思路上出了问题，而是他对整个民间心理学都充满了不信任和偏见。他认为，类型同一论与其说在清除心理学术语的混乱和取消它们的实在地位，但不如说是在为可笑的民间心理学作辩护，试图在谓之神经的科学解释图式当中找到相对应的位置。

费耶阿本德认为，这种做法本身就是一个错误。因为民间心理学的种种术语都是前科学的术语，只有取消了事，岂有保留之理。用毛泽东的新中国的外交政策来说就是"打扫干净屋子再请客"。费耶阿本德给出的理由是，"任何关于心理事件与大脑过程的同一假说都包含有二难推理"[1]，即当心理过程X（疼痛）=中枢神经活动过程Y，那么我们有理由认为，这一中枢神经活动过程具有非物理的特征。那么，用属性二元论取代了事件二元论，似乎并没有达到"奥康剃刀"的这一理论经济原则。

有鉴于此，费耶阿本德强烈要求功能主义同一论者应该"不求助于任何现存的术语去阐发他的理论"[2]，否则就是变相地为心理主义辩护。实际上，费耶阿本德认为，物理主义同一论似乎在从事着寻找心理和物理的桥梁规律的工作。也就是说，用现代的神经科学术语改造我们日常生活中所使用的心理语言。但是费耶阿本德并不看好这样的改造思路，因为"这些理论是不够格成为理论构建之成功的标准的"[3]。

奎因也强烈表达了这样的观点，对于心理语言的改造问题，我们不是要做阐释性工作，而是消除性工作。他说："无论如何存在着身体状态；为何要再加上其他状态？"[4] 他倾向于对心理语词的"消除"这样极端的还原的方式，把"心理状态消解为被独立确认的生理学理论的元素"[5]。因此，一种在谋划如何彻底地消除心理语言词汇，并以科学的心理语言取而代之的新物理主义呼之欲出。

取消主义不再像拉美特利时代的唯物主义者那么鲁莽，忽视了心灵哲学对心身问题的澄清工作，即破除罗蒂所说的笛卡尔和洛克等人所发明的那种

---

[1] 高新民、储昭华主编：《心灵哲学》，商务印书馆2002年版，第27页。
[2] 高新民、储昭华主编：《心灵哲学》，商务印书馆2002年版，第28页。
[3] 高新民、储昭华主编：《心灵哲学》，商务印书馆2002年版，第29页。
[4] [美]蒯因：《语词和对象》，陈启伟等译，中国人民大学出版社2005年版，第300页。
[5] [美]蒯因：《语词和对象》，陈启伟等译，中国人民大学出版社2005年版，第302页。

镜喻思维对于心灵哲学研究的误导性。因此传统的心灵术语，比如信念、愿望、期盼、怀疑等因为心理内容而足以引起人的行动的心理术语应该被彻底地清除掉，它们没有任何可供改造与利用的价值。"在科学的范围内，燃素、热的流质和传光的以太是取消主义津津乐道的例子"①，这些概念在过去深刻地误导了科学的发展。

其中的物理化学概念中的"每一个曾为实施复杂研究计划的严肃的科学家所援引"②，它们被用来像煞有介事地假定和解释各种后来被证明不存在的现象。比如，"生长被证明可以用细胞分裂来解释，而非用生命灵气来解释；操作水泵通过空气压力解释，而非自然界对真空厌恶来解释；燃烧用氧化来解释而非燃素；癫痫症源于大脑失调而非中了魔"③。取消主义用了许多栩栩如生的事例以义正词严地说明民间心理学的心理原因假定，比如欲望P和期望Q作为我们行动的原因的解释就是一个错误。那些赋予欲望和期望以实在的理论最后会被一些新的更有解释力却不必给予它们实在的理论所取代。

这种种科学史事实深刻地教训了科学哲学家们，科学的发展既有常规的"累积模式"，也有非常规的跳跃性的科学革命模式，即一种新的概念图式或理论范式。一旦一个理论一直处于常规模式的概念范式当中，没有任何进化的可能性，那么这个理论显然不适应科学的进一步发展，那么就应该有更新的理论来取代它。

而遗憾的是，民间心理学却有着拉卡托斯所谓退化研究纲领的特质，即，"那是一种比较陈旧的理论，自首次有所进展后，很难有什么改变；对于就它选择的领域的许多事实——即行为来说，无论是从不可言说的意义上，还是从对其错误有话可说的意义上，都无法处理；或者似乎看不出有办法对它的不足进行补救"④。丘奇兰德夫妇抱怨民间心理学似乎停滞不前，有一系列宽泛的心理现象容不得我们用民间心理学解释。

---

① 高新民、储昭华主编：《心灵哲学》，商务印书馆2002年版，第1037页。
② 高新民、储昭华主编：《心灵哲学》，商务印书馆2002年版，第1037页。
③ ［新］戴维·布拉登－米切尔、［澳］弗兰克·杰克逊：《心灵与认知哲学》，魏屹东译，科学出版社2015年版，第204页。
④ ［新］戴维·布拉登－米切尔、［澳］弗兰克·杰克逊：《心灵与认知哲学》，魏屹东译，科学出版社2015年版，第204页。

因此，丘奇兰德夫妇立志要取消这一套无用过时的民间心理学理论，而是要用新的科学的理论取代它们。斯蒂克在论述民间心理学时说，民间心理学跟其他民间科学，如民间物理学、民间营养学等一样（如果你绝食，你会死），"在许多方面注定是不完善的，在更多的方面很可能是不正确的"①。他进一步说，"如果事实不是这样，那么细致的、定量的、实验的心理学科学就是多余的"②。

就这样，在心灵哲学领域里，一种崭新的取消主义理论呼之欲出，它的使命在于取代民间心理学理论。取消主义（Eliminativism），顾名思义，就是坚决取缔一些心理学术语，理由在于这些心理学术语都是前科学时代和前哲学时代的语言，保留着原始人混乱和子虚乌有的心灵概念，比如恶魔、巫婆、热流体、燃素、以太、精气和对很快的厌恶，等等。

它表达了取消主义者对民间心理学术语的极端不信任，认为心理学没有科学实在论的地位，主张得到一种科学理论、概念和术语支持科学心理学。科学心理学理论当然比民间心理学理论在解释人的行为上更精确、更可靠，至少不会做出错误的预测。

因此，取消主义主张，在对世界的常识或科学解释中所使用的、表示实在的、过程或属性的某些范畴并不存在。因为有多少种取消对象，便有多少种取消主义理论，因此，取消主义的类型是特别丰富多样的。比如有感觉取消主义者，也有命题态度取消主义者，也有理论取消主义者。其中，丹尼特便是坚定的感觉性质取消主义者，他把感觉视为我们的认知方式，而不是我们所知道的新知识。在某种意义上讲，罗蒂也是感觉性质的取消主义者。

他和丹尼特都受了维特根斯坦的影响，认为直觉泵是一种根深蒂固的错误，感觉性质的现象学特征只是人们的认识论特征，甚至是"我们怎么谈话的方式"③。是柏拉图和洛克等人把形容词名词化，进而像煞有介事把它当成了非物理的标志。罗蒂可能这样认为，有可能它就是物理客体的特征之一。

斯蒂芬·P. 斯蒂克相信常识心理学里的种种命题态度是不存在的，可以

---

① 高新民、储昭华主编：《心灵哲学》，商务印书馆2002年版，第1040页。
② 高新民、储昭华主编：《心灵哲学》，商务印书馆2002年版，第1040页。
③ Rorty R. (1980). *Philosophy and the Mirror of Nature*. Princeton University Press. p. 32.

被取消。费耶阿本德、蒯因以及丘奇兰德夫妇和克里克、科赫等是训练有素的神经科学家，他们更重视科学细节，陈述详尽的意识活动科学事实，他们主张并着手进行理论还原，即用神经科学术语取代心理学术语。为此，罗蒂还设想出了一个"对跖人"思想实验：

> 设想在另一个星球上生活着一种类似于人类的生物，他们与人类一样具有改造自然、制造工具、进行艺术创造和战争的能力。这些生物并不知道他们拥有心灵，他们虽然也有"想要"、"企图"、"相信"、"觉得恐惧"、"感到惊讶"之类的观念，但他们并不认为这些概念所指称的"心理状态"与"坐下"、"感冒"和"性欲被挑动"等状态有什么区别。
>
> 他们也不用"心"、"意识"、"精神"等说明人与非人的区别，他们的哲学家也不提主体和客体、心与物的问题。他们与人类的一个重大区别在于：他们的神经科学和生物化学高度发达，"他们的生理学知识使得任何人费心地在语言中形成的任何完整语句，可以轻而易举地与不难识别的神经状态相互关联起来"，因此，他们的大部分谈话都会涉及他们的神经状态。①

正当罗蒂、蒯因等要求进行激进的本体论变革，而不是跟过去的同一论者试图采取缓和的本体论变革，反对保留或还原旧的本体论与属性，他们在其哲学取消主义里构想关于心理学的科学图景的时候，真正棘手的事情是，他们只是停留在哲学对问题的澄清，即旧的心理学的解构上，而对新的心理学科学的重构工作缺乏知识的储备和实干的精神。如脑神经科学家、二元论者埃克尔斯非常鄙薄这些对现代科学知识一窍不通，却喜欢指手画脚的哲学家。当然这种指责总是让我们的哲学家尴尬不已。

在自由意志问题的争论中，依然不乏这种对立的情绪，或者说这种对立情绪重新出现在原本求得共识的圆桌会议上。丘奇兰德夫妇列举了当时二元论者、非还原物理主义者对这种过激的本体论重构的怀疑和讽刺：

（a）神经科学太难了。大脑太复杂了，有太多的神经元和联结，那么假

---

① 高新民、沈学君：《现代西方心灵哲学》，华中师范大学出版社2010年版，第107—108页。

定我们能够根据神经元的动力学和组织系统完全理解复杂的高阶功能是一项无望的任务。

（b）可多样例示的论证心理状态是功能状态。如果这样的话，它们可以在各色各样的机器当中被执行（例示）出来。因此，没有个别的心理状态，如相信地球是圆的或 2 + 2 = 4 能够准确地同一于或这样或那样的机器状态。因此，没有功能性（认知过程）能够被还原为特定的神经元系统的活动。

（c）心理状态有意向性。即它们根据它们的语义内容被等同起来；它们是关于哲学判别的事物；它们表征事物；它们跟别的事物有逻辑联系。我们能够在对象不在场的时候思考对象甚至能思考非存在对象的对象。例如，如果有人有这样的认知，觉得火星比金星热，那么心理状态可以根据这一语句"火星比金星热"被选定为其所是的状态，这一语句在内容上有意义，在逻辑上跟其他语句相关联。有人可能有这样一个关于火星与金星的认知是因为他是被告知的，或者因为他从他所知道的事情中推断出来的。在认知学概括中，状态是用语义性和逻辑性相关联起来的，而在神经科学概括当中，状态是用因果性关联起来的。神经生物学解释对于认知状态的内容或意义或者"关于性"之间的逻辑关系不可能真正灵敏。它们只能响应因果属性。因此，神经生物学不可能对认知科学做出辩护，因此还原是不可能的。

取消论者在提出取消主义解决心身问题的方案的事实，遇到了斯马特等同一论者所遇的尴尬。当时深知斯马特的理论处境的麦克唐纳（C. Macdonald）说："斯马特工作的重要性不在于其对类型同一论的论证，而在于其对类型同一论所作的辩护。"[1] 同样地，面对大众的诘难，取消主义者也深陷窘境于此。值得一提的是，为取消主义辩护的大有人在，比如丹尼特为其取消感受性质的辩护。但是真正独自担当起重构取消主义大任的还是执牛耳者丘奇兰德，他有过严格的脑神经科学训练，并且对心灵哲学、科学哲学、神经哲学、认识论与知觉等都有涉猎。

丘奇兰德师从取消主义者先驱塞拉斯。塞拉斯的一篇取消主义里程碑式的论文《经验主义与心灵哲学》，他在其中论述了这样的观点，我们关于心性（Mentality）的构想不是来源于通向我们自己心灵的内在机制的直接通道，而

---

[1] 高新民、沈学君：《现代西方心灵哲学》，华中师范大学出版社 2010 年版，第 49 页。

是来源于一种我们从我们的文化所继承下来的原初理论框架。这种理论框架就是民间心理学的理论框架,其中有观察的主体,有似乎表达我们的内心状态和活动的心理机制,第一人称具有认识论的优越通道,比如直接性、不可错性和透明性等。塞拉斯的心灵哲学思想深深影响了丘奇兰德,他认为,被罗蒂认为可以捕捉到塞拉斯的心灵哲学思想全部的《经验主义与心灵哲学》一书中就表达过对于我们当前心理学仍是前科学时代的心理学的不满。他似乎认为关于民间心理学的理论解构工作还任重道远,因为民间心理学中的人论的概念架构似乎是在有意误导心灵的科学化研究。

作为塞拉斯的思想继承者,丘奇兰德试图将其恩师引而不发的思想给清晰地表达出来。即过去的民间心理学理论何以就是一种理论,为何要坚决排除这一理论,有没有在排除这一理论的基础上构建起新的理论的可能性。威廉·G. 莱肯说得挺对,取消主义者跟功能主义者和类型同一论者尽管有种种心灵细节上的争论,比如"人们的任何真实的神经生理状态与'民间心理学'的常识心理范畴是否实际相符"[①]。但是他们的基本目标却是心照不宣的,是否能够找到真正的成熟的物理科学来说明心理现象,顺利地淘汰民间心理学理论。类型同一论者似乎有点过于乐观,即没有考虑到构造心理语言的理论框架本质上的不实用性,也没有对神经科学有相当的理论知识。个例同一论者却考虑到了这一意识问题本身的复杂性,这一点体现在金在权跟戴维森关于心理物理规律的争论中,但是他们却过于形而上化了,没能在理论的转换之间做出有利于推进心理取消实质性的工作。而丘奇兰德却在取消主义的理论进路上开创了实质性的工作。

丘奇兰德深刻理解取消主义的理论进展的难度之大,"我们的常识的人的理论是否将被证明可还原为预想的关于人类行为的神经生理学的说明,这种说明存在于几乎每一个人关于我们科学未来的乌托邦的幻想中"[②]。笔者不知道丘氏所谓"乌托邦"是一种乐观的态度还是一种隐隐的悲观。不管怎么说,丘奇兰德强调神经生物学机制对于塑造心灵观的科学实在性和因果效力的巨

---

① [美]斯蒂克、[美]沃菲尔德主编:《心灵哲学》,高新民等译,中国人民大学出版社2013年版,第70页。

② [美]丘奇兰德:《科学实在论与心灵的可塑性》,张燕京译,中国人民大学出版社2008年版,第5页。

大作用，这与民间心理学的相对模糊不清和无法还原形成巨大的反差。

丘奇兰德论证说，生命力（Vital principle）是横亘在生命物与非生命力的鸿沟。生命力包括生命组织能够复制自身，新陈代谢的复杂事实和自主的形态连接，这些无与伦比的神秘活动让我们接受一个自主体、一个小人在操作着我们的肉体。但是，这些暗示性的生命力现象可以用动力化学和结构化学解释。"生命组织毕竟具有质量，它能把化学能转化为动能和热能，并且可以毫无剩余地分解为全部熟悉的化学元素。"[①] 丘奇兰德坚信化学理论已经包含了系统解决生命组织难题的概念资源和技术资源。丘奇兰德的这种乐观主义归结于他在科学上所获取的十足的信心。科学史上存在着流畅还原的先例。

第一个是把遗传学还原为分子生物学的还原。遗传是一个生物学概念，它的作用就是被孟德尔假定以解释生物体的性状所由以决定性的因素。这也就是说后代的性状基本上取决于他们的基本的种种性状，正所谓"龙生龙，凤生凤，老鼠的儿子会打洞"。遗传的基本单位大致来说是基因，因此，生物体的性状是由 DNA 链条来解释。DNA 链条承担了基因承担的所有功能和因果作用。基因似乎可以理解为 DAN 的某种整体性质。但是这种基因解释对于相对它来说更为基础的分子生物学解释来说，是有待还原为分子的结构与功能的高阶解释。

另外一个物理学的经典还原理论则让我们知道科学的层级化的自然类型可以不断压缩或还原。空气热力学理论被还原为动力学理论。空气热力学的运动规律是由一些大家所熟知的温度、压力和容积等基本物理概念来说明。而这些物理学规律来自这样的假设，空气是被容器分开又被广泛地收集起来，较小的且自由移动的粒子（其实就是分子），空气热力学的温度可以被分解为分子运动能量值，而空气热力学的压力可以被分解为分子之间碰撞的程度。那种发现使得分子的运动具有能量变化和分子之间碰撞强弱的现象，都会分别采用温度和压力来解释。就这样，热力这种物理学概念成功地被还原为分子运动的概念，说明了热力现象就是分子运动现象。

这两个经典的理论还原告诉我们挣开原来的理论框架束缚，反而比原来的理论框架解释得更好。丘奇兰德乐观地估计到唯物主义尚未得到释放的潜

[①] [美]丘奇兰德：《科学实在论与心灵的可塑性》，张燕京译，中国人民大学出版社 2008 年版，第 116 页。

在解释优势是非常巨大的。他说:"唯物主义本体论的背景分量在数量级上现在已经比以前任何时候都要巨大,它所提供的根据神经系统的物质组织来解释人类行为的性质的潜力,既非常巨大,又易直接获得,并且已经得到部分实现。"[1] 丘奇兰德还给出了两个说明唯物主义竞争优势的观点,一是"如同'生机论'那样,二元论也没有获得提供任何竞争的概念资源,它也只不过是对它所否定的唯物主义加以否定而已"[2];二是莱布尼兹想为自然的连续性提供形而上的基础,因而构想了单子论。丘奇兰德认为,唯物主义的远大前景并不依赖于当今的唯物主义的不断成功,唯物主义自身的理论价值潜力完全可以确保自然进化的连续性和自然主义理论的统一性。

取消唯物主义犹如海面上吹来的一股清风洗濯着我们关于科学世界观的构想,让我们对科学的世界图景抱有极强的信心,对人的可能是多层次的一元论图景产生巨大的冲击,这是马克思时代的哲学家们所难以深化的认识,也是马克思所希望看到的一种由科学实践所不断发展的理论。这一种理论的绝妙之处就在于它追求简洁统一和精确的唯物主义世界观,但是它的缺点就在于向冷酷的机械决定论层层逼近。至少,我们还没想好怎么接受这种可能呈现出犹如牙医所使用的医学器械一样的冰冷陌生的机械论理论。

根据我们的科学乐观主义的观点,即科学不妨碍道德,相反,科学是建立新道德做新人的依据。这是马克思的社会存在决定社会意识的基本观点的合乎逻辑的推广。因此,取消主义是一种值得去发展的唯物主义形态。但是我们并不认为这种理论最终能够获得成功。无论如何,我们可以看到的是,这种唯物主义的理论形态是在科学主义的背景下把物质分析的思维推向了一个新的高度。因为,它志在通过构建新的科学理论对人关于自身的原始思维发起新的不可通约批判。

但是,遗憾的是,它也犹如裹挟着清新的思想的台风一样,来得快去得也快。心理学尽管在细枝末节上有所变化,但是作为基本科学概念在目前的科学发展当中,不太可能有太大的变化。针对取消论者对命题态度言之凿凿

---

[1] [美]丘奇兰德:《科学实在论与心灵的可塑性》,张燕京译,中国人民大学出版社2008年版,第116页。

[2] [美]丘奇兰德:《科学实在论与心灵的可塑性》,张燕京译,中国人民大学出版社2008年版,第116页。

的取消态度，反对取消主义者的二元论者不屑一顾地说，你们（取消主义者）不是也在用民间心理学的命题态度来陈述自己的观点吗？因此，取消主义很快沉寂下来。因为这种理论上的偏见和我们对民间心理学的词汇的依赖只能使得取消主义没有找到合适的替代理论之前保持有益的沉默，等待新的理论的出现和新的科学的发展，比如量子力学的发展、实验生命科学的发展，还有人工智能的发展，等等。

第四章
现象主义运动与二元论的抬头

一 现象主义的兴起

现象主义是心理主义的变种,但是它在当代英美分析哲学的兴起跟心理主义只存在一定的家族相似性,其产生真正根源在于它对科学主义的物理主义的强权的反抗。我们知道物理主义在20世纪五六十年代有过鼎盛时期。海尔在其《当代心灵哲学导论》的序言中回忆说,在美国的大学课堂里,只要一提到心身关系,学生们都会自然而然地把心身关系理解为心脑关系,然后谈到心理现象,一系列冗长而又繁杂的生理学术语被援引,就这样充斥着整个课堂,好像整个心灵哲学的基本问题在这里已经完全被消解了一样,只剩下需要靠经验增益的细枝末节。

曾经心理主义和唯物主义的激战以及由此而形成的"科学的图景(Scientific Picture)"和"显现的图景(Manifest Picture)"的对立在当今的心灵哲学中变成当代心灵哲学所致力于解决的重要形而上学议题。他们工作的主要方式是思考如何为心灵在物理世界中寻找自己的独特地位。金在权回忆说:"在过去的几十年里,大多研究心身问题的人有个共同计划,就是寻找在原则上是物理主义的框架中接纳心理的出路,同时又把它作为独有的东西而加以保留;它是我们作为拥有心灵的生物不能丢失的珍贵东西,也是我们寻找的独特本质。"[①]

[①] [美]金在权:《物理世界中的心灵 论心身问题与心理因果性》,刘明海译,商务印书馆2015年版,第4页。

当代类型物理主义首先表达了对主观报告的极度不信任,认为心理过程、状态要么是一种现象实在佯谬,要么是可以被定义还原为一种功能状态。我在上面简要地提过,阿姆斯特朗就是持功能因果主义同一论,但是斯马特的局部中立论很愿意把心理术语翻译成中立语句,似乎斯马特不太认同别人把他的这种还原方式理解为翻译,他认为这是事实的陈述。他的理由是他的同一论物理主义是本体物理主义,而不是翻译物理主义。

早期的接近取消主义色彩的同一论者普莱斯(Place)批判谢灵顿等伟大的生理学家,说他承认心理事件(灵魂事件)和物理事件的存在已经犯了相当简单的逻辑错误,普莱斯称之为"现象实在佯谬"。当代物理主义者在表达对物理主义的不信任的同时极端信任可由物理观察所证实的第三人称报告。根据普莱斯意识即脑过程的观点,这两套观察语句可以被视为同一过程的语句观察。这一种现象学错误的形成原因是"当被试者描述他的经验,当他描述如何见、闻、嗅、尝和触对于他来说看来怎么样,他正在描述这在某类奇特的内在影院或电视屏幕上的对象和事件的真正属性,而这内在影院或电视屏幕在现代心理学文献当中被称为'现象场'"[1]。

这一"现象场"本身没有实在性,普莱斯认为,在我们的日常生活环境里,我们描述事情的能力取决于我们对它们的意识,因此,我们对事情的描述首先是对我们的意识经验描述,然后才是对这环境中的对象的推论性描述。这样,我们所认识到外部对象,是后影性知识。当然,这种后影性知识,没有什么实在性。比如,萧红坐在案几前,饱含深情地描述出现在天边的火烧云的时候,她所得到的火烧云的知识没有什么实在性,尽管它可能向我们呈现了不同的含义。

因此,我们回到了同一论的论证当中,晨星和暮星的同一性而意义不同的例子。现象学本身所呈现出的意义没有实在性,是一种根源于我们的认知直觉的幻觉。第一人称所表达的是一种幻觉,这是一种认识上的幻觉。因此,普莱斯的同一论似乎接近取消论。他固然肯定心理状态在认识上的可能性,但是在本体论上,它是虚幻的存在。依赖于经验观察,第一人称可以还原或

---

[1] Place U. T. (1956). "*Is Consciousness a Brain Process?*". British Journal of Psychology. 47(1): 44–50.

同一于经验观察。

物理主义相信物理对象、属性和过程是说明一物理事件的发生的充分原因，这就为绝对客观主义的实现提供了可能性。当然，这也是物理主义追求真理上的客观主义所追求到极致的美梦。但是好景不长，以现象主义为核心论题的二元论卷土重来。唯物主义固然是作为统一科学的最佳候选对象，在理论上有很大的可行性，但是奠基于笛卡尔二元论直觉的心灵二元论的理论韧性不要被严重低估。虽然取消主义是一个很有发展前景的科学纲领，但是它作为一个理论假设不一定能完全取代民间心理学理论，也许民间心理学就是对的，也许现象性也是物理的属性之一，这也是现象主义深思熟虑之后对于唯物主义心灵哲学所提的中肯意见。

其实，心灵的问题似乎远远没有唯物主义想象的那么简单，反倒实际上万般复杂，即便是行为主义和功能主义同一论想通过概念还原和因果还原来构造一个统一的心身理论，实际上也困难重重。因为我们实际上很难用行为或行为倾向与其功能性因果状态来定义心理事件与物理事件的相互作用。比如 C. 麦金（Colin McGin）指责阿姆斯特朗对物理概念的定义，说他把物理概念定义为"经验之原因的倾向的概念"[①]还不够贴切，但是他对于心理概念的定义，则又变得含混不清。因为很难找得出以便同物理现象区别开来的具有心理特征的功能状态。

麦金所说的这种对心理状态的某些特征的寻求就是后来的哲学家如托马斯·内格尔所死死抓住不放的，究竟是什么特征能为心灵所特有地反映心理的本质，至少，内格尔找到了一种东西，这种特征就是一种人的主观经验上的现象学特性，它必须通过主观的观点才能得到。他指出，同一论者因为混淆了科学史上的物理概念还原和主观体验的还原之间存在的根本区别，导致后来者的心灵哲学解释都偏离了解释心灵的本质这一真正的核心问题。他指出了还原主义的现象学论证，指出了意识的科学还原纲领在方法论上同样犯了范畴错误，即作出了不恰当的类比，意识不是跟其他物理对象性质一样的自然类（Natural Kind）。

就这样，心身问题的真正问题不但没有得到真正重视，反而显得离题万

[①] [英]麦金:《意识问题》, 吴杨义译, 商务印书馆 2015 年版, 第 236 页。

里。哲学家海尔对此有非常通俗易懂的评论,即过去的同一论者充其量只是找到了小偷的住所,并没有找到小偷本人。这也就是说,过去的神经科学家和类型同一论者的研究纲领,只是在找意识的神经基质,或神经关联物,而不是意识现象本身的纲领。但是这一纲领的确不是心灵哲学之所以焦虑的关键,关键在于人的现象学性质,这是后来活跃在西方心灵哲学领域大家在梳理走过的几种基本物理主义形态时所明确得出的结论。这一结论似乎暗示、推动了一场英美分析哲学的"现象主义运动"。这就是当今的现象主义复苏的契机和二元论的借以反抗物理主义的突破口。

二 英美分析哲学当中的"现象主义运动"

现象主义是观念论在当代科学主义中的一种颇有影响力的变种。从哲学分类上说,它只是一种知觉理论。但是,这一种起源于洛克的第一性的质和第二性的质的区分的知觉理论是我们当今所广泛承认的认识论的基础。这一种认识论基础,也秉承了笛卡尔的现代哲学转向,即认识论决定本体论的哲学思路。从笛卡尔的怀疑哲学方法论到康德的哥白尼转向,都是围绕着"我思"这一现象主义主题的深邃全面的铺展。

康德的理性哲学之所以是批判的,是因为它是严格按照从"我能认识什么"到"我相信有什么"的认识论逻辑进路层次递进。可以这么说,每一个人或多或少都是一个现象主义者。因为,我们没有理由怀疑"现象"的真实性。相反,从认识论上讲,我们总是想基于现象实在、属性或现象过程建立起我们关于外部世界的常识本体论。

因此,无论后来的哲学居于何种形态,何种理论,这些哲学的基本逻辑进路首先就让我们成为一个合格的现象主义者。这一点似乎跟古希腊类似,了解哪一派哲学就必须了解这一派哲学的本体论思想。因此,从宽泛的意义上讲,现象主义运动就成为一场轰轰烈烈、经久不衰但又经历了持续演化的哲学运动,比如笛卡尔哲学、康德哲学和逻辑实证主义哲学、现象学运动等都经历了现象主义的洗礼。唯一不同的是,出于理论构建和理论目标的不同,现象主义运动背后的本体论承诺有所不同罢了。

我们知道,从某种意义上讲休谟、贝克莱、康德和马赫等甚至后来的逻辑实证主义者卡尔纳普等人都是现象主义者。在一定意义上，他们是强调知识只能来源于反省的认识论上的现象主义者。现象主义勉强可以有这样的一个定义，"我们只能直接感受到我们的感觉经验，从不能感受到外部世界"[①]。但是，这是一个相当粗糙的定义。因为现象主义者未必都不承认客观世界的存在性，但强调现象经验在认识中的优先性。

他们的共同之处就在于无一例外承认第一人称认识的优先性，至于世界的客观性，要么存在于上帝之中，如笛卡尔、莱布尼兹、贝克莱等，要么存在于关联世界的逻辑结构当中，比如康德、黑格尔、胡塞尔以及逻辑原子主义者罗素和早期维特根斯坦等，还有存在于日常生活的惯常联结当中，如怀疑主义者休谟等。当然，马克思哲学中关于现象主义的看法有很大的可解读空间，因为他通过辩证法为现象的主体间性提供了前所未有的理论发展空间。

但是，英美分析哲学的现象主义不同于现象学运动。这两者恰好是一场相反的哲学运动。因为分析哲学的现象主义强调通过语言分析和意义分析来证实或证伪，表述现象的语言或现象性语言的背后的实在的有无可能性以便赋予或褫夺它们在科学主义阶层当中的本体论地位。比如逻辑实证主义者就是把心理学中的心理术语还原为具有行为倾向的行为主义科学术语，否认了心理学科学的实在性，而戴维森的异常一元论就是为了使科学主义者接纳心理学。

而现象学运动则不然，它纯粹地强调我们要认识"现象本身"，号召我们"悬搁判断"，由此"回到事实本身"。因为胡塞尔认为，我们每一个人都有自己的世界观和本体论，这是人"生而知之，不学而能"的天赋本能。因此，我们每一个哲学家都有自发地构建理论的强烈愿望，这样就模糊了事实本身。因此，胡塞尔认识到了这一点之后，要求进行"现象学还原"。

"现象学还原"一再告诫我们在哲学市场兜售的现象学产品都是制成品，而不是感觉原料本身。因为我们的一些哲学术语和由其建立起来的理论体现可能一直都是没有经过现象学还原就加工起来的。所以，现象学还原的工作就是要清除一些错误的概念污染和它们可能带来的误导。另外，从认识论上讲，现象学还原的旨趣在于通过让我们明白现象何以成为现象，帮助我们认

[①] [英]沃伯顿：《哲学的门槛：写给所有人的简明西方哲学》，林克译，新华出版社2010年版，第116—117页。

识现象发生学背后所预设着的理念世界。理解它们是如何进入我们的认知当中并虚假地成为知识的整体。有基于此，我们才可以建立起真正的无前提的科学。

现象主义跟心理主义站在同一条逻辑思维战线上。但是，现象主义不等于心理主义。因为，现象主义强调的是心理现象跟物理现象有本质的差异性，两者不可混为一谈。现象主义心灵哲学所论证的是我们由第一人称反省得来的知识的可能性。现象主义就是秉持这样的一种观点，人的种种心理现象，如喜怒哀乐等，都有一定的本体论地位。

现象主义似乎跟心理主义有莫大的历史渊源，因为它们都强调内省的方法，但是区别在于它们对于内省所得的逻辑判断或语言报告，当然两者都承认由内省所得的现象的实在性，但问题是这种现象性本身是不是由逻辑判断所表达的知识的基础，能不能凭此构建起知识体系的大厦。

心理主义强调把逻辑学还原为心理学，即一个逻辑命题还原为一种特定的心理状态。心理主义者一度热衷于这样的形而上追求——当然后来被胡塞尔所严厉批判，他本人由一个心理主义者变成了一个现象学主义者，这是众所周知的。现象主义要求保持令人冷峻的沉默，它虽然关联于胡塞尔的现象学还原运动，但是它的崛起归功于英美分析哲学领域的心灵哲学中所掀起的一股向当时物理主义宣战的现象主义运动——我们可以把这场运动称为笛卡尔复仇。这种宣战实际上是正式地向唯物主义论证了以一种非物理的本体论存在形态。它通过重申和反复论证心理主义的心理特质于认识通道以示其与物理主义的本体论家族的种种区别。

在心灵哲学领域中，现象主义有古典和现代之分。当然这种区分的灵感来自麦金对功能主义的批判。[1] 这种功能还原程序在普莱斯的"现象实在佯谬"分析当中得到体现，它的分析手法跟行为主义对心灵的分析类似。功能主义中关于功能的概念分析无论有多么严格，它只是恰到好处地说明了自逻辑实证主义以来的无我论物理主义心灵哲学到杰克逊的现象学视角的

---

[1] [英]麦金：《意识问题》，吴杨义译，商务印书馆2015年版，第236页。麦金对此似乎也只是一个含混的说法，但是这种区分在说明和鉴定心灵哲学的现象主义运动上是很有意义的。因为它本质上是对"心理现象可还原或不可还原"的哲学史性的说明。

第一人称主义心灵哲学为止，经历了一系列深刻的现象还原主义和反现象还原主义运动。准确地说，内格尔以前是反现象过程排除或取消的哲学运动占上风；内格尔以后，陆续有人认为行为主义者、功能主义类型同一论者和取消主义者所坚持心理现象还原不可能真正成功。

以前的现象主义只承认强调这样的观点，一切认识都归结为感觉经验，物质客体只不过是各种感觉组合，这是马赫试图建立中立一元论的可能性基础。但是，到了逻辑原子主义和逻辑实证主义历史阶段，精巧的语言逻辑构造世界代替朴素的现象学观察。汝信先生认为，"早期的现象主义者多从实际的和可能的感觉的角度来分析物理客体；近代的现象主义则采取语言学的形式，认为对关于物理客体的语句之分析可以排除语句中关于感觉材料的剩余"[①]。

这种语句之间的证实、还原和排除是逻辑实证主义者乃至取消论者的主要工作。但是，这一次英美分析的心灵哲学中的现象主义的兴起和论证却是用一种跟知觉理论直接相关的朴素现象学性质论证。在心灵哲学领域内，现代现象主义跟心理主义一样，都承认心理现象、事件或过程的实在性。但是，它比心理主义有着更少的理论预设和背负着更低的哲学史任务。因为它只是对客观论物理主义的一种抗争。它依然不反对，也无法反对现象学的机制运作的科学解释。

这一种抗争难以颠覆斯图尔加所说的唯物主义的心灵哲学标准图景。至少，弗兰克·杰克逊当时就设想了这样一种纯粹的非物理存在，它只是物理实在、过程和事件的必要附着物，尽管可能没有什么因果作用，但它是真实存在着的。这是对普莱斯的"现象实在佯谬"的一种反击。这种反击影响了心灵哲学的后四十年至今的心灵哲学历史走向，引发了物理主义、自然主义和神秘主义纷纷参与心灵哲学的本体论争论当中。

三 绝对客观主义的失效与"主观观点"

对客观性、确定性、明晰性和严密性的寻求是西方科学之所以繁荣的根本原因，也是古希腊哲学训练的初衷。怀特海认为，这是西方人的一种本能。

---

① 汝信主编：《社会科学新辞典》，重庆出版社 1988 年版，第 979 页。

他似乎很愿意把理性启蒙归结为本能与传统或者由古希腊分析哲学传统所浇灌出来的本能之花。怀特海还特意以崇高的敬意用美国心理学创始人詹姆斯的观点印证了这一事实。"令人钦敬的天才学者威廉·詹姆斯在一封公开的信中有一句话说得很贴切。当他写完他那部伟大的著作'心理学原理'之后,曾写了一封信给他的兄弟亨利·詹姆士,说道:'我必须面对着无情而不以人意为转移的事实铸成每一个句子。'"① 西方的科学传统得归功于古希腊分析哲学的熏陶和潜移默化,事实上,这些原则也是西方分析哲学所奉为圭臬的潜在原则,而物理主义正好体现或符合了这一潜在的理论原则,因为它要求一种绝对客观的物理主义,即绝对主义物理主义,完全摒弃"自我"、"主观"和"精神"之类的无用的术语。这一种理性活动似乎已经走向了启蒙运动的理想的反面。因为,理性只能无限靠近,而不能完全到达。这也是后现代之所以兴起的哲学原因。我们可以看到,反理性,反去中心化,坚持相对主义成为人文社科领域的一种新思潮。

直接说来,当代现象主义的兴起以伦理学家托马斯·内格尔的主观的观点论证为标志。他客串心灵哲学,抱怨唯物主义者所持有的绝对客观主义立场的独断性。他从一种常识性共识出发,指出认识世界有两种基本的方法,即主观的立场和客观的立场,指出这两种方法对于知识的客观意义。内格尔不反对物理主义观点的立场,但是他坚决反对物理主义试图用所谓纯粹的客观立场去认识人的心灵,试图把心灵变成一种对物理世界无害的机械装置。

"在追求这个目标时,甚至在其最成功之处,也将不可避免地失去某种东西。假如我们试图从一种与经验之主体的观点相区别的客观的观点来理解经验,那么即使我们继续相信它本质上是有视角的,我们也将不能领会其最具体的性质,除非我们能从主观上想象它们。"② 根据这一逻辑,内格尔所指责的是心灵哲学当中盛行的还原论的纲领犯了一种方向性错误,即漏掉了主观的观点,即我们无法从主观上去相信事情的存在方式,即经验性的理解。

这一种经验性的理解是和通过语词概述及其判断的理解完全不一样的。因为前者直指经验本身,没有主体间的传递性,而后者却依赖语言概念和语

---

① [英] A. N. 怀特海:《科学与近代世界》,何钦译,商务印书馆2017年版,第6页。
② [美] 内格尔:《本然的观点》,贾可春译,中国人民大学出版社2010年版,第26页。

言规则,具有主体间的可传递性。根据这种理解,没有这一伴随着物理活动发生的主观体验,我们很难说我们理解了心灵的实在状态本身。这才是连视角主义都无法替代的作为心灵之构成基础的真实原则。内格尔指出:

> 在心灵哲学中支配当前工作的还原论纲领完全误入了歧途,因为它是以一种没有根据的假定为基础的。这种假定是指:一种特殊的关于客观的实在的概念穷尽了所有存在之物。我最终相信,当前试图通过类比于能像有意识的存在物那样超凡地完成同样的外部任务的人造电脑来理解心灵的行为,将被看作对时间的巨大浪费。构成心灵之基础的真实原则,只能通过一种更直接的方法被发现——假定确实想去发现的话。[①]

内格尔指出,在心灵哲学的研究当中,这一点被忽视了,或者说被深深地伤害了。各种形式的还原论——行为主义、因果论的或功能主义的理论都是犯了这个错误,它们要不是没有主观地理解物理事实,要不就是把主观的理解排除在外。这一认知方法都是由实在的认识论标准所促成的,而这个标准指的是只有能通过某种方式被理解的事物才是存在的。这种标准就是绝对的客观主义的主张和期盼。但是内格尔认为,"试图分析精神现象以使它们作为'外在'世界的一部分被揭露出来,是没有希望的。适于处理作为现象之基础的物理世界的纯粹思想形式,不可能把握有意识的精神过程的主观特征"[②]。

我们知道,内格尔的提醒的确是来自康德的认识论上的哥白尼革命。实在的对象总是以某种便于言说的概念形式向我们展示的,这种便于言说的概念形式本身依赖于人的认知主体,即主观的观点。我们应该看到,它展现的形式是客观的,是现象学产生的逻辑基础。没有这一基础,物理主义理解心灵的观点对我们来说是不充分的。物理主义者似乎没有意识到这一点,他们认为,没有主观形式的客观内容是不可能的,消除了主观形式去理解客观内容使得客观内容无法理解的。在这一意义上,内格尔认为,"把对唯物主义的辩护建立在对心理现象的分析的基础之上,是一钱不值的。因为这种分析并

---

① [美]内格尔:《本然的观点》,贾可春译,中国人民大学出版社2010年版,第15页。
② [美]内格尔:《本然的观点》,贾可春译,中国人民大学出版社2010年版,第15页。

未清楚地说明这些现象的主观特征"①。

内格尔所批判的是绝对的物理主义形成了一种无中心论或无我论新实在论，这一种批判在哲学史上也曾发生过，即斯特劳森对维特根斯坦的无所有者（No-ownership）的批判。斯特劳森认为，心身问题之所以被认为是一个问题，是因为物理主义哲学家没有把人当作"具有唯一性的人"看，即没有认识到"人"才是一个最基本的哲学概念，具有逻辑的原初性。

所谓逻辑的原初性，就是说它是不能用某种方式或某些方式加以分析的，否则"不可能理解我们是如何得到不同的、可以区分的和可以确认的经验主体的概念"②。在这里，斯特劳森赋予了经验主体的逻辑原初性，由此肯定了主观观点的不可排除性。由此可见，内格尔和施特劳斯等新康德主义者在面对物理主义所持有的"无所有者""无观点者"与"无中心主义者"的心灵观的时候，基于不同认知视角给予了目标一致的批判。

内格尔在其主观观点的说明当中没有明确提到受惠于斯特劳森的有我论哲学，但是他和斯特劳森一样非常熟稔康德的认识论的自我的哲学论证。因此，可以肯定的是，他在设想蝙蝠论证的时候就强调了自我的主观观点对于语言逻辑的功能，而斯特劳森也证明了日常概念的语言装备的充分性。但是斯特劳森和内格尔并不是完全理解维特根斯坦的心身哲学立场。因为维特根斯坦只是强调心理语言的不精确性、混乱性以及语境的效用性，但是他并没有在心理实在论和反实在论中表明自己的立场。因为他的哲学是"诊断"，而不是"建构"。

维特根斯坦对心理语言的实在性并不直截了当地给出自己的观点，而是转向在逻辑行为主义命题中考察心理语言的真实效用，即指出心理语言的陈述应该指向某种可公共观察的外部行为。因此，维特根斯坦在这种论述心理现象的语言表达中指出了实在论的标准就是以某种方式被理解。而这一标准一度成为作为逻辑实证主义者的维特根斯坦的行为主义基本原则，也引发继承了逻辑实证主义传统的还原论者对于心灵展开激烈的实有性与非实有性的

---

① 高新民、储昭华主编：《心灵哲学》，商务印书馆2002年版，第107页。
② [英]彼得·F. 斯特劳森：《个体：论描述的形而上学》，江怡译，中国人民大学出版社2004年版，第69页。

论战。这样便使得笛卡尔二元论恰恰陷入"无所有者论"(The No-Ownership Theory)之泥淖,从"两个主体的图景转变为一个主体和一个非主体的图景"①。可跟斯特劳森不同的是,内格尔没有诉诸语言的逻辑分析这一精巧工具,以便从词语分析的角度说明逻辑上的"自我"使得我们对其行为进行谓述成为可能,并对不同的作为主体的个体的确认。内格尔倒是另辟蹊径地借助一个有趣的生物思想实验来说明经验主体性对于人类言说的意义。

四 现象主义主要论证

托马斯·内格尔认为,我们不能以物理主义的实证标准来衡量人的心灵,心灵是一种自在自为的东西,这种东西的自在肯定是一种不同于物理存在的存在,也就是说意识是个人的意识,是我们理解和构想语言世界成为可能的东西。然而,要承认心灵的自然属性,即心灵自然化的前提是先要完成一些基础的预备性工作,即把不可解释的心理现象与可解释的物理心理现象区分开来。可是,心理现象又包罗万象,千姿百态,林林总总,因此我们事实上就连提出区分心理与非心理的标准也很难。

塞尔还是勉为其难地判断出心理现象大概具有以下四个特征:有意识的、意向性、主观性和心理因果性。鉴于有意识的心理现象是心灵的最重要的、最典型的、最神秘的特征,我们把心身问题转移到使其颇为棘手的意识问题上来。我们可以发问的形而上思考是,意识的本质究竟是什么,有意识的心理意识状态是如何产生于人脑之中,抑或作为物理世界的根本性特征的客观性又是如何能产生构成我们心灵生活的主观性的呢?

托马斯·内格尔为了说明物理主义的还原路径的基本操作程序是对人的经验行为加以因果分析,继而进行还原,这一种还原程序尽管一定能对意识所赖以实现的物理基础有更多更详尽的理解,但是它依然没有对于人身上的现象学特征作出物理主义的说明。现象实在特征需要一种独特的观点,至少是有别于当前物理学的观点来表达。内格尔指出的现象实在性特征,在维特

---

① [英]彼得·F.斯特劳森:《个体:论描述的形而上学》,江怡译,中国人民大学出版社2004年版,第69页。

根斯坦的著作里也有类似的表达，这种陈述性表达只能借助于隐喻和类比，但是它的确有它的语言用法。这种语言用法不是表层语言用法，而是深层的语言用法。

维特根斯坦无意于做出这样的断言，所有的隐喻性语言都必须被清除掉。他只强调没有真正隐喻本体的描述对象应该清除掉，但是有着隐喻本体，又只能借助隐喻性语法表达出来的东西是有其真正的用法的，是不应该被清除的。维特根斯坦视之为关于经验本身的"表达式的陈述"。内格尔扩深了他的用法，即将个人的经验体验状态的陈述延伸为一种普遍性的说明，即"成为一个 X 可能是什么样子"。

内格尔很愿意把 X 设定为蝙蝠，不同于视觉系统发达的人类的听觉系统发达的哺乳动物蝙蝠。

> 大多数蝙蝠（精确地讲，是微翼手目动物）首先是通过声呐或回声，分辨来自一定范围内的对象的反射，亦即它们自己的迅速、巧妙调节的高频率的尖叫声的反射，从而感知外部世界的。它们的大脑注定使向外的冲力与随后的回声联系起来，进而如此获得的信息使蝙蝠能够精确地分辨出距离、大小、形状、运动和构造特征。[①]

内格尔不惜笔墨地向我们描述了蝙蝠的活动方式的物理运作原理。这一种认识论直觉是非常强有力的，因为任何一个人都很难反驳这一点。我们要理解蝙蝠活动，不仅需要物理的观点，还需要主观的观点。因为主观的观点似乎是物理主义的一种不可或缺的认知形式，尽管这种认知形式在内格尔看来远不是唯一的。

但是，这似乎只是一个物理主义的认知边界问题，而不是一个对物理的不完备性的真正的说明。不把这种主观观点论证为一种主观的认知方式而是更为明确地把现象学性经验论证为一种非物理性知识的知识表现方式的是澳大利亚哲学家弗兰克·杰克逊。他是内格尔的主观观点的响应者，他对物理主义提出真正值得面对的问题，而不是像内格尔那样停留在纯粹的提醒当中。

[①] 高新民、储昭华主编：《心灵哲学》，商务印书馆 2002 年版，第 108—109 页。

沿着内格尔的思路，他站在物理主义的视角思考人比物理机械装置多上更多的东西，如此反思物理主义可能真的是不完备的，至少在知识论上如此。

内格尔对功能主义的批判也许是对的。物理性的知识可以诉诸具有原因和结果效应的客观的物理观察，而心灵的知识或许并不在这个因果世界当中，但是它的确是存在的。只不过心灵的存在方式有点特别，它是以一种附带的状态依附于物理事件，却并不与物理世界的物理活动发生什么联系。它的特点就是一种明见性的凝视，人类不能缺乏这种凝视，否则人类不可能意识到自身的种种活动，也不可能有真正的意识生活。

基于这种认识，杰克逊给出了一个逆转物理主义一统江山的历史局面的思想论证，即知识论证。知识论证的大致脉络是这样的，玛丽是一位天才物理学家，她一辈子生活在由黑和白两色构成的小房间里。但因为她是物理学天才，所以她不是太费力地从书本和黑白电视里的讲座中获得了一切关于世界的物理学知识。杰克逊对"物理学"给出了宽泛但是直观上容易接受的解释，即"全部的物理学、化学和神经生理学中的一切，以及所有应该知道的关于原因的、由之而产生的关系的事实，当然也包括功能作用"[①]。

这一个解释就是物理主义的定义，该定义具有物理完备性，即"全部物理知识绝对就是全部知识的原因"[②]。但是，当这位天才物理学家学有所成，走出只有黑白两色的小房间后，她看到天边的彩霞，这令她感受到关于红色的质性，她惊讶地叫了一声——"啊……"。这个时候，杰克逊站出来指出，玛丽的张开嘴巴表示惊诧的行为说明她发现了一种新的知识，即现象学知识。这一种关于颜色的现象学或经验的知识，即感受质（Qualia）的知识。这是她从以前所习得的物理知识清单中所不曾找到的，而且这种知识也不能从那完备的物理知识中推导出来。

这是一个十分有趣的思想实验。尽管在思想实验设计当中，存在着一个不曾为人提出的一样可值得惊讶的地方。玛丽如果是个天才的物理学家，那么她有一天会在百无聊赖当中检验自己的物理知识是否完备，她也有可能会在某一天面对着黑白电视机发呆，思考白色所对应的光源的波长、能量以及

---

① 高新民、储昭华主编：《心灵哲学》，商务印书馆2002年版，第97页。
② 高新民、储昭华主编：《心灵哲学》，商务印书馆2002年版，第97页。

人眼的光谱响应区间等，她就形成了一种非常有趣的对应。这种对应正好是同一论者所失足的地方，即某一对象既可以向玛丽显现为白色，也可以向她显现为大约四十赫兹的波长振荡。

这似乎印证了类型同一论的论证程序。如果玛丽发现这样一个事实，即白色是由红、绿、蓝三色所构成，那么，她会热衷于寻找和实验红色的物理相关物，解析出红色的物理构成方式。这样，科学家玛丽就成了一个善于调鸡尾酒的姑娘。她从一杯鸡尾酒的颜色当中解析出鸡尾酒的构成材料，然后变换组合材料，变成了五彩缤纷的鸡尾酒。事实上，这样的例子屡见不鲜，中国的烟花制造业就是一个绝好的例子。烟花制造工人对烟花的化学成分有了最为基本的掌握，他们便在不断的实验中掌握能绽放五彩缤纷的颜色的烟花的化学成分的比重。

我认为，杰克逊·弗兰克的惊讶似乎有点夸张了，玛丽真的没有这么大惊小怪。根据保罗·丘奇兰德的观点，这是特意引诱我们利用直观主义，寻找意识神经关联物。这一思路或许本身就没错，只不过我们现在还没有充足的证据链而已。我的这一解析思路得到了金在权的支持。他问，"谁需要感受性质"？物理主义者喜欢用"感受性质虚无主义"来对知识论证嗤之以鼻。因为"不管感受性质是否真的存在，它们在心理学科学中是没有地位的，也没有什么作用"[①]。理由就是功能主义者才不管人到底有没有内在状态，心理的还是生理的，只要我们的意识的纯粹质的方面在解释和预言行为时没有任何作用，功能主义者就不必去理会它。

但是，作为一个关注心灵的形而上学家会十分在乎感受性质的存在与否。通过假设，玛丽已经知道了当被从视觉上暴露在成熟的西红柿面前她会例示哪些物理和功能属性。那么假定这是不可设想的，一个人只例示这些物理属性而没有一个关于红色物体的经验。那么，貌似玛丽在看到成熟的西红柿之前，已经知道了她的物理经验将会是什么样子的。但是，否认这一事实出奇地难，即玛丽一旦最终被许可看到某种红色的东西，她就学到了新的东西。因此，可设想实验的预设应该是真的。

玛丽作为一个视觉物理学家即便是了解关于颜色的所有的物理信息，也

---

① 高新民、储昭华主编：《心灵哲学》，商务印书馆2002年版，第131页。

会惊诧于为什么同一个东西会有两种不同的展示方式，向认知者展现两种不同的信息，即物理信息和现象信息。这是一件相当吊诡的事情，至少这样的话，知识论证就迫使我们倒向了属性二元论。杰克逊的知识论证的一个令人无法拒绝的地方就是关于我们有现象信息这样的直觉性知识，这种知识实在难以令人舍弃掉，保留这种现象学直觉是我们的生活乐趣之所在，也是伦理、道德建立之必需。我们都愿意接受杰克逊基于以下假设的现象副现象论论证：

（1）物理学知识是完备的；

（2）玛丽走出小屋前，她已经习得一切物理知识；

（3）玛丽走出小屋后，她学习了现象知识；

（4）现象知识相对于物理知识而言是新的知识；

（5）这新的知识是信息知识，而不是能力知识；

（6）信息知识关于世界存在，而能力知识则关于我们的理解/实践方式；

（7）因此，这种新的知识不是能力知识；

（8）这种新的知识不可以从物理知识当中推导出来；

（9）知识论证实际上相融贯于副现象论。

根据以上推断，感受性质这类知识的确存在，但是不可以为物理知识所推导。因此，它就是一种伴随物理现象所发生的副现象，没有因果力。副现象论或许是心灵存在于世界的方式，弗兰克·杰克逊认为它是世界的幽灵。尽管如此，他还是积极对其存在的可能性辩护。这种辩护的前提是建立在他心知的设问之上。一个人怀疑他人是一台由机械活动所完全支配的物理机器在逻辑上无可指摘，因为在可能的僵尸世界里，这一点不足为奇。因此，假设僵尸存在的论证[1]就有可能是合理的，而实际上，我们似乎比僵尸有更多的东西，即心理生活。这就是我们做出断定他人是人而不是僵尸的理由。因此，物理主义的主张对人的本质的论述是错误的。

僵尸论证让我们反思感受性质解释的假设基础和物理性质解释的假设基础是完全不同的。因为物理解释顶多是功能解释和结构解释，而对功能和结构的解释不足以解释感受本身。因此，没有一种物理解释可以解释感受性质。

---

[1] 哲学上的僵尸是一种完全理想化的机械人状态，在所有物理方面，即功能状态、物理历史等方面完全一样。

解释论证让我们明白了物理解释在解释感受性质本身上十分吃力。这种吃力让我们意识到物理领域和现象领域之间至少存在着认识论鸿沟。这种鸿沟使得物理还原解释成为不可能，而保留了心理特质由此便于心理解释的副现象论是有可能的。

总之，杰克逊对感受性质与物理实现基础之间的关系作出过合乎直观的类比，即这两者之间的关系犹如美学性质之于自然性质之间那种可发现的关系。因此，这种关系是形而上的必然性，因而也是经验的必然性。所谓形而上的必然性，就是最为严格的必然性，即在一切现实世界与可能世界都有可能，因此也是后验的必然性，比如，单身汉等同于未婚的男人。而经验的必然，只要求在一个可能的世界里存在的必然性，这种必然性需要借助科学经验的发现，比如 H_2O = 水。

这种经验的必然性说明了心理现象和物理现象只可能存在偶然的必然性，也就是说，很有可能在现实世界有可能。至此，知识论证、可设想论证、模态论证和认识论论证都为心理现象和物理现象的异质性和实在性的二重性提供了相当有力的说明。现象主义的复兴浇灭了物理主义试图彻底磨灭心理现象的实在性的企图。这种企图多少是有一点狂妄的想法。因为物理主义一旦被证实，这意味着人类可以凭借物理构成元素重新打造一个不再只能唯一属于我们的生活世界，如此一来，我们只是多元世界的赛博格中的一员。反过来说，我们的现实的物质生活世界是被物理地决定着的。

五　现象主义之后：泛心论、突现论

根据上述现象主义论证，物理主义者所憧憬的意识理论不但没有指日可待，还面临无法突破的认知鸿沟。因为物理主义者可以对意识的神经基础与活动模式夸夸其谈，但是对跟人的精神生活密切相关的主观经验却插不上半句嘴，而这也恰恰是哲学家所不得不提醒过分乐观的构建主义者，即物理主义者真的没有单刀直入意识问题本身，这也就是说，真正的意识问题被忽略了，即有时候谈论以感受性质（Qualia）、现象学上的质（Quality）。这种谈论最初源于澳大利亚生物学哲学家坎贝尔（Keith·Campbell）的新副现象论，后来被托马斯·内格尔在蝙蝠论证中所利用，最终以知识论证的思想实验的面目出现。正如高新民先生所指出的那样，它是当代唯物主义还原论所无法同化的难题，也是新二元论借以为二元论辩护与捍卫心灵的神秘性的顽固堡垒。

此外，心灵哲学家把这种反驳发挥到极致。由它所引申的或与它相关的还有认识论论证、本体论论证、模态论证解、释鸿沟论证和怪人论证以及随附论证与可多样实现性论证等，这些论证无一不指向物理主义还原的荒诞性，这些思想炸药很快让类型同一论成了明日黄花，非还原物理主义渐渐成了物理主义的替代品。它有这样的论题，意识肯定是一种实在，但不是物理实在，因此不可还原为物理的实在。物理主义者很快面临这样的窘境：不接受意识这一额外成分，物理主义的确难以招架现象意识的认识论诘责，但承认物理主义的不完备无疑自招失败；而接受意识这一额外成分则又抵挡不住神秘主义的死灰复燃。金在权认为，即使如戴维森试图引入随附性的心身关系范畴来发明一种最小物理主义，即摒弃实体二元论依然无法摆脱笛卡尔复仇，因为一旦承认了心理现象的实在性，那么心理因果性在等着准备给非还原唯物主义者以迎头痛击。

眼看自然主义框架在解决意识的鸿沟难题上捉襟见肘，难以自洽，那么，一些哲学家开始对自然主义教条提出疑问和批判，认为适当性地接受神秘性并非不可取，反而相当必要。意识有可能本身就是世界的基本构成元素或其属性，因此它无法还原，也用不着还原。有基于此，那么我们的确需要反思过激的物理主义。

物理主义作为一种严格的自然主义形式，占据当今心灵哲学的主流丝毫不令人奇怪。毕竟，以简驭繁向来是人类所喜好的观待世界之道，物理主义是方便于理解的一元论世界观，就其简洁性而言具有吸引力，它也是对令人印象深刻而又不断发展的自然科学的成功的诠释。诚然，实体二元显得过于诡异而让人难以接受，因此它受到心灵哲学界的普遍排斥。势头正盛的自然主义不允许无端设置一个人类理智所无法理解的实体化心灵，并以此作为解释人类的心理现象的被解释项。

然而，为大家所熟稔的斯宾诺莎的泛心论现在又为哲人所津津乐道。其哲学背景是大多数物理主义者在理解意识的科学进取受挫的情况下试图接受一种不那么严格的物理主义，即自然主义，并以此拓展自己认识意识问题的概念与范畴，泛心论也正是以其能够通融意识和物质的两面性的观点而为人所青睐，毕竟，相对解释现象属性而言，物理属性解释异乎寻常的概念贫乏。但是现象属性和物理属性究竟是什么关系，诉诸进化论突现论便是当代自然主义泛心论者的一致解答。

或许意识真的是一种客观存在的突现现象，我们无法排斥这种可能性。托马斯·内格尔和查莫斯沿着这条思路为意识论证。托马斯·内格尔认为泛心论是值得考虑的，因为现象属性可能是有机体的突现属性；而查莫斯试图构造一套信息两面论，把意识视为元现象属性，并由此希望从中找到能够把物理属性和现象属性联系起来的规律。或许作为远端解释的目的论真的有被形而上地探讨的必要。米利肯（R. Millikan）、帕皮诺（D. Papineall）和博格丹（R. Bogdan）等发起"生物学转向"，把意识视作一种"与有机体一同发生和进化并为之所具有的一种类似于'程序'的属性"①，并赋予目的以区别于神秘主义的生物进化色彩的理解，"强调目的是由自然选择等物质力量塑造出来，并赋予有机体的一种维持和复制自身的客观的指向性或倾向性"②。

或许意识真的是一种绝对无解的超自然的神秘现象，尤其是量子力学的引入有可能突破经典物理学的能量守恒定律。这是埃克尔斯在他的新二元论里所反复说明的，他的后半生就是致力于考察量子力学是否让他的突现二元论假说有了合理的科学依据，这样他所设想的一个由心元子（psychon）所构成的独立于物理世界却又能因果作用于物理世界的精神世界便是一种合理的可被验证的科学假设。

因此，为了让我们有一个以便说明以前被忽视了的现象属性这一事实的融贯、统一的世界观，新的哲学概念的引入显得迫在眉睫。突现的哲学概念便成了许多哲学家心目中的理想的对物理概念系统的有益补充。生命科学里，突现现象是一种十分普遍的现象和方便的解释之门，因为它作为一种生命现象的高阶属性具有系统性、新奇性、不可预测性、不可还原性等诸多优点，其作为一种有效弥合剂以一种由简单到复杂、低阶向高阶的进化方式赋予不同生命现象一种自然的连续性，让我们得以自然地、科学地理解意识。

---

① 高新民、王世鹏：《目的论的当代复苏与超越》，《洛阳师范学院学报》2009年第3期，第34页。

② 高新民、王世鹏：《目的论的当代复苏与超越》，《洛阳师范学院学报》2009年第3期，第34页。

鉴于突现论在科学史上臭名昭著，它往往成为哲学家捍卫形而上学和自由意志的避难所，乃至神秘主义的藏污纳垢之地。想想20世纪的突现论的鼓吹手柏格森，他所鼓吹的创造进化论断言有一股不可见的却真实影响人类精神生活的"生命冲动"存在，结果"将涉及本源形而上的问题与科学解释问题混在一起，会在多大程度上使生物学的意见变得不明，会在多大程度上严重阻碍生物学的进步"①。

但是这不意味着突现论因为历史上的斑斑劣迹就"永不叙用"，哲学家不但不认为突现论不是唯心论的变戏法，而是唯物主义突现论。他们一直都在努力改良突现论概念，并赋予它以新奇性、不可预测性、不可还原性、整体性和随附性等诸多优点，使之服务于生命科学的进化论中的高阶现象解释。

哲学激辩固然有助于澄清问题，少走弯路，明确下一步的主攻方向。可问题是，辩论的结果未必就是通往真理的康庄大道，因为有时候我们可能被我们的直觉迷惑，以至于把伪问题当作需要解决的实实在在的问题，如维特根斯坦和赖尔的心灵的解构就是一个当代哲学史上的经典例证。现在摆在我们面前的是，意识究竟是不是一种突现现象，没人能说得清楚。因为物理主义作为一个形而上的议题依然是值得探索的；没有人能打包票说它是不可能取得的。因此，甚至"突现"一词能不能只作为一个合理的哲学概念都值得商榷。

但是，大部分唯物主义者，包括笔者本人，还是对突现论有所忌惮，乃至讳莫如深。作为当今科学主流的意识形态很明显是对立于超自然主义的反动，是心灵哲学研究的形而上学转向。自然化的基本目标就是祛除意识的神秘性。如果真的引入突现论的话，神秘主义必然会乘虚而入，那么自然主义的立场就无法坚如磐石。不必多论，突现论与反突现论的较量也折射出自然主义与超自然主义这两大哲学阵营的较量。唯物主义没有必要在这场较量中示弱或让步，因为突现论的引入很可能真的是不必要，它充其量也不过是说明我们所坚信的物理主义在理解意识问题上暂时深有概念的匮乏之困。

更何况，这个世界上有可能并无真正的突现。托马斯·内格尔一度试探

---

① ［英］托马斯·鲍德温编：《剑桥哲学史：1870 – 1945》（下），周晓亮等译，中国社会科学出版社2011年版，第737页。

性地提出泛心论的突现论,来调和意识与物质的关系,让两者各得其所。但是他又不无焦虑性地说:"复杂系统不存在真正突现的属性。"① 因为从形而上的观点来看,"复杂系统的所有属性(那些不属于系统与其他某种东西之间关系的属性)都产生于其成分的属性以及当它们如此结合时的彼此作用"②。但是,我们在抛弃我们唯恐带来神秘主义骚乱的本体论突现论的同时大可放心接受认识论突现论。内格尔所倡导的突现论是可以作为我们把握意识的认识论条件的。

提倡模块副现象论的哲学家西格尔敏锐地意识到突现论作为一种认识论的价值。他把突现论分为两种,一种是激进的突现论,一种是保守的突现论。激进的突现论就是摩尔根和乔治·亨利·刘易斯所采用的突现论,他们认为真正的突现论不是同质运动结果的机械突现论,而是异质运动结果的化学突现论。"化学现象是机械物理现象的突现物,生命现象是化学现象的突现物(Emergents),精神现象是生命现象的突现物。"③

这种激进突现论的好处就是为我们建立起了一个可以冠之以基础主义(Fundamentalism)的等级系统的世界观,使得科学的统一和自然的连续性的完美结合,但是坏处在于物理主义的世界观具有普遍性和一般性,使得自然科学的连续性失去了可靠的形而上依托。我们知道,进化论只适用于生命科学,而化学理论也只能在化学层次有效,但是物理学却可以适用于一切具体学科,即理论上都可以用原子、粒子的运动规律来加以解释。因此,能量守恒定律使得激进突现论成为不可能,保守的突现论却是一个不错的选择。但是这种选择基于一个哲学前提,即把认识论和形而上区分开来。具体地说,不可把认识论逻辑地推向本体论。换句话说,认识论是一回事,本体论可能又是另一回事。

因此,突现论不是一个本体概念,而是一个认识论概念,那么保守突现论强调了物理因果的有效性,从而维护了一个纯粹的物理世界观,但它同激进突现论一样,承认科学理论所假定的自然类(Natural Kind)具有连

---

① [美] 托马斯·内格尔:《人的问题》,万以译,上海译文出版社 2014 年版,第 182 页。
② [美] 托马斯·内格尔:《人的问题》,万以译,上海译文出版社 2014 年版,第 182 页。
③ [英] 托马斯·鲍德温编:《剑桥哲学史:1870–1945》(下),周晓亮等译,中国社会科学出版社 2011 年版,第 736 页。

续性。而不同之处在于，他认为，在这样的等级系统中的高阶属性相对于它的低阶属性来说绝对没有因果或形而上的效力，只有解释的或抽象的效力。我们知道，突现论所针对的是由世界基本成分所构成的宏观的系统，而非世界赖以构成的微观成分。因此，突现论所刻画的系统活动就不再是微观基本构成成分或其属性的活动形式或方式，而是由微观基本构成成分或其属性所构成的运动模式，而高阶属性便是刻画作为系统的活动方式的模式的基本构成要素，因而它也是不可见于世界的。

由此可推论，意识作为自主体的高阶特征，亦不可见于世界。这也就是说，在这个世界当中，不可被科学实验所观察，但它是存在的。它在跟模式的因果互动中，依然使有意识的自主体有观待这个世界的能力，即具有双向地因果作用于这个物质世界的能力。西格尔进一步指出，高阶特征的功能不在于具体考察世界的形而上"运作"，而仅在于"解释、预测和理解"有意识自主体所拥有的一切活动，包括心理现象和作为实现其基质的物理现象。

因此，可以说，心理现象是一种突现出来的认识论副现象论，而这种副现象论在西格尔的由相对于物理现象的高阶现象特征所构成的"模式"理解中的确具有普遍性，即适用于一切具体科学对象，甚至包括理论物理学所预设的抽象构造物。因为高阶特征的王国宽广无比："在高阶特征的王国内，我们可以看到大量从尺度的抽象末端尺度上的热力、信息、进化和心理等抽象末端到具体的如地壳板块构造和化学种类范围内的结构。[1]"

西格尔认为，普通对象越是在系统层次特征中处于高阶的地位，它对心灵就越有很强的依赖性，比如，货币，作为一种人类在商品流通的实践当中所发明出来的社会经济活动所赖以运转的东西，在经济人看来，是绝对真实或有用的东西。但是它作为人类心灵的发明物具有绝对的心理依赖性，所谓绝对的心理依赖性，便是没有心灵认知，也就无所谓货币。

当然，反之亦然，比如日常物理对象，便可以不依赖于心灵认知而独立存在。而理论物理对象由于不在日常观察之中，也离不开人的心灵认知。意

---

[1] Seager W. (2012). *Natural Fabrications: Science, Emergence and Consciousness.* Springer Science & Business Media. p. 176.

识就形而上来说，可能未必存在。但是，它作为我们赖以解释、预测和理解人类的心理活动的认知或解释系统来说，无疑是真实存在的，而且也有因果作用。从这种意义上讲，意识便是作为认知能动者的我们所不但不能剥离反而还得赖以完成认知的心灵模式。但是，"由于基础物理特征的缘故，意识不参与世界的'运作'之中，它不对任何原本没有显现的状态演化添加任何限制"①。

由此可见，意识是一种突现于物理基础的副现象，只不过这种副现象是可以接受的，因为它在形而上学上是无害的。但是西格尔的意识副现象论解释无意中跟丹尼特的解释主义的归属理论有殊途同归之妙，丹尼特认为意向性是我们便于对象归属的"真模式"，他十分强调模式之"真"，以显示他自觉区别于以前别人喜欢加在他身上的工具主义。但是，如果意识只是一个潜在的认识论资源的话，那么这种认识论资源具有很强的可塑性或实现的可多样性，即具有不唯一性，这样的话，心理的概念仍然没有摆脱戴维森所强调的异常性（anomaly），因为意识终究没有被"实在化"，那么对意识本质的解答终将徒劳。

西格尔意欲从这种惨烈的倒退（Vicious Regress）中挣扎出来，但是似乎没有成功。尽管他坚持了纯粹的科学世界观点，肯定了激进的物理主义的逻辑可能性，而且倡导了基础主义的等级世界观（这种等级是由具体的科学研究所决定的合理的科学实在结构）。但是他没有把握好摇摆于认识突现论与本体突现论的尺度，因此无法说明意识究竟如何突现于它的基础结构之中，以至于"在我们反思意识问题的时候，坚信我们的惊诧的充分性是突现立场的核心部分"②的观点是绝处逢生。意识不可能是自然世界的一部分，它具有形而上学的原始神秘性，这种原始神秘性不在分析哲学所讨论的语言分析中，而在于我们的认知结构当中，因此尽管我们似乎看起来有充足的科学认知模型，我们仍然对之一筹莫展。

---

① Seager W.（2012）. *Natural Fabrications: Science, Emergence and Consciousness*. Springer Science & Business Media. p. 183.

② Nida-Rümelin, Martine（2007）. "Dualist Emergentism". In Brian P. McLaughlin & Jonathan D. Cohen（eds.）. Contemporary Debates in Philosophy of Mind. Blackwell.

六　第一人称视角与认识论自然主义

我们在科学地或理智地理解意识的时候总是感到智性的贫乏，束手无策。人文主义者很愿意看到意识的神秘化，甚至故意诱导我们把意识诉诸神秘主义的理解，从而吓退我们的意识探索之路。因为意识往往被他们视为艺术灵感的宝贵来源以及透析人生意义的源泉。这正是逻辑实证主义心灵哲学家所不接受和坚决拒斥的，要求意识概念符合科学认知方式或跟我们的科学解释是一致性的。神秘的心灵在超自然主义者看来只能以谜与奇迹的方式存在，而这恰恰是充满乐观的自然主义者认为他们应当有所作为的地方。自然主义者认为正确的科学绝对具备以人类（科学）可理解的方式解构心灵的能力，毕竟要求出现奇迹的不是正确的科学。

自然主义作为当今知识界主流的意识形态和科学主义的方法论纲领。它明显是对立于超自然主义的反动，是心灵哲学研究的形而上学转向，要求哲学家根据当代认知科学、生理学和脑科学的发展所提供的异己现象学的科学进路思考意识难题。这一种从唯心主义的研究范式到唯物主义的研究范式的时代转换应该追溯到尼采时期。

查拉图斯特拉下山告诉老人的第一件事："上帝死了。"然而，这句话只有在奎因那里才得到真正的肯定回应：科学理性自立之日，便是上帝断头之时。"上帝死了"，寄居于肉体上的圣灵就荡然无存了，神秘主义雾霾便随之烟消云散，取而代之的是人类理性的真正觉醒和强大，自然主义之光越是把自然界照得丰富具体，上帝越是空洞无物。

奎因把人当作自然世界的一部分，尽管有可能是把它当作进化而得来的最复杂最高级最难以理解的一部分。不管怎么说，现在明了的是，奎因撤除了人类通向虚幻天国的阶梯。他认为，人类头上并没有神圣的光环，跟其他生物一样，只不过是通过输入—输出工作的自主体而已。现在，奎因考虑的问题是，贫乏的输入如何得到丰富的输出呢？这是批判哲学之后所无法越雷池一步的，似乎无人能出康德其右。但现在"物理的人类主体"成了一个可以诉诸自然科学研究的科学问题。蒯因的认识论的自然化运动可以追溯到现代科学鼻祖笛卡尔那里。笛卡尔的怀疑正是现代理性开始觉醒。"现代"在哲学史和思想史上一般指在一切探究中理性优先，探究使自然屈从于人类理解和控制的普遍客观的知识。也正因为如此，笛卡尔被尊奉为现代哲学鼻祖。笛卡尔发起了由本体论转向认识论的哲学转向，其历史意义就在于结束了超自然主义的神学笼罩一切的历史。他的新哲学为研究物理世界提供了哲学方法论。

（一）第一人称视角的构建与祛魅

笛卡尔的哲学沉思被胡塞尔奉为"哲学家所必需的沉思的典范"[①]，究其根源，胡塞尔从这一哲学沉思的方法论的考察中发现了其中蕴含着现象学诞生地的资源，即人类的灵魂、先验自我、主体和理性。后来的哲学家耕耘其中，又囿于笛卡尔所开创的"向哲学化的自我、向纯粹思维活动（cogitationes）的自我（Ego）的回溯"[②]的形而上思辨之中，论证心灵、主体及其第一人称等心理概念能否被自然化的自然主义纲领贯穿心灵哲学的始终。因为在自然主义的概念架构中，实体二元论蕴含着心身无关论，即心灵与其随附的身体没有任何诸如概念、逻辑或范畴的本体论或因果论的关联。笛卡尔把心理排除在外，"主要留作宗教和哲学关注的对象"[③]，这一举措使得近代心理学研究受到严重的理论误导，尤其是"阻碍了意识的科学研究"[④]。

在物质世界面前，笛卡尔是一个包容开放的自然主义者。因为他为人类理性辩护，号召用理性精神"怀疑一切"，为近代科学的兴起开辟出一条自然主义道路；在人类的心灵面前，笛卡尔摇身一变，成为一个坚持的神秘主义黑袍神父，宣扬心灵是唯一不可怀疑的确定者。从哲学史上讲，笛卡尔针对物质和心灵的二分法开启了当代心灵哲学关于心灵自然化的经久不息的争论。鉴于心灵和物质的本体论划分杜绝了心灵与物质关联的可能性，笛卡尔的无体心灵（Disembodiment Mind）观受到了自然主义者的严厉指责。

[①] ［德］埃德蒙德·胡塞尔、［德］E. 施特洛克编：《笛卡尔式的沉思》，张廷国译，中国城市出版社2002年版，第5页。

[②] ［德］埃德蒙德·胡塞尔、［德］E. 施特洛克编：《笛卡尔式的沉思》，张廷国译，中国城市出版社2002年版，第5页。

[③] ［美］安东尼奥·R. 达马西奥：《笛卡尔的错误：情绪、推理和人脑》，毛彩凤译，教育科学出版社2007年版，第197页。

[④] Schneider, S., & Velmans, M. (Eds.) (2017). *The Blackwell companion to consciousness.* John Wiley & Sons. p. 9.

笛卡尔在构建其第一哲学体系及其知识论时不但不力图摆脱抽象而神秘的"我思",反而以之为前提,试图将知识和道德扼制于其下,因而招致了意识神秘主义及其因果性难题。弗拉纳根归纳了超自然主义的三个基本特点:(1)自然界之外有个超自然的"存在"和"力量";(2)这个超自然的"存在"和"力量"与自然世界有因果关系;(3)任何已知和可信的认识方法都不可能发现或推断这个超自然"存在"及其因果关系的证据。

作为超自然主义的对立面,自然主义大概有这样的基本观点:(1)从本体论上讲,实在最起码的是科学所说的实在,没有超此限度的实在;(2)从认识论上讲,我们的关于实在的信念只有通过科学才能证成(Justified)。因此,经过自然主义方法论的考察,超自然主义得到了自然主义这样的评价,即超自然主义或是基于科学的无知,或是出于解释上的省力或是为了构建形而上学体系,往往杜撰无法被科学理论所证实或证伪的不存在物。哲学家之职责便在于防止虚构的理论混入本体论承诺的核心层面,所谓核心层面,一般是充当基础或低阶解释的解释项。构建主义者认为,超自然主义因为运用科学方法或科学理论严格审查一切事物究竟有无本体论承诺,从而使得神秘或虚假的东西被偷偷夹带进来,造成了本体论膨胀。

但是,这一心理还原运动随后也遭到诸如作为思想实验的僵尸论证的二元论挑战。该僵尸论证作为先验论证首先不否认变革笛卡尔颅内主义心灵观,向自然主义的本体论承诺靠拢的必要性,其次它坚持认为,作为心灵主体的第一人称属性具有人类认识得以可能的不可剥离的视角性功能。因此,僵尸论证强调保留了第一人称属性的认识论价值,但是也同意该论证使得第一人称视角会丧失笛卡尔的知识论语境中所具有的优越地位,如不可错性、不可更改性、不透明性,和具有优越的可通达性等心灵特征。经此正反综合,把第一人称属性作为认识论辩证运动的一部分,同异己现象学一起构成辩证运动。但是,概念图式的认识论或视角自然主义如果得以可能的话,还离不开把关于心灵概念的理解置于历史、实践与社会的视角主义的认识论张力之中。

笛卡尔认为,心灵是第一性存在实体,把我们的心灵认知建立在第一人称视角基础上,由此获得了垄断心灵知识的合法授权,并一度唬住了第三人称视角对第一人称的认识通道的僭越。理由是心灵所具有的第一人称属性具有认识论优越性,即直接性、确定性、不透明性和不可错性。但是,对这一实体性心灵观的消解不是来自形而上的争论与辩明，而是来自对身心作分门别类研究的种种自然科学，如物理学、生物学、心理学、生理学、精神病理学以及认知科学、脑神经科学和计算主义的发展。心灵科学研究取得长足的进步，并发现和累积丰厚的相关经验知识。科学研究离不开客观主义原则，客观主义则离不开唯物主义精神，唯物主义才慢慢成为科学家们科学研究的主流信念，由此形成了对"我思"的科学怀疑论。在第三人称视角看来，"我思"是"机器中的幽灵"。它或许根本不存在，理由是它不是一种先验幻象的欺骗性便是主体的概念归属。

"我思"是人类理性决策和理性行动的先验自我的主体。笛卡尔通过"我思"赋予心灵以因果力，因而鼓励人们在有意识的心理活动中去寻找引发人的行为发生的第一因。这第一印象被隐喻为灵魂的引擎，人类作出判断和采取行动的自由因的渊薮。因为它把人的理性判断和作出行为视为一种有意识的心理过程所引发或者说由后者所推动。自我意识和行动两者存在着绝对的因果力，这是笛卡尔主义者忠贞不渝的信念。康德试图通过先天综合判断洗刷了休谟对"我思"的因果力的质疑的耻辱。

但是，弗洛伊德针锋相对地声称，对人的有意识的行为活动的解释，往往不应该满足于思想者或行动者本身的第一人称报告，而应该去隐藏于意识表层之下的广大无边的无意识世界当中寻找关于人的行为的真实因果机制。魏格纳乐意大量借鉴弗洛伊德的催眠实验材料来论证意识可能并不发挥真实的因果作用，而只是当事人在事后的无意识的虚构。因为人在被催眠后有一种自发的或无意识的防御理性过程（Defensive Rationalization）。魏格纳引用了弗洛伊德中的催眠实验中的一个例子。当一个被催眠的受试者躺在病床上，他的床边放着一盆花，但是这盆花在这个受试者被催眠后被搬到了阳台上。催眠师问及被催眠者为何这样做的时候，被催眠者没有意识到自己被催眠，而是神经兮兮地构想出一些在我们看来有板有眼的原因，如我想让花晒晒太阳。其实很多这样的回答不是扭曲就是掩盖被遗漏的真实原因。

鉴于弗洛伊德把他开创的无意识心理学视为一种超越心理学的元心理学，即事实上提到了心灵的形而上的层面，这就为他与笛卡尔的自我论的对话的开启提供了消解第一人称视角的形而上学意义。弗洛伊德的精神分析理论是由精神病理学、梦的解析和性冲动组成。在自我的本体论上，弗洛伊德否认了自我能够在"我思"中被赋予的认识论优越、不可怀疑、不可错性和不可更改性，也由此否认作为人类精神自由的形而上根据等诸多特点。他强调人类自我是一个具有多重结构、多套动力系统的力比多组织，并且认为自我可能是一种幻象，强调把第三人称视角引入对人的行为活动的解释之中，修正第一人称解释幻觉。

事实上，民间心理学与笛卡尔的哲学误导让我们高估了意识之于人的行为的作用和力量。纠正这一点的是当代自然相关的科学知识，认知科学让我们意识到我们过分地相信了人类的理性及其背后的理论实体的至上性与不可怀疑性，放心地让第一人称视角垄断我们关于自身的一切心理知识，相信主观经验的心理学报告。事实上，心灵在第三人称视角的观察下令人惊讶地表现得大失水准。针对自由意志的因果力，"过去，我们一直把意志抬高到天经地义的地步，却利用种种例外条款把自动论斥为荒诞不经"[1]。弗洛伊德较为详细地解释了人的生理与心理活动机制的自动论似乎胜出。时至今日，当代认知科学、神经科学、精神病理学等所累积的经验材料足以支撑弗洛伊德的无意识理论。加扎尼加（M. S. Gazzaniga）甚至认为完全可以告别其理论来自缺乏科学依据的空想、猜测和虚构的弗洛伊德。理由是人类科学"对大脑运作机制的理解突飞猛进"，以至于完全可以用分子、细胞及它们与其所处的环境等概念所构成的如何说明人类这种生物性存在的知识取代弗洛伊德"所谓掌控人类内心活动的力量"的知识。[2]

随着唯物主义在科学上获得越来越广泛的成功，心理学从思辨哲学中分化和独立出来，神经生理学、精神病理学和认知科学因为有了自己的学科研究范式而逐渐在心灵科学研究中获得确立。这些学科以自身独特的学科视角和经验归纳介入自我、主体和第一人称等相关概念的研究之中。自然主义者们把心灵当作一个实在的对象，通过第三人称视角考察作为认知主体的心灵的本质、结构和功能及其实际活动机制等，借此驱逐形而上学家们在书斋里炮制种种有害我们对心灵作出正确认知的心理图景和语言。怀特海论述了科学对近代世界的兴起的决定性意义，指出放弃无益的形而上学争论是科学在

---

[1] 柯文涌：《模块副现象论与自由意志危机》，《自然辩证法研究》2017年第4期，第24页。
[2] ［美］迈克尔·加扎尼加：《双脑记》，北京联合出版公司2016年版，第1页。

绘制自然主义图景的历史进程中的正确举措。他指出，"科学或日常生活中的归纳过程的关键就在于正确地理解当前事态的全部实际情况，这一点是不嫌多加强调的。生理学和心理学在近代的发展就是由于我们理解了这种事态在具体情况下的性质，才具有决定性的意义"[①]。

（二）异己现象学：当前自然主义认识论进路

笛卡尔的哲学史功绩在于解放了"物质"这个概念，从而使得这个世界可以让人类能够把它作为科学研究对象的物质世界。而当代逻辑实证主义中的自然主义者则试图更进一步地解放"心灵"这个概念，他们坚持本体论自然主义，其目标是一种通过唯物主义还原或取消第三人称视角来化解笛卡尔二元对立，并建立一个可以把心理现象纳入自然科学图景的形而上体系。其操作方法是力图把第一人称视角清除出自然科学的描述与说明的框架，消灭唯我论的认知不对称性或不透明性；最终结果是贯彻逻辑实证主义的方法，用自然科学术语重述心理现象、状态和过程，以此转译或取消心理语言，实现物理语言描述的无中心、非特征性，从而保证物理语言描述的客观性。第一人称确定性这种假定提供了一个哲学研究的起点，这个假定导致了笛卡尔的理性主义和休谟的经验主义，导致了如此多的现代认识论和现代形而上学，并且最终被从哲学的中心移除出去。

作为心灵的根本属性的第一人称属性与自我现象学紧密关联，也是当代心灵自然化的核心议题。它在心灵哲学中被笛卡尔通过作为其认识论功能的"我思"的怀疑论论证构建为认识论和知识论的主体性地位。但是这一主体性地位为在当代已经充分发展起来的种种诸如计算主义、认知主义和脑神经科学等自然科的经验发现所动摇。形形色色的还原论者从各自的具体科学领域出发，罗列"我思"在人的行动中所发挥的实际作用与功能，据此提出由以取消第一人称的实在性，建立起自然化心灵和统一世界科学图景的异己现象学。

心灵中心论开始被扭转过来，身体机械论逐渐成为心灵科学家的共识。从第三人称视角来看待肉体，让认识心灵有更多的解释主义惊喜。副现象论者罗宾逊（W. S. Robinson）抨击理性思维之为行为引擎的观点："经验研究

---

① ［英］A. N. 怀特海：《科学与近代世界》，何钦译，商务印书馆2017年版，第51页。

给我提供越多东西，致使我们对惊诧于我们的认知过程，我们就对我们的直觉性观点越感到不自信，即我们的思想、意志和行为的因果作用是关于真实的因果过程的可靠指示器。"① 号称当代拉美特利的克里克，从神经科学层次给出方法论上的激进还原方案："'你'，你的喜悦、悲伤、记忆和抱负，你的本体感觉和自由意志，实际上都只不过是一大群神经细胞及其相关分子的集体行为。"② 正是基于这样的乐观主义，神经科学家都在寻找意识神经关联物（NCC），它指的是足以产生某种不同于物质特性的、有种种意识感受（Conscious Feelings）所必需的脑神经元及其活动机制。在这些神经科学家看来，清楚描述意识的神经关联（NCC）也许成为我们这个时代对科学的最后挑战之一。

许多科学家认为，我们有充分依据构建起可以解释人的信念、冲动和愿望的神经活动模型，以此考察意识本身是否参与如承担责任，行使道德，并使其发挥因果作用的理性行动中。这一考察是对心理因果作用（Mental Causation）的形而上考量。事实上，20世纪有两大心理学传统，即强调外在环境因果力的行为主义和强调把环境输入和反应输出关联起来的心理机制的认知主义，巴弗（Bargh）和弗格森（Ferguson）把这两者结合起来，提出没有意识选择或引导的高阶心理过程的自动性（the Automaticity of Higher Mental Processes）的社会认知学研究纲领。该研究已经找到了许多高阶意识发挥能动作用的复杂心理和行为功能过程的证据。如果从行为主义、功能主义和物理主义等不同的唯物主义概念架构中的机械论、自动论观待心灵本质，心灵及其主体性不但不神秘，反而是一种人类理智可以把握的自然现象。

当代机械论的极致就是计算主义，它把心理过程视为计算过程，认为"认知就是计算"。福多借以出色地用计算机的软件和硬件关系说明思维与脑神经装置的关系，主张心灵就是大脑内的计算机。宇宙或许是一台超级计算机，而人也有可能是元细胞自动机（Cellular Automata）。缸中之脑这一思想实验让心灵哲学家不得不严肃看待这样一种可能性，即"宇宙恰好包含有自动

---

① Robinson, W. S. (2010). "*Epiphenomenalism*". Wiley Interdisciplinary Reviews: Cognitive Science, 1 (4), 539-547.
② ［英］弗朗西斯·克里克:《惊人的假说》,汪云九等译,湖南科学技术出版社2018年版,第2页。

机，自动机管理着一个盛满脑和神经系统的大缸"①。宇宙是一台完全由一套物理定律所决定和操控的超级计算机。这一非常具有吸引力的心灵自然化进路为当代心灵哲学家带来了沛的灵感：丹尼特、西格尔和丘奇兰德分别从解释主义、广义副现象论和取消主义论证了自己的计算主义的观点，主张用进化论、功能主义和神经科学理论在不同程度上取消第一人称视角，给这个世界一个纯粹的物质因的理解。

丹尼特总结认知科学成果，提出一种还原人类认知主体及其第一人称认知方式的异己现象学。他指出："异己现象学是一种谨慎地、可控地认真看待主观的方式，认真到每当不必赋予主体以某种类似于教宗的不可错性的东西的情况下，坚持把这类（与日常主体间交流习惯相反）问题归为一类，即他们当前所言说着的确实为真，隐喻为真，抑或强加解释下为真，或者以一种我们必须做出解释的方式系统上为真，主体便可被理解。"② 异己现象学强调的是对认知主体及其第一人称视角的认知并没有超越我们认知物质世界的认知框架，它们可以在这同一认知框架中得到合理的理解。脑科学、神经科学以及认知科学等证据一再越出笛卡尔平衡所设立的心灵与物质的认知界限，抛出意识非本质论（Conscious Essentialism）和副现象论等哲学论断，否认心理因果力，仅把心理现象视为有用的意识幻觉。

自然主义架构下的异己现象学的层层推进，使我们没有理由不相信第一人称属性被取消的可能性，以及由此建立起其本体论清单上没有第一人称的自然主义指日可待。对于第一人称幻象的摧毁带来了两个结果，这两个后果既有积极的意义，也有消极的意义。首先，我们不能从第一人称情境开始探究，而且不能认为它为我们提供了确定性的范例。这个后果是自然主义者理智上难以接受的代价，具有消极的意义。

鉴于否认第一人称属性，便是要取消第一人称视角，异己现象学否认民间心理学中诸如信念和愿望的命题态度的推定物的实在论的可辩护性。我们失去了心理表征所需要的心理语言，那么这便从认识论上造成我们表征这个

---

① ［美］普特南：《理性·真理与历史》，李小兵等译，辽宁教育出版社1988年版，第8页。
② Dennett, D. C. (2007). "*Heterophenomenology reconsidered*". Phenomenology and the Cognitive Sciences, 6 (1), 247–270.

世界的能力不复存在，因而使得为我们认知提供"确定的范例"的认知主体消失了。因为，孤立地来看，它根本没有给予我们任何东西。有可能，根据康德的观点，第一人称只是被视为逻辑上的"先验幻相"，以此发生认识论的统觉机能。

当然，第一人称幻象的取消还可能带来第二个后果。也就是说，当"我"思考自己的感觉时，存在和表象之间的区分对"我"而言并不存在。存在和现象之间的不可区分重新把我们变为只有心理本能的原始人。这是因为"我"所说的是一种公共语言，这种语言决定了第一人称知识的特性。但是，对于取消主义者来说，这是一个自然主义的积极结果。因为，在他们眼中，第一人称及其赖以为前提的第一人称属性跟科学史上的以太、燃素概念一样，是没有真实指称，也是没有因果力的空概念。另外，这种"确定的范例"往往有着民间心理学（FP）难以排遣的认知欺骗性，造成难以解决的唯我论困顿。因此，人类对第一人称视角的科学认知不应建立在这样一个根本不可能真正为我们提供"确定的范例"的视角之上。

总而言之，在第一人称意识中，存在和表象相互混为一谈，这是一种"退化"（degenerate）的视角。正如维特根斯坦指出，这种"混为一谈"往往是导致语言混乱，产生错误心理隐喻的渊薮。但是这种视角的取消则需要一种全新的自然主义架构。这种自然架构中的语言不存在心理和物理之分，因而也不存在现象和存在之分。这样的一种无我论的自然主义虽有科学梦寐以求的本体论承诺，但是对于我们每个内心深处有挥之不去的笛卡尔二元论情结的人，我们无法在生活与行动中实事求是地坚持这种无我论的自然主义论证。因此，有些哲学家开始寻求一种弱化的自然主义，如需要有第一人称属性的本体论承诺的自然主义，即认识论自然主义。

（三）自然主义的弱化与其本体论审视

内格尔鲜明地批判还原主义者尚未意识到这一点，即主观性对于任何生物物种均有何等重要的意义。他指出，物理主义眼中的物理学诚然可以用声波学知识毫无困难地描述蝙蝠的物理世界，但是，我们很难通过声波学的物理知识理解蝙蝠之为蝙蝠的主观世界是什么样的体验。通过这一类比论证，对于人类来说，进行心灵的物理主义取消的技术操作会遭遇主观性遗漏的困境，即遗漏关于感受质的知识。内格尔指出，第一人称的确不会为物理学增添新的知识，因为这个世界不仅有物理性知识，还有非物理性知识。第一人称属性作为非物理性知识的存在方式可能跟物理知识存在方式不一样。但是，物理主义不能忽略它的存在。

查莫斯也反对把人的主观体验归结为物理符号计算或物理功能实现，他从对笛卡尔的意识概念理解中正本清源地寻求意识的不可还原性的形而上学依据，由此指出笛卡尔本人并没有意识到"我思"事实上包含着两种意识概念：一是作为计算或功能意识概念的提取意识（Access Consciousness），二是作为自反性（Self-Reflective）知识根源的现象意识概念。查莫斯基于僵尸模态性考量，指出意识问题不只是一个身心问题，还有可能是一个宇宙论问题，从而通过模态论证说明僵尸的可设想性提出主观经验不可还原的先验论论证：

（a）在可能世界中，存在一种僵尸，它在物理结构、功能和行为上跟人的物理结构、功能和行为完全一致；

根据（a），（b）从逻辑上讲，这种僵尸的存在是可以被设想的；

根据（a）和（b），（c）人的确有比僵尸的物理事实多的"冗余成分"，即作为主观经验的第一人称事实；

（d）物理主义先验地蕴含物理解释的完备性；

根据（c）和（d），物理主义的物理解释完备性教条是有问题的。

因此，（f）物理主义是错的。

因此，僵尸论证功能是他在笛卡尔关于心灵与物质的概念区分的基础上及时对"意识"作出更加有效或明确的，从而超越操作主义的划分。目前心灵哲学中流行的种种理论，如克里克的关于意识神经还原论、巴斯的"意识整体工作空间"理论、埃德尔曼的"神经达尔文主义"理论、丹尼特的"多重草案模型"理论。查莫斯把意识独有的现象学性或经验性特质与其神经关联物的模块化功能运作明确区分开来，指出上述种种心灵理论充其量抓住了作为现象意识的信息处理功能基础的路径意识，都忽视了现象意识有别于认知性、功能性和意向性的路径意识，是没有办法还原的非物质性"额外成分"。鉴于意识具有不同于可以物理空间定位的无定域性质特性，现象意识从本质上不可以用物理概念或术语定义或还原。

鉴于物理主义的概念装备远远不足以完成自然化第一人称的概念分析任

务，客观主义没有办法把物理主义这一本体论的经验主义论断上升为一个形而上学教条。这就是说，物理主义面对僵尸论证关于意识有可能跟物质无关或脱离物质而存在的责难，真的没办法"对存在宇宙中的种种类型的实在做出一个真实的或完备的论断"①。僵尸论证充分说明了"……即便是机器人能够扫描它自身的认知过程，这也可能并不是说机器人是有意识的"②。的确，我们对于意识的本质、相状和特质捉摸不透，没办法弄清楚物质之水如何转化为意识之酒的发生学机制。总之，物理主义对于第一人称属性的取消不是力不从心，而是任重道远。

但是，从僵尸思想实验的论证本性而言，它并不反对物理主义；相反，它是物理主义的朋友。因为它并不想否定异己现象学已经取得的或将来有可能取得的科学成果，全盘接收了物理主义的本体论和赋予调清物理因果以认识论优先性在物理因果的封闭性。它不仅肯定异己现象学可以更好地解释第一人称下隐藏着地理学、地貌学、结构论和动力论等，还有单凭第一人称视角所无法真实解释的无意识模块化动力系统，极大缩减了向来以为是意识概念发挥原因解释作用的地盘。另一方面，它通过僵尸隐喻这一先验论证对异己现象学的自然科学概念限度做出某种清晰性判决，即诊断了经验科学解决意识问题的有效性限度，从而避免意识科学研究可能陷入的误区，并对如人工智能在夸大其词提出并非无病呻吟的告诫。

因此，与其说僵尸论证是对本体论自然主义及其异己现象学的挑战，倒不如说是对异己现象认识论的完备性提出某种认识论疑问。内格尔强调从本性上讲，源流于柏拉图式的无中心、无特征的理念实在论的异己现象学的客观主义认识论与有笛卡尔的视角、有立场、有特征的第一人称属性实在论判然有别。因为，首先，"这种客观的概念所描述的世界不仅是无中心的，而且在某种意义上是没有特征的"③；其次，理解或解释意义上的说明本身离不开某种主观性特征，即可以表现为某种层次上对外部世界起某种组织作用的概念图式特征。既然至少意识的绝对客观化尚无可能，那么主观还原为客观亦

---

① Ney, Alyssa (2008). "*Physicalism as an attitude*". Philosophical Studies 138 (1): 1–15.
② Ney, Alyssa (2008). "*Physicalism as an attitude*". Philosophical Studies 138 (1): 1–15.
③ [美] 内格尔：《本然的观点》，贾可春译，中国人民大学出版社 2010 年版，第 14 页。

当不可能，即永远不可能是异己现象学所把握的"外在"世界的一部分。自然主义者"试图分析精神现象以使它们作为'外在'世界的一部分被揭露出来"①的这一自然化操作手法是没有希望的。

现在，物理主义不得不承认现有物理概念对于第一人称来说具有先天性概念贫乏。这一承认要么招致作为思想告假的神秘主义出现；要么根据自然科学成果，积极构造使得实现物理概念统一性，消除认识论鸿沟成为可能的勾连心理概念（现象）或物理概念（现象）的形而上范畴或概念的新物理概念，如基于伦理学的伦理提出随附的概念，基于功能主义或计算主义中的高阶现象提出实现或构成概念，基于生物学连续性事实提出突现概念，不一而足。

但是，这些基于具体自然科学的事实与关系性形而上学概念并没弥合心理概念与物理概念在本体论上的差异性。尽管如此，这只能说是本体论自然主义的失败，而非认识论自然主义的失败。对于认识论自然主义来说，它不必承担第一人称属性的本体论承诺。但是，它却可以通过视角论证保留第一人称属性，从而拯救物理主义在心灵认知的概念上捉襟见肘之弊。

（四）视角自然主义与心灵观的变革

意识概念即便不被抛弃，也被收缩成大脑模块活动的附加物或伴随物，许多哲学家讨厌笛卡尔模型的原因是它被视为应许了"僵尸的可能性"。查莫斯通过僵尸论证的本体论检测保存了意识的视角认知概念。但是，他已经事实上远远甩开了实体二元论这一宗教旨趣性的笛卡尔主义束缚——那是一种使我们对心灵的理解逐渐偏离唯物主义认知范式因而不利于我们从事心灵认知研究的强二元论主义纲领。由于心灵与认知科学、脑科学和人工智能提供了丰厚的关于心灵的功能与特征的科学研究成果，这些由异己现象学所整理和综合的客观成果有充足理由否认笛卡尔现象学背后的理论推定物——"我思"背后的自我与世界。

丹尼特认为，由"我思"走向"此在"或彼在都是某种形而上的僭越。这样熟悉的解读使得我们不得不又回到心灵哲学史上关于主体性心灵的经典

---

① ［美］内格尔：《本然的观点》，贾可春译，中国人民大学出版社2010年版，第15页。

见解中汲取心灵认识论洞见。康德的哥白尼革命实质上颠覆了心灵与世界之间的实体性关系，提供了辩证论的视角自然主义理解。康德一方面从先天综合判断的逻辑演绎中展示了用科学方法研究人类心灵的失效，另一方面他这套先验演绎系统却为第一人称认知方式提供了形而上学辩护。维特根斯坦认为，经验不单是我们感知到的东西，还是我们感知世界的可能边界。彼特·斯特劳森追随维特根斯坦，对这一笛卡尔哲学的主体性扩张主义势头作了理论限度上的遏制，主体不属于世界，而是世界的一个界限。根据上述权威主体性理解，我们不必把主体视为有着第一人称优越通道的实体或者所有者，而是把第一人称视为某种我们运用概念图式，谈论知识的视角。

本体论意义上的第一人称没有本体论承诺，但是认识论意义上的第一人称是可以视角性存在的。这样对于本体论和认识论所作的区分不必要求我们如麦金呼吁的那样在心灵哲学中掀起一次哥白尼式而非康德式的概念革命——麦金强调心灵概念的认知封闭，不来一次彻底的概念革命不足以拓宽我们的认知局限性。这便颠覆了笛卡尔颅内主义心灵观，因为根据视角自然主义，物理概念与意识概念之间的关系不再是两个实体之间彼此独立，单子式或小人式的关系，而是作为知识的内容与拥有知识的视角的形式之间的关系。

"'视角主义'即宣称一切知识都是视角式的。"[①] 视角主义不完全等同于相对主义，它并不强调视角能否真的具备提供世界与心灵以概念图式与概念装备的真实性与充足性，而是强调心灵与世界之间的视角辩证性关系。内格尔提出是者之所以是（What it is like to be）这一具有现象学意蕴的主观的观点，是对第一人称的认识论价值的。布洛克赋予现象意识以维特根斯坦式的认识论意义，即很有可能的是，现象意识是整个大脑的特征。尼采从生命哲学的视角如是阐述视角之于知识论的意义，"只存在有视角的看，只存在视角的认识；我们谈论一件事情所表达的激情越多，我们观察一件事情能够使用更多不同的眼睛，我们对这件事的'概念'、我们的'客观性'就更加全面"[②]。

[①] 转引自梁家荣《施行主义、视角主义与尼采》，《哲学研究》2018 年第 3 期，第 124 页。
[②] 朱彦明：《超越实在论和相对主义：尼采的视角主义》，《太原师范学院学报》（社会科学版）2013 年第 4 期，第 8 页。

有鉴于此，知识论证让豪威尔（R. J. Howell）产生这样的感受："主观经验是一种奇特的对象，在这里，你愈是客观，你离它就愈远，若用主观的方法，你反倒会很客观。"① 他由此预言客观主义的自然主义时代终结，取而代之的必将是主观主义的自然主义。因为"主体的知识的本质与价值不仅依赖于被知的东西，还依赖于所知的方式"②。因此，豪威尔提出认识论方法论上的变革，即把主观经验的认识论和本体论区分开，一方面，把受主观经验认知方式污染的心理概念留在认识论区域，使得主观经验可以实现知识的"对象化（objectifying）"；另一方面，证成地坚持自然主义的物理本体论清单的纯洁性及其客观性的绝对性。雷切尔（Ritchie J.）对豪威尔这一方法论的认识论转换的逻辑后果提出了耐人寻味的意见，"自然主义、副现象论和泛心论难分彼此，至少目前（如此）"③。

豪威尔考察物理主义不长的发展史，宣称客观主义自然主义是分析哲学时代的陈旧教条的产物，只有引入现象学的主观自然主义才能真正拯救自然主义。他认为，作为主观观点的第一人称视角不但不是客观主义尚未完成的形而上残留物，反而是客观主义赖以认识外在对象的认识论前提。在他看来，从无所有者（No-owner）的客观自然主义到有提供认识得以可能的概念图式的视角主义的认识论转换不仅不构成自然主义的内在逻辑冲突，反而让大家认识到第一人称的客观性并不来自分析性，而是来自辩证性。因此，取消第一人称的自然主义会被某种没有本体论承诺的认识论自然主义所取代，即取消第一人称的分析物理主义逐渐退却，主张第一人称和异己现象学之间辩证性视角关系的心灵观犹如水清月现。

从某种意义上讲，对第一人称的认识论修正性理解从本质上影响到心灵观变革。虽然逻辑实证主义通过心灵化运动优先性地发展了物理主义，也通过异己现象学总结了看到第一人称的非本体论承诺的种种成果，但是它终究没有逃离笛卡尔的实体心灵观窠臼。查莫斯通过对笛卡尔的"我思"的现象

---

① 高新民、傅利华：《主观物理主义：物理主义形态的又一创新》，《学术月刊》2017年第2期，第46页。
② Howell, R. J. (2013). *Consciousness and the Limits of Objectivity: The Case for Subjective Physicalism*. Oup Oxford. p. 155.
③ Ritchie, J. (2014). *Understanding naturalism*. Routledge. p. 143.

学概念考察，变革了笛卡尔单子式、小人式颅内主义心灵观理解，恢复笛卡尔中的赋予心灵以非单子的、跨主体的、关系的、弥漫于主客之间品性的外在主义的现象学传统，不仅保留了第一人称的认识论功能，而且把心灵的概念放在人类的实践性、社会性和历史性的能动过程中，提出"四 E"心灵观，即 Embodiment（具身性）、Embedment（镶嵌性）、Enactment（生成性）和 Extendedment（延展性）。这一新心灵观也不再把心灵当作纯粹、单一、稳定和封闭的认知系统，而是照顾到显现于主体的诸多社会、事件和历史要素或条件，强调"身体、行为、外在对象和环境等所谓情景因素对心的形成和构成必不可少"[①]。这样作为能动体（Agent）的心灵便不再是离体的，而是具身的；不再是静态的，而是动态的；不再是先验的，而是生成的；不再是内在性的，而是外在性的；不再是个体性的，而是社会性的。唯有如此，我们才能与时俱进地通过视角主义的转换经验到生活世界的丰富多彩。

[①] 高新民、陈帅：《心灵观：西方心灵哲学的新论域》，《哲学动态》2018 年第 10 期，第 59 页。

第五章
反还原物理主义之回应及其三种新形态

当前，笛卡尔复仇似乎已经奏效，它已经迫使物理主义心灵哲学陷入进退两难的困境，从事心灵的物理理论构建这一形而上的浩大工程一下子便成了难以为继的烂尾工程。因为物理理论构建主义只能接受内格尔完成上述心灵哲学家的概念分析的形而上学讨论，从而为心灵哲学的科学研究指明正确的方向或夯实地基。首先考察物理概念系统是不是这样一个具有足以胜任解释心理现象的潜质的系统。如果这个物理概念系统是完备的，那么便可以回击托马斯·内格尔所提出的物理主义的客观性是否具有充分性的质疑。

而事实是，我们面对意识难题很难做出一个令人满意而又可以理解的纯物理的解释，描绘物理主义的未来科学乌托邦的确有点为时过早，因为心理现象和物理现象的鸿沟似乎没有那么容易填平，至少这在人类所固有的直觉上是很难实现的，更别说这心理语言和物理语言的概念构架差异横亘其间，尽管取消主义者的丘奇兰德认为，在某种程度上心理语言有可塑性科学的物理语言的巨大可塑空间。至于心理语言为何至今还有很强的生命力，依然是我们精神生活的基本语言的问题，他归咎于实践的惰性以及缺乏其他的发展了的选择项。但是对于感受性质的挑战，丘奇兰德似乎沉默了，因此取消主义事业暂时遭遇一点挫折。

我们知道，除了现象学运动，非还原物理主义的兴起的另一逻辑根源在于类型同一论的过于强硬，它是忽视了而不是解决了人认识上的体验即现象学性质的存在。这一种现象学性质的存在是一种亲知性（acquaintance）存在，它是绝对不同于真实物理因果的非因果性知识。基于这样的认识，素来不太重视现象学视角的英美分析哲学突然强调心理状态的非还原性。异常一元论就是坚定地持有这种立场，它的论证就是强调心理物理类型之间存在法则学上的异常性，因此，心理类型不可以还原为物理类型。

可问题是，既然戴维森自己本人一再强调自己是一个物理主义者，那么不可还原的心理属性如何同一于作为其基础的物理属性仍需要解释。如果不给出这种心理物理关系解释，那么很容易出现这种情况，它即使没有承诺在自然界中有非物理事件的存在，但也承诺了非物理属性的存在。如何用物理主义的概念、术语和范畴来同化所谓非物理属性，使之成为物理主义的一种显现形态或样式，主观物理主义者和概念物理主义者追随戴维森的个例现象学试图修改紧缩的物理主义承诺的物理本体论来解决同化非物理属性。

因此，更多的物理主义构建主义者接受了意识的主观性的看法，如倡导主观物理主义的美国哲学家 R. J. 豪威尔（R. J. Howell）干脆认为主观经验是客观性的一部分，并基于此提出一种更加完备的物理主义。主观经验具有现象学上的客观性，因此它不仅不能因为它的内容看起来主观而被驱逐于客观性原则之外，相反，它应该成为客观性的逻辑构成部分。因为世界上的有些属性只能通过主观方式予以把握，唯其如此，才算坚持了客观性原则。他进一步强调，物理主义不等同于借以科学预测和说明的物理理论。因为物理理论有描述主观经验以及弥合认知鸿沟的能力，而物理主义作为一些基本的形而上学教条或物理概念系统缺乏概念上的自我修正的能力。因此，完备物理理论有可能蕴含这一事实，即意识不过是经过人的认知主体所认知过的物理形态的另一种显现，它本身不是物理之外的东西。事实上，意识是物理形态的最基本组成部分，这也是为什么主观经验无法被形式物理主义或外延物理主义所认识的原因。

而澳大利亚哲学家丹尼尔·斯图尔加（D. Stoljar）认为，先验物理主义之所以没有挡住知识论证的责难，是因为物理主义忽视了以对象为基础的物理主义（Object-based Physicalism）和以理论为基础的物理主义（Theory-based Physicalism）的区分。理论物理主义中的物理属性概念有如下两种，要么是物理理论所告知于我们的有关理论的这类属性，要么是其形而上地（或逻辑地）随附于物理理论所告知于我们的有关理论的这类属性。对象物理主义中的物理属性概念也有两种：要么是为范型化的物理对象及其构成的内在本质所完备说明的这类属性；要么是形而上地（或逻辑地）随附于为范型化的物理对象及其构成的内在本质所完备说明的这类属性。对象物理属性概念架构因其本身的僵化而不太容易放宽物理本体论承诺因而面对知识论证所提出的认知鸿沟束手无策；而理论物理主义中的物理属性概念则是理论的构造物，具有约定性、开放性和不受约束性，很容易放宽物理的本体论地位，把意识当作物质的基本组成部分来看待。

两者的物理主义辩护都推崇麦克斯韦的电磁学理论上的电磁还原，因为这种还原的确为哲学家和科学哲学史家所念念不忘，直到今天仍津津乐道。麦克斯韦跟当时流行的电磁可以在力学的概念架构中得到说明的观点相反，认为电荷的概念不仅不应当被还原为力学的概念，或由基本力学的观点说明，反而应当将之视为与基本的物理实在，跟质量等概念等量齐观。因此，他们认为放宽物理主义本体论标准，让作为类似于自主和基本的实在方面的心理现象在物理世界中占有一席之地，只不过 R. J. 豪威尔显得大胆而冒进。不管怎么说，两者都力图通过使物理主义达到真正的完备性来守住"一切都是物理的"这一非常受欢迎却又概念指向不明的朦胧口号。

可以看出，这两者的辩护的确守住了物理主义的逻辑出发点或逻辑假设，无论如何，都使物理主义依然"政治正确"，只是这样的代价付出得有点惨重。为了对付主观经验这个致命的挑战，物理主义不得不修正它的本体论承诺，以便让意识以客观现象学的应有面貌在物理主义本体俱乐部窃据一席之地。当然，表面看起来，这种修正似乎并无不妥，何况它不具有颠覆性。可以进一步推测，或许物理本体论修正只是权宜之计，因为物理主义者一时想不到更好的招数来破解意识之谜，休战是有必要的。但是把意识视为世界的物质基本构成元素或另一面也绝非小修小补。姑且不论究竟有没有充足的理由说明意识就是一个科学值得尊敬的概念，或许它本身就是哲学家的发明。可以肯定的是，形形色色的二元论有可能随之搪塞进来，神秘主义、突现论和功能主义目的论等有可能导致自然连续性的哲学—神学之陈词滥调，大有卷土重来之势。

虽然，非还原物理主义也不甘示弱，毅然发起了绝地反击，但是很难说它是非常成功的。究其根源，这种修改物理主义本体论的做法虽然不失为一种有益的探索，但是它的修改似乎要得到物理学本身的证实，这也是哲学家们立论的前提。如果得到量子力学的某种证实，那么他们就说对了。但是哲学家们在对心身问题诊断之后，更愿意提出这样的药方，即他们认识到理解心身之间的联系的概念图式的匮乏，也就是说，物理主义的概念库里还缺乏新的统摄物理的东西和非物理的东西的概念范畴。这是物理主义在为自己辩护时所不得不做的工作，即物理主义者必须发展用新的物理关系范畴说明新心理和物理之间的非因果性关系，否则的话，非还原物理主义不是重新落入实体或属性二元论就是落入副现象论的窠臼。根据高新民先生的理解，新范式之功效就在于"它能够把一些坚定的拥护者吸引过来，并为一批重新组合起来的理论工作者留下各种有待解决的问题、提供解决问题的途径、方法和技巧，从而具有规范、定向该领域的认识活动的纲领功能"[①]。因此，每一种概念图式的提出，就会产生一种新的物理主义形态，便会丰富我们对物理结构图景的认识。唯物主义者提出了三种主要物理概念图式，即随附物理概念图式、构成物理概念图式和实现物理概念图式，从而分别发展出三种新物理主义，下面一一介绍。

一 随附物理主义：心灵是随附于物理基础的随附现象

戴维森仍然需要为自己的反还原物理主义作出辩护。戴维森在为自己的异常一元论的三条原则的非矛盾性和该结果的非副现象论作辩护的时候，尤其是跟金在权辩论心身在本体上的一元论和在概念上的二元论的时候，提出了随附性这一新的物理主义范式，从而开启了发展一套随附物理主义方案的先河。"随附性"一词究竟何时运用于哲学领域，已经不可考究，但是"将随附性概念从个别提升到普遍的哲学高度"[②]，尤其是引入心灵形而上的高度，应该归功于戴维森。高新民先生对随附性作词源学的考察，以便我们更为清楚地了解随附性的原初用法和原本意义，这样就容易了解为什么随附性可以保留心理和物理之间存在的概念性的区别，但是又坚持了物质的统一性，即物质决定论的可能性。霍根对随附性作了让我们领略其大观的词源学考察：

[①] 高新民：《随附性：当代西方心灵哲学的新"范式"》，《华中师范大学学报》（人文社会科学版）1998年第3期，第4页。

[②] 高新民、沈学君：《现代西方心灵哲学》，华中师范大学出版社2010年版，第652页。

从词源学上讲，随附性（supervenience）这一术语起源于拉丁"super"与"venire"，前者的意思是表面的，在什么之上的，和附加的；而后者的意思是生成。在非哲学语境中，该词基本上以历时性的方式来使用，尤其是说"以一种新奇、附加和出乎意料的方式产生或出现"。在哲学语境当中，它基本上以共时性的方式来使用，意指一种形而上的或概念的决定关系；在这里，该词源学呈现出空间上的准隐喻性，这一作为随附的东西而出现的东西，被它所随附于其上的东西所"支撑"着的。[1]

一般而言，形而上学中说"所支撑着的"就是说"所决定着的"，决定就是一组基础属性决定一组随附属性。杰克逊梳理的四种决定方式，即优先充分决定、部分充分决定、连续性决定，非绝对区分的充分决定。何谓随附性所表达的决定，有两个直观的例子似乎容易理解。秃发是一种自然现象，也是我们语言可以描述的非物理的现象，但是秃发这一现象随附于，即决定于头发的数量、质地和排列方式。因此，我们可以把某人头顶上黑白相间的头皮面貌还原成此人头发的量、质地和排列方式。还有一个例子就是张三的个子高于李四这一现象随附于张三和李四的身高这两个事实。这一种决定不是两个个体之间的因果决定，而是整体与部分之间的随附决定。因此，类似的，物理基础决定高阶心理现象，高阶心理现象随附物理基础。

鉴于心身异常一元论遭到了猛烈的批判，即被认为要么是副现象论，要么是原则之间矛盾，戴维森在《心理原因》中借用随附性这一范畴补充或者说是论证了他关于异常一元论的心身观的两条原则。首先，随附性表达了两套语言之间的可能性关系："一个谓词随附于一组谓词 S 当且仅当 P 没有区分任何实在，而 S 也不能区分这一实在。"[2] 这一原则用于心理属性和物理属性的关系当中可以理解为，"没有两个所有物理属性完全相同的事件的心理属性不同"[3]。根据这一点，可以得出以下两条原则：一、心理依赖性原则，即"心

---

[1] Horgan, Terence E. (1993). "*From Supervenience to Superdupervenience: Meeting the Demands of a Material World*". Mind 102 (408): 555–586.
[2] Heil, John & Mele, Alfred (eds.). *Mental Causation. Clarendon Press*. 1993. p. 5.
[3] Heil, John & Mele, Alfred (eds.). *Mental Causation. Clarendon Press*. 1993. p. 6.

理特性在某种涵义上是依赖于物理特性或附加于物理特性之上的"①。但是，何为随附，戴维森进一步从心理物理两方面的变化关系上论述，即"不可能有在一切物理的方面都相同、只在某个心理方面不同的两个事件，或意味着一个对象不可能在某个物理方面没有改变的情况下在某个心理方面有改变"②。哲学界的口号简约为没有随附属性方面的差异变化，就没有基础属性方面的差异变化。二、心理不可还原性原则，即"不可通过规律或定义从这种依赖性或附加性中衍推出可还原性"③。戴维森的论证是，既然道德特性不可还原描述特性，那么形式系统中的真理概念还原为句法特性。根据戴维森的这两条原则，我们就知道随附物理主义的基本陈述：心理事件随附于物理事件，心理事件不可以还原为物理事件。可以用随附性形式化地表述为（M，心理现象；P，物理现象）：

（1）M 随附于 P，仅当必然地，对于任意 X 与 Y 来说，如果它们共有 P 中所有的属性，那么，它们就共有 M 中的所有属性。

也可以推论出：

（2）M 随附于 P，仅当必然地，对于每一个 X 和 M 中的每一个属性 F 来说，如果一个对象 X 具有 F，那么，P 中就存在一个属性 G，使得 X 具有 G，且如果任意一个 Y 具有 G，那么它也具有 F。

霍根说："戴维森在心身难题的关联上求助于随附性跟工作于心灵哲学和形而上学的哲学家一拍即合；即将开启了一个把随附性应用于哲学各个分支得快速而相当广泛的采用（时代）。"④ 根据高新民先生的理解，戴维森的随附性观念来自黑尔，因为黑尔（R. Hare）大概很早把随附性应用于道德哲学，借此阐发价值与物理世界之间的关系。但是，似乎霍根（T. Horgen）、金在权和福多等人认为，随附性往往放在英国突现论的历史背景里讨论。

---

① ［美］唐纳德·戴维森：《真理、意义与方法——戴维森哲学文选》，牟博译，商务印书馆 2008 年版，第 444 页。

② ［美］唐纳德·戴维森：《真理、意义与方法——戴维森哲学文选》，牟博译，商务印书馆 2008 年版，第 444 页。

③ ［美］唐纳德·戴维森：《真理、意义与方法——戴维森哲学文选》，牟博译，商务印书馆 2008 年版，第 444 页。

④ Horgan, Terence E. (1993). "*From Supervenience to Superdupervenience: Meeting the Demands of a Material World*". Mind 102 (408): 555–586.

生物学中的突现论背景中讨论随附性似乎更类似于心身随附性的讨论。金在权说:"尽管在本世纪早期,英国突现论者已率先使用与心身问题有关的'随附性'表述。"① 突现论在20世纪20年代至60年代被英国突现论者摩根应用于生物学进化论当中,摩根面对进化过程当中所突现出来的种种高层次事实,提出了高阶突现物对于低阶突现物的共时性的新奇性和历时性依赖性。摩根说:

> 我把在突现物进化中的任何一个给定金字塔层次的事件谈作"关于"低阶上的共生事件。现在在任何一个给定层次所突现出来的东西值得这样的例示,即我把它说成是一种新类型的相关性,在其中,没有低层次的例示。这个世界已经通过有活力与有意识的关系的降临成功地变得丰富多彩起来。正如亚历山大先生所说,这应该被我们接受"以自然的敬畏",如果它被发现以某种方式给予,它就被理解为我们发现了它。但是,当某种新的相关性是随附性的(即在生活的层次),其所关系到的物理事件经营它们的过程的方式就跟这些物理事件已经所处的形态有所不同,如果生命可以缺失的话。②

金在权对"随附性"概念作了发人深省的拓展,他不仅把随附性当作一种身心观,更把它视为一种有力地反映世界结构,从而使得世界成为可被我们所理解的世界观,即将之改造成一个物理主义的哲学基本范畴。金在权在论述随附性的概念的时候首先阐述了随附性对宇宙发生学和结构学的重要意义。他说:"我们不是把我们周围的世界纯粹看作毫不相干的对象、事件和事实的集合物,而是看作(由之)所构成的系统,即展示了结构,且其构成物以种种重要的方式关联别的构成物的东西。这一种世界观对于事物的组合而言是根本性的……由于这些依赖和决定关系,这个世界才变得可理解的。"③

---

① [美]金在权:《物理世界中的心灵 论心身问题与心理因果性》,刘明海译,商务印书馆2015年版,第9页。
② Morgan, C. Lloyd. *Emergent Evolution*. London: Williams & Norgate. 1923, pp. 16 – 17.
③ Kim, J. (1984). "*Concepts of Supervenience*". Philosophy and Phenomenological Research. 45 (2), 153 – 176.

因此，科学图景所展示的世界观表明，世界的结构图景是"层次（level）"、"次序（orders）"和"层级（tiers）"，当代科学的分门别类实际上形成了层次与层次之间的等级图景，"形成层次结构的层间关系就是部分学（mereological）（部分－整体）关系"[1]。

金在权尽管在很多方面跟戴维森唱反调，但是他高度评价的心身随附性引入让物理主义形而上学的构建者看到了曙光。"哲学家是在心身随附性中发现了一个有希望的物理主义形而上学。"[2] 金在权认为，"随附性"概念不仅可以用来说明心理物理之间的关系，还应该成为说明整个宇宙的结构图景的运行状况的新范式，比如说明世界层级间的高阶现象和低阶现象之间的逻辑结构。从这种意义上讲，金在权不认为随附性是一个心身理论，而是一个超越心身问题并可以推广于宇宙结构的基本概念。也正是基于此理解，金在权还随手扩充了基础属性和随附属性之间存在着的决定关系，即基础属性，如物理属性决定着随附属性，如心理属性。因为依赖对立面就是决定，因此，从下往上看，低阶基础属性决定着高阶随附属性。"从宽泛意义上讲，某事物的心理本质完全由它的物理本质所固定的。"[3]

戴维森借随附性来说明物理构成物及其属性是基础性的，因而对非基础的构成物及其属性是支配性的。因为，个例同一论里面肯定了单称的物理因果关系当中，物理因果关系是严格成立的，非物理的语言陈述可以被物理的语言陈述所取代。金在权了解戴维森的意思，但是他否定了心身之间的非对称关系。他认为，心理属性和物理属性之间的变化不是非对称的，而是对称的，共变的关系。"一般说来，A 随附于 B 不能排除 B 随附于 A。"[4]

随附性的引入只是为了表明两个属性簇间的共变关系。金在权基于基础物理属性和随附物理属性之间的共变关系，彻底颠覆了戴维森所设想的基础

---

[1] ［美］金在权：《物理世界中的心灵 论心身问题与心理因果性》，刘明海译，商务印书馆2015年版，第21页。
[2] ［美］金在权：《物理世界中的心灵 论心身问题与心理因果性》，刘明海译，商务印书馆2015年版，第10页。
[3] ［美］金在权：《物理世界中的心灵 论心身问题与心理因果性》，刘明海译，商务印书馆2015年版，第16页。
[4] ［美］金在权：《物理世界中的心灵 论心身问题与心理因果性》，刘明海译，商务印书馆2015年版，第16页。

属性对于随附属性的决定关系，随附属性对基础属性的依赖关系。既然是共变关系，那么似乎不存在决定与依赖之间的关系。如果真的如此的话，那么基础属性 P 应该对于随附属性 M 具有包含关系，这一基础属性对于随附属性的包含是一种必然包含。

但是金在权认为，作为一种解决物理基础属性和心理高阶属性的心身关系的理论，它有这样的理论诉求，或者说是理论原则。因为心身关系要求"物理基础属性 P 对于心理属性 M 来说，作为一种必然性，它保证 M 的出现；也就是说，假如某物例示 P，那么它必然例示 M"①。因此，随附性的模态力就会因为心理属性的不同而不同，比如，对于意向属性，物理属性的必然性是逻辑或概念的必然性，而对于现象属性，它仅随附于法则必然性。因此，在心身关系的前提之下，四种必然性有以下区分：

（1）"弱"必然性，即共变成立于真实世界中，但是不必成立于其他一切可能世界当中。

（2）自然（物理的或法则的）必然性，即共变存在于真实世界中且一切自然的可能世界——非常大致地，一切自然的基础的、真实的定律充分地类似于真实定律。

（3）形而上学必然性，即共变成立于真实的世界和一切形而上之可能世界——大概是，后验必然真理（如水是 H_2O）所仍然成立的世界。这是一组比在 M2 中所提到的更宽泛的世界。

（4）逻辑必然性，即共变成立于真实世界且一切逻辑上可能的世界——大致地说，先验必然真理依旧坚持的世界。可以说，这是一组比在 M3 中提到的更宽泛的世界，且是这组一切可能世界。

戴维森的随附性是弱随附性，因为它只强调一个可能世界，即现实世界的法则学的必然性的可能性。（1）和（2）属于弱随附，而（3）和（4）属于强随附。但是，弱随附和强随附都有可能不是解决心身随附问题的最佳方案。理由在于弱随附并不能排除沼泽人论证。沼泽人论证是戴维森在 1986 年召开的美国哲学年会西部会议主席的致辞中首次提出的思想实验，其原文如下：

---

① [美] 金在权：《物理世界中的心灵 论心身问题与心理因果性》，刘明海译，商务印书馆 2015 年版，第 16 页。

设想在一片沼泽中有一道闪电击到一棵枯树,而我正站在枯树旁。我的身体瞬间化为分子,纯属巧合的是那棵枯树(以其不同的分子)同时转化为我物理上的复制品。不妨称该复制品为沼泽人,它行动起来与我一模一样,按其本性,它离开了沼泽地。路上碰见我的朋友,它认得出他并用英语同他打招呼。它走进了我的住宅,坐下来继续写有关根本性诠释的论文。没有人能发现任何差别。

但差别的确存在。它不可能识别我的朋友,这是因为它从来就未曾结识过他。更一般地,它不可能识别任何东西。它不可能知道我朋友的名字(尽管它好像知道),它也不可能记得我的住宅,例如,它不可能用"住宅"这一词来意味我所意味者,因为它发出的"住宅"语音并不是在一个可赋予其正确意义的语境中学来的——没有这样的语境,任何语义都谈不上。质言之,我看不出我的复制品怎能用其声音来表达任何语义,或表达任何思想。①

沼泽人是戴维森的复制品,这也就是说,两者有相同的物理属性,不排除沼泽人有意识,即存在着某种限度的内在主义心灵状态。因为沼泽人可以回"家",也可以从事论文写作等。但是,显然沼泽人和戴维森本人是有着心理状态差异的。根据心身弱随附性原则,如果两个对象,它们的基础属性相同,那么它们的随附属性,也应该相同,事实则不然。因此,弱随附性无法成为说明心灵与身体之间关系的合理架构。既然弱随附性失败了;它无法保证相同的心理状态,即戴维森$_1$与戴维森必然地具有相同的心理状态。事实上,它只确保了一种普遍的 F/G 关系存在于世界内部,它只体现了心理之于物理的共变关系,但是没有体现依赖或决定关系。因此,弱随附性对于非还原一元论而言是不充分的。

弱随附性的失败不意味着强随附性也会失败,强随附性正好满足了非还原一元论所需要的对物理主义的各种承诺,即两个物理成分完全相同的对象 X 和 Y。强随附于 P,对于每一个 X 和 M 中的属性 F 来说,如果 X 具有 F,那

---

① 郑宇健:《沼泽人疑难与历时整体论》,《哲学研究》2016 年第 11 期,第 115 页。

么 P 中就存在一个属性 G，使得 X 具有 G，且必然地，如果任意一个 Y 具有 G，那么它也具有 F。这保证了在一切可能世界具有可能。强随附性要求一切物理属性必然有随附于它的心理属性，怪人论证就打破了这一点。怪人论证是基于查莫斯所提出来的这样一个思想论证：

假设存在一个怪人世界，它在物理上与我们的世界是完全相同的，但在这个世界上却没有意识经验。也就是说，在这个世界上生活的地球人的孪生人与地球人虽然在分子层面完全相同，在完善的物理学所假定的低层次属性方面也完全相同，但他们却根本没有有意识的经验。假如"我"眺望窗外，看到了外面的一棵树，体验到了一种鲜绿色的感觉，有一种赏心悦目的感受。"我"的孪生的怪人在这样看时身上发生了什么呢？他在物理方面同一于我，他生活在与我相同的环境之中。他在功能上肯定同一于我，他的行为与我一模一样。他在心理方面也会同一于我，他会直觉到外面的树，他会嗅到花的气味。所有这一切，从逻辑上讲，都根源于这样的事实，即我与他在物理上是同一的，但没有现象感觉。

怪人论证证明了在可能世界中意识不存在的可能性。强随附性太强了，弱随性太弱了。因此，很难把随附性当作解决心身问题的有力范式。但是，即便如此，为之辩护者却大有人在，辛西娅·麦克唐纳说："随附性的观念很好地把握了存在于心物属性之间的关系。"[1] 她在弱随附性的基础上增添了语境依赖，把个体的许多属性不仅视为随附的，还视为有关系的，因此产生了语境依赖问题，也就是说，戴维森的心身随附论在金在权的手中变成了关于宇宙的一般图景结构的范式或形而上学理论，即从局部理论推论到全局理论。当然这是金在权的贡献。也正因为如此，金在权的推论让随附性丧失了解决心身问题的独特性的优势。因为它无法解决的一个事实就是存在与本质合二为一的物理主义上的可能性。心灵的特点正如智者大师论心之本质的感叹，"若言其有，不见形质；若言其无，众妙之门"，这促使心灵哲学家们转而求其他。

---

[1] ［英］辛西娅·麦克唐纳：《心身同一论》，张卫国、蒙锡岗译，商务印书馆 2015 年版，第 253 页。

二　构成物理主义：世界构成于物质

构成物理主义的兴起是对随附性物理主义的修正，其宗旨之一就是为了落实和解决心理因果性问题。因为，戴维森对于心理实在的看法相当暧昧，游荡于实在论和反实在论之间；因为心理现象的表达依赖的是语言的描述，他可以为自己辩解说语言没有实在意义，从而持有反实在立场；又因为他相信语言总是能够确有所指，只不过这种确有所指可以依靠法则学原则还原成物理术语，这种由还原性保证的心理语言就有实在性，这个时候他又成为实在论者。但是，这对于心理因果性而言，无疑是种伤害。因为心理因果性就是两个实在的关系项之间的规律，但是，我们很难理解戴维森的属性是否具有本体论承诺，这样就在一定程度上造成了对心理因果性的若干困扰。因此，以佩里伯姆（D. Pereboom）、博伊德（R. Boyd）、霍根（T. Horgan）、佩蒂特（Pettit）、查尔斯（D. Charles）为主要代表的构成物理主义者之流的哲学家转向了构成物理主义，尽管他们未必就肯承认自己是构成物理主义者。

然而，真正主张用随附物理主义取代构成物理主义，并力图将构成主义者发展成一种精致的物理主义者，试图为意向性等心理解释在物理环境、过程和事件当中找到真正的形而上的基石的是任职于马萨诸塞大学的哲学教授L. 贝克（L. Baker）。跟戴维森一致的是，她也想为体现人之理性筹算、活动的意向性的自主性找到可能的存在空间。而她之所以主张放弃随附性这一似乎为心身问题带来希望的形而上学范畴，她的理由就是为当代哲学家所质疑和反驳的随附性这一形而上概念被错误地建立于两分法上。

因为，据贝克对随附性的理解，随附性首先预设了两个相对独立的事物之间，只可能存在两种极端的情况——或同或异。在这里，"同"就是要求绝对必然同一，即要求被构成的对象，比如心理属性，绝对地（或强）随附于构成它的对象，如物理属性，这样就回到了我们所批判过类型物理主义的老路上去了，以至于犯了强随附性之嫌；"异"要求被构成的对象，比如心理属性，不随附或弱随附于构成它的对象，比如物理属性，这样就使得心理在高阶领域自由地飘荡，无法降落在物理域内，结果还变相地论证了某种形式的二元论，如副现象论等，违背了随附物理主义的初衷。基于此种考量，贝克同意金在权的观点，随附性不是一个可以解决心身问题的有力范式，尽管这一范式的确为他们在试图进一步解决心身问题的时候提供了不少可资借鉴的灵感和理论基础。

贝克认为，关于随附属性和基础属性这一二分法破坏了事物的本来结构，事物的本来结构应该是在个例中的构成—样式关系，这种关系是一种不附带太多形而上区分之要求。它不要求脱离人类实践去构建一种关于世界体系及其运作方式的形而上的认知模式，而是倡导人在跟自然界的种种物质样式的体认和交往当中，顺应物质的自然存在形态，这种存在形态肯定是物质的独一无二的个例，它既有物质这一本质构成属性，也有人的主观能动性所施加于其上的社会的、审美的、功能的等多物质表现形态，这些形态打上了人的烙印，因此，它既是物质材料人化的结果，也是人的本质力量反映于物化之中使然。跟随附性带有一定的抽象的、体系性的不同，构成所描述的对象却是现实的，随处可见的。"纸张构成美钞；DNA 分子构成基因；铁块构成汽化器；身体构成人；石头构成纪念碑；大理石构成雕塑。"① 总之，贝克坚信，构成物理主义突破这种随附性之二分法，是真正通向解决心身问题之路，尽管贝克的论述始终是围绕着铜料和铜像之间的标准关系来展开的。

补充一句的是，所谓铜料与铜像之间的"标准关系"就是随附性所主张的或一或异关系。贝克说自己否认了同一论之后，不久又否认了二元论，即铜像可以脱离铜料而独立存在。她立志于走第三条道路，即铜像和铜料存在着非一非异的关系。贝克说："铜和铜像之间的关系是如此紧密，以致铜和铜像虽然不是同一的，但铜也是铜像，这得益于前者构成了后者的事实。"② 正是贝克果断抛弃了随附性，采用了构成性，她认为自己的构成物理主义是建设性，也不是摧毁性的，而是综合性的。贝克借此走出了第三条道路。"我的说明是在二分法所支持的两种选择（要么是同一要么是分离的存在）之外的

---

① ［美］L. 贝克、张卫国：《非同一的统一：重新审视物质构成》，《哲学分析》2017 年第 1 期，第 122 页。

② ［美］L. 贝克、张卫国：《非同一的统一：重新审视物质构成》，《哲学分析》2017 年第 1 期，第 121 页。

第三种选择。"①

既然构成论在概念上不同于同一论,那么就应该有两者相区别的标准或特征。我在上文论述过类型同一论这一最早出现的物理主义同一论类型。它强调的不是先验的同一,即不是概念或逻辑上的同一,而是后验的同一,而是根据经验所得的法则学同一论。贝克认为,这种同一不是真正的同一,真正的同一应该是由克里普克所倡导的由莱布尼兹同一律所认定的那样的同一。莱布尼兹同一律是双条件句,其宣言如下:必然地,对于事物 X 和事物 Y 来说,X 同一于 Y 当且仅当,对于一切属性,X 拥有,Y 也拥有;且对于一切属性,Y 拥有,X 也拥有。因为这是一个双条件句,它是由以下两个条件陈述所构成的:

(1) 当 X 同一于 Y,那么对于一切属性 X 拥有,Y 也拥有;且对于一切属性 Y 拥有,X 也拥有;

(2) 如果对于一切属性 X 拥有,Y 也拥有,且对于一切属性 Y 拥有,X 也拥有,那么 X 同一于 Y。

总之,X 同一于 Y 当且仅当 X 和 Y 有共同的属性。贝克认为这种严格的等同才算是真正的同一,她跟克里普克的同一性有着一致性的表述,即"如果 x = y,x 和 y 分享彼此所谓的'模态'属性——可能是如此这般的属性,或必然是如此这般的属性"②。根据这种严格的同一性,贝克认为,大理石和大卫雕像就不应该是同一关系,因为大卫雕像具有大理石所不曾具备的艺术世界这一关系项或艺术视角。这是一个大家似乎都可以接受的说法。尽管如此,但是这并不是说,大理石与大卫雕像是两个不同的东西,大卫雕像可以独立于大理石而存在。理由在于它们的构成原料是相同的,而且雕像属性依赖于石料属性。贝克承认这一点,"大卫像的许多美学属性都依赖于大理石的物理属性:大卫像压抑的心情尤其依赖于大理石据以被塑造分配其重量的方

---

① [美] L. 贝克、张卫国:《非同一的统一:重新审视物质构成》,《哲学分析》2017 年第 1 期,第 121 页。

② [美] L. 贝克、张卫国:《非同一的统一:重新审视物质构成》,《哲学分析》2017 年第 1 期,第 122 页。

式"①。执此两端,贝克认为,一个事物属性 F(如大卫像等)"不同一(随附)于又非不依赖于"另一个事物属性 G(如大理石石料)正好是"构成关系"的基本特点。贝克认为,构成关系在我们日常生活中俯拾即是,它就是基于这样的常见的事实,即我们看见巍巍高楼往往由具有独立个体的砖、瓦等的集合所构成。各式各样的汽车、飞机和轮船等都由各种零配件所构成。

哲学家贝克既然正面阐述了她的"构成观"与"构成关系",那么还要进一步说出"构成关系"与"随附关系"之间的根本区别。因为在某种意义上,"不同一(随附)于又非不依赖于"这一关系性阐述似乎也适合对随附性的本质的描述。因为我们很容易困惑于这样的事实,当我们在谈论水同一于 H_2O 的时候,我们并没有认为这有什么不妥。因为水描述和 H_2O 描述就是对同一事物的不同层次的描述,即宏观描述和微观描述,可以这么说,水性簇(无色、透明、丝滑等)和 H_2O 分子属性簇(分子结构、位置和动量等)是不同层次的不同属性簇,这样的两组属性簇也可以基于这样的随附关系。比如说,水样品由一组 H_2O 分子所构成,而水样品的(宏观物理)属性,如湿度,随附于分子属性。贝克不得不承认在这个层次上,构成与同一应该是可以互用的,没有太多的本质区别,事物的属性呈现出非关系属性。对于非意向的宏观物理属性而言,随附性和构成性可以互换使用。

真正让构成性偏离于随附性的是在意向性的态度上,它们在意向性上的分歧导致了它们的观点呈现出趋异性,使得两者真正分道扬镳。这也是贝克为什么舍弃随附性而构造构成性理论的根本原因。因为,她认为随附性根本就没有说明意向性的人化世界和非意向性的自然世界之间既独立又依赖的关系。尽管随附性和构成性在说明物质对象上有在物质世界上的一致性,但是,在意向属性与物理属性之间的关系上,贝克认为,对心身随附性的解释力显然有点力不从心,因为它有可能论证了这个世界是封闭于物理的,因为戴维森主张第二条原则,即在一个单称命题中,一个原因和一个结果是严格相关联在一起的。戴维森的初衷的确是想通过随附性,即借助心理属性随附于物理属性上的法则学上的必然性来为意向性的合理化空间提供一定的形而上的支持。因为,他

---

① [美] L. 贝克、张卫国:《非同一的统一:重新审视物质构成》,《哲学分析》2017 年第 1 期,第 123 页。

指出了逻辑或概念的必然性之不可能以及成熟物理学所达到的法则学上的必然性不可能,从而论证了心理异常性之可能。

但是不管怎么说,戴维森还是相信物理解释从根本上讲是融贯的,因而意向性等心理现象的副现象性也是可能的,甚至心理现象本身就是多余的,有被还原的可能性。也许这一点上令贝克大为不满,意向性等心理现象具有个体对象间的关系上的实在性,不是随附于物理属性的副现象,更不可能被还原或取消。因为,她认为意向世界或由意向世界所衍生的其他世界是存在的,尽管它不是以个体化的物质的形式独立地存在,而是以关系属性的形式构成于物质的个体世界当中。因此,贝克认为,构成物理主义还是跟随附物理主义判然有别。构成物理主义者认为运用构成论这个新的形而上学范畴,便绝无还原之虞,而且开启了意向世界的无限可能性,如审美和艺术创造的无限性。贝克对构成观的优点的评定是,"它能同时对意向的和非意向的个体做出一种单一的说明,而没有将意向个体还原为非意向个体"①。

因为许多哲学家总是过多地关心世界上由物理术语所描述的非关系属性,如基因同一于 DNA 等。因此,他们总是把随附性和构成性混为一谈,所以他们就无法认同构成论是对随附性的一个重大的理论超越和范式转换,以至于他们抹杀了构成论在绝对保证意向性的自主性上的独特优越性,即反过来说,从理论上讲,随附性倒是难以保证意向性的绝对自主性。贝克对此抱怨不已,因此,对突出构成论优点的构成性概念——构成性概念使得心理属性绝无还原为物理属性的可能,贝克作出比较性说明,并认为构成观跟随附观之间存在两个基本差别:(一)构成关系是两个或多个独立个体之间的关系,而随附关系则是一个事件整体当中两种属性或多种属性之间的关系。贝克说:"哲学家们已经混淆了随附性(一种属性间关系)和构成性(一种事物间关系),一座铜像被一束分子所构成,或有人认为,同一于一束分子,但是其作为铜像的属性并不随附于该分子的属性。"②

(二)基于随附性是属性之间的关系,那么意向性是不同属性间的关系属

---

① [美] L. 贝克、张卫国:《非同一的统一:重新审视物质构成》,《哲学分析》2017 年第 1 期,第 124 页。

② Baker, L. R. (2012). *Explaining Attitudes: A Practical Approach to the Mind.* Cambridge University Press. p. 132.

性，而不是事物的本质属性，构成论"将某些关系的和意向的属性当作是具体事物的本质属性"①。这两种差别之间存在着逻辑关系，（一）是（二）的形而上学基石。即构成关系之所以是构成关系，或者构成关系之所以在对象上可能，如铜像由青铜所构成，就是因为对象本身可以作为关系项的独立存在的个体性。这是构成关系之所以成立的前提，如果构成构成物，如铜像的构成者，如青铜，不是个体性的独立存在物的话，而是没有被个体化地依附于存在物的属性的话，那么就谈不上构成关系。既然不是构成关系，那么铜像跟青铜也不是关系属性。既然不是关系属性，那么铜像属性就可以被还原为青铜属性，那么这就体现不出随附性物理主义和构成性物理主义之间的本质差别。贝克认为，"铜像由分子所构成这一事实并不推论出其之为雕像属性随附于其构成分子属性"②。其实，贝克这一做法只不过是把事物的属性之间存在的整体联系转化为具体的个体事物之间的因果联系，因此，贝克对事物或事物属性赖以产生的"独特性"的说明要放在环境当中。

贝克认为，铜像之属性之所以不随附于该分子的属性就在于她所设想的心理属性的异常性是绝对的，而不是相对的，即在任何意义下，铜像之属性都不可能还原为该分子的属性，即便是物理学足够成熟。因为，贝克肯定了非物理性的因素，即精神的因素对铜像的构成的参与，这一种参与是有设计的、有目的的或有意图的参与，而不单纯是若干不同物质作用（物理力）的相互调和。贝克说："这一事物之所以是一座雕像，是因为它占据了它所占据的这一艺术世界的地方，或占据了它所占据的设计者的意向的位置，占据了它所占据的美学属性（如表现性）抑或也许别的什么东西。但是，这些潜在的艺术制作属性当中没有一个是随附于构成这一铜像的分子属性。构成性分子属性不是使得某物变成铜像的东西。"③ 正因为有这一非物理的东西的参与，铜像才成为铜像而不是废料，我们才可以看到比如说

---

① ［美］L. 贝克、张卫国：《非同一的统一：重新审视物质构成》，《哲学分析》2017 年第 1 期，第 129 页。
② Baker, L. R. (2012). *Explaining Attitudes: A Practical Approach to the Mind*. Cambridge University Press. p. 132.
③ Baker, L. R. (2012). *Explaining Attitudes: A Practical Approach to the Mind*. Cambridge University Press. p. 132.

摆在烈士公园里的杨靖宇的铜像所展现出了烈士的壮丽、刚毅、勇敢和对祖国的一腔热血。

如果说，随附主义尽管是有瑕疵的理论，因为它摆脱了意向性和非意向性是不是具有物理属性的差别的同时，却也在某种程度上抹杀了意向和非意向的差别，把人的本质力量纯粹形而上地化作一种纯粹的物质力量，那么构成论则看到了意向属性在推动人类的实践和人类的劳动的过程性的综合作用，肯定和保护了人的本质特性，因为它强调意向属性是非物理属性，没有这一意向属性，便没有铜像的产生，便不能解释整个人类短暂的文明——大概是两万年的文明的快速发展。随附性似乎也可以解释意向属性，但是这种解释力与我们对我们的文明的创造力的观感完全不同。比如，随附性肯定了猴子随意地敲打键盘也可以写出莎士比亚的《罗密欧与朱丽叶》这一不朽著作，但是它依靠的是一个恰好或许还是完美的耦合，这一非常低的概率事件。这样慢的速度显然不符合我们人类文明的快速发展这一事实，也不符合我们对我们的精神创作化作物质力量的直觉性体验。而构成论则大为不同，它主张在原有的自然中的物质形态上再创造性，把自然世界转化为社会人化世界，为自然的许多物质属性借来了许多人所施加或展现的特有属性，才形成了物质的独特性，尤其是一些琴棋书画等艺术真品，这也许是物理规律所无能为力的地方。总之，构成论力图反映了社会便是一个由自然的物质存在变成认为的社会存在的有机的实践性的发展过程。

如果说，随附性只有共时性的维度，它是体现了物理法则的力量，世界上的物质存在可以随意拆解和组合的话，那么构成习惯还有历时性维度，即世界的对象处于相互关联的环境当中，世界处于不断的变化和创造当中，新的对象和新的属性是不断产生的。但是，以意向性、审美性、伦理道德性为基础的人类社会的历史活动却具有不可还原性，因为新的属性的生成依赖于业已存在的由各种构成者相互关联的"既定环境"。也正因为如此，贝克的构成观需要说明的是实体的独特性，如雕像的独特性是如何产生的，也就是说，所构成的对象的独特性何能得以产生。如果不对这一发生做一说明，那么构成论陷入神秘主义的泥淖。这个时候，贝克便不得不求助于"既定环境"的外在主义说明新的属性是如何生成的，或者说，她至少需要回答以构成的方式生成一种新的属性到底需要多少条件。她自称这是从心灵哲学的外在主义中所汲取的灵感，借调个体之间的关系属性来说明事物所生成的新属性。

如果要理解环境如何"借调"给一个作为构成者且它原本就具有属性 F 的具体实在以一个新的属性 G，贝克借用了进化论的基本属性，F 应当处于"环境上的有利于"。这一种有利于就是属性 G 产生的可能性条件或诱发机制。贝克如其给物质下了一个定义，倒不如说是对新的属性的生成的一般发生学作出了说明。"F 存在且与其在空间上重合的 G 不存在是可能的，其中的 F 和 G 是不同的基本类型属性。然而，如果 F 处在有利于 G 的环境中，那么，就会出现一个新的实在即 G，它与 F 在空间上重合，但不同一于 F。"① 根据这一定义，我们知道在同一时间内的实在只有一个：非 F 即 G。F 和 G 只拥有一种基本属性。从这个意义上讲，贝克的构成论的确否定了笛卡尔的实体二元论，虽然它肯定了 G 所拥有的属性是非物理的。当有人看到贝克承认非物理的东西存在时，那么它就有可能陷入二元论。对贝克的构成论提出标准反驳的时候，即说雕像具有大理石所不具有的属性，试图以此来使得贝克的构成论陷入某种二元论，贝克说，这种表述不甚准确，她坚持如下表述："大理石是一尊雕像。"贝克就这样规避了大理石和雕像之间的个例存在的非统一性和二元论倾向。我们可以看到，贝克所论述的构成性的前提在于它在构成之前已经是个体化了的实体，即一种物质形态。这一种根本性差异的妙处就在于构成性保证了意向属性或意向态度的不可还原性。

它的难度甚至是缺陷就在于它是否能够说明构成者所构成的新的属性（即意向属性、审美属性等）据有"独特性"，这一独特性是否跟原有的构成者的属性具有统一性。如果两者之间没有统一性，那么就有二元论之责。因为，实体只有一个，只不过是在不同时间点上该实体的形态有所不同，但是，贝克依然无法否认人这一实体具有心理属性和身体属性的说法，既然有这样的说法，贝克就不能不为自己的构成论辩护，她需要自己说明自己的构成论不是非同一的二元论，哪怕是最低限度的二元论也不是。这个责难根本难不倒构成主义者。构成主义者完全可以对 G 的属性作出唯物主义的说明。根据

---

① [美] L. 贝克、张卫国：《非同一的统一：重新审视物质构成》，《哲学分析》2017 年第 1 期，第 126 页。

G 的产生是必然的，但是这种必然的产生却是偶然的。因为它的产生必须依赖于环境的有利于。但是，这种有利于虽然揭示了产生的必然性，但是并没有解释何种必然性。犹如，苏格拉底都知道每个人都要死，也知道自己会死，但是不知道自己以什么样的方式去死。总的来说，环境总有利于苏格拉底的死，但是怎么样的死法应该取决于具体环境。

我们知道，我们很难给导致一个事物中的一种新属性的产生环境下一个确切的定义，尽管我们知道环境对于新事物的产生究竟意味着什么以及环境的可能性构成。我们知道，环境首先是这样的一个把各种存在个体、相关联在一起的区域存在。但是，贝克的构成论里的构成者只被承认具有中等大小的干货样本的东西，这东西是我们日常打交道的东西，比如桌椅板凳、笔纸砚等。构成主义者的最大问题似乎不在于它的目标的是否可实现性，而在于它的理论的自洽性。因为它预设了实体在不同的时间内具有一个与之相对应的不同的基本类型，而且这基本类型很难在实体上具有持存性，即它存在就不会被消灭，事实上，被消灭的例子比比皆是。而且一直实体很少只有一种基本类型，这都难以令人信服，请容许在下面做出讨论。

贝克强调，不是所有事物都可以成为构成者。因为构成者之所以为构成者的前提是它有自己的基本属性或基本类型，大理石的硬度就是大理石的基本类型。只有具备这一基本类型，才具备形成新的属性的潜能，比如大理石就有成为雕像的潜能，因为大理石具有雕像所需要的硬度。但是，构成者不同一所构成物，否则两者就是同一关系，而不是构成关系，因为雕像不同一于大理石。但是，跟同一关系不同的是，构成者和所构成的构成物之间是偶然关系，而不是必然关系。要形成新构成属性，必须在构成者的基本类型的基础上从环境当中借来新的属性以附加于其上，从而使得原有的构成者形成新的基本类型，而这新的基本类型便成为自己的本质属性。比如，雕像属性变成了雕像的本质属性，尽管这一属性是借调过来的，但是这种借调成为大理石的新的本质属性。这世界上，少了一块石头，却多了一座雕像。

但是，雕像这一新的属性却继续保留了原有的基本属性或基本类型。基本属性之所以基本是因为它一旦作为基本的便有一定的超越时空的续存能力。但是，贝克的构成论需要重新回答的是，由构成者所构成出来的新的属性只是多了一个属性还是多了一种实在。有两种情况值得怀疑，一是雕像有可能只是大理石的一个新的属性,因为,根据贝克的定义,雕像有续存的能力,但是事实是,我们可以打碎这块雕像,再塑造起新的雕像。比如,苏联红军打碎了希特勒的一尊由大理石所雕刻而成的雕像,再找来工匠雕刻一尊斯大林石雕。这样,我们完全可以理解希特勒雕像的这一基本属性只是借调而来,它没有成为该雕像的基本类型,因而它也不可能是一个实体。还有一种情况就是,大理石本身没有任何环境的影响,即没有从环境当中借调过来任何属性,而只是大理石可能还有别的基本类型,即它不只有一种基本类型,比如对于狼牙山五壮士而言,大理石恰好可以成为杀敌的武器,这一基本类型也是一般人所不曾去设想的,但它的存在跟环境没有关系。

贝克自认为自己没有想好一个一般性的"基本类型"理论,这一理论诚然是非常重要的,可以关系到构成主义的基石之是否牢靠。但是不管怎么说,构成主义在有限的范围内,即非意向状态的范围内还是挺有说服力的。但是,令人大为不解的是,她究竟是如何用她的环境"借调"理论来说明新的基本类型的生成,至少我认为"借调论"实在是解释不了一个新的属性如何具有一个新的属性,更何况"一栋教学楼"的教学属性由该教学楼的结构所构成——这似乎勉强可以理解,但是它具备免税的和非免税的功能是如何从环境当中借调出来的,就如同一张不是伪造但是未经授权的美钞是假币的属性又是从环境当中借调出来的。我们更愿意用非物理的概念来解释,这样既自然又通畅,似乎看不出什么违逆之处。恐怕戴维森的解释主义的投射理论,似乎更有力地说明了意向性的本质和功能,即我们很难去相信雕像是大理石的基本类型,也很难相信环境的有利于导致了教学楼的兴建的免税或非免税类型,因为变化的不是物质环境,而是人的观念投射。因此,我觉得构成主义基本上是不成功的。

三 实现物理主义:世界实现于基础物理结构

非还原物理主义阵营的形成主要起源于多样可实现性的论证。一般都认为,多样可实现性表明心理是由物理实现的,无论是捍卫还是反对多样可实现性论证的人普遍把实现概念作为不证自明和没有问题,鲜会有人去努力讲清楚或阐释它。然而,随着随附物理主义所遭受的广泛质疑,一些物理主义者又不愿意重新投到还原论的怀抱，于是对多样可实现性的"实现"概念研究开始升温，寻找非还原物理主义的替代类型。

自20世纪60年代普特南把实现（realization）概念引入心灵哲学中，最初的实现概念像随附性概念一样，都是作为哲学上的修辞术语，并没有明确的定义。普特南只是用实现概念描述心理与物理的关系。后来，当戴维森引入了随附性概念来定义物理主义的时候，心理由物理实现的命题就被作为背景或预设前提，实现概念的哲学内涵被随附性所遮盖。事实上，也不是没有人提出以实现概念来定义物理主义的想法。在1980年，波义德（R. Boyed）就提出这样的问题：没有还原论的物理主义会走向何方？他认为，关于心理的物理主义并不是坚持心理现象（无论是类型的，还是标记的）都同一于物理现象，而是"在日常世界中，所有心理现象都是由物理实现的"[1]，也就是说，要借助物理实现而不是同一来表述物理主义。梅尼克（A. Melnyk）把此称谓以一种以实现为基础的物理主义来表述（realization-based formulation of physicalism），即物理主义就是任何存在的事件，要么同一于物理，要么由物理实现。

（一）梅尼克的"标记实现观"

梅尼克认为，要阐释物理主义需要回答三个问题：（1）物理主义所提到的"所有存在的事物"是指什么？（2）物理主义的"物理"概念是指什么？（3）所有事物与物理之间的关系是什么？对于（1）（2），梅尼克坚持，所有存在的事物都是个例或标记的，而不是类型，后者是由前者构成的；而"物理的"是指在窄意义上所说的当代物理学所描述的现象。对于（3），梅尼克则认为用"实现"表述更为恰当，因为从物理主义的表述来看，任何事物都是物理是从特定空间关系来说的，所以概括这种空间关系既不能用"同一"也不能用"随附"。[2] 我们知道，对于物理主义的表述中所提到的"是（is）"有四种用法：一种是构成（constituion）的意思，一种是存在（existence）的意思，

---

[1] R. Boyd（1980）. "*Materialism Without Reductionism: What Physicalism Does Not Entail*". in Ned Block（ed.）. *Readings in the Philosophy of Psychology*. London: Methuen. p. 87.

[2] A. Melnyk（2003）. *A Physicalist Manifesto: Thoroughly Modern Materialism*. New York, NY: Cambridge University Press. p. 20.

一种是谓项（predication）的意思，一种是同一（identity）的意思。"构成"虽然较其他三者更接近物理主义的陈述，但是表述不太明确，"实现"应当可以作为"构成"恰当分析的候选者。

在功能主义那里，包括概念分析功能主义（常识心理学功能主义）和心理功能主义（科学心理学功能主义）也提出了实现观，它们是这样定义实现的：实现就是完成某种因果角色。例如，一个神经属性实现疼痛就是指神经属性具有或充当那种构成疼痛的因果角色，因刘易斯认为神经属性同一或还原于疼痛。梅尼克把实现关系作为两种不同类型的例示或标记之间的关系，而不是类型之间的关系。具体来说：标记 y 是由标记 x 实现的，当且仅当，（1）Y 是某些功能类型 F 的一个标记（例如我的头痛证明是一种功能事件状态或者满足一定条件 C 的类型的例示），并且（2）X 是事实上满足 C 的某些类型的一个例示（例如我的大脑神经状态），再加上（3）由于满足条件（2）而得以逻辑保证存在的 F 标记只有 Y。由于标记存在着属性、对象类和事件类三种形式，以实现为基础的物理主义就可以表述为：

> （R）任何属性例示（对象、事件）要么是一个物理属性（一个物理类的一个对象、一个物理类的一个事件）的一个例示，或者是一个物理属性（一个物理类的一个对象，一个物理类的一个事件）所实现的某些功能属性（一个功能对象类的一个对象，一个功能事件类的一个事件）的例示。[①]

这个物理主义的定义具有五个特征：（1）实现物理主义是一个有条件的命题：它在物理的或物理实现的标记所构成的世界中是为真，但在既不是物理的也不是物理实现的标记构成的世界中是为假。当然，梅尼克说，实现物理主义不是单纯条件性的而是有着强烈的条件性的，只有满足特定条件下才是为真的。（2）实现物理主义并不需要被实现者是由原子构成的，也不需要还原到原子，因为被实现者具有的属性是单纯的原子所没有的。（3）实现物

---

① A. Melnyk（2003）. *A Physicalist Manifesto*: *Thoroughly Modern Materialism*. New York, NY: Cambridge University Press. p. 20.

理主义表示实现者与被实现者不是微观与宏观的关系，而是一种层内的关系；物理主义不应当是微观物理主义。（4）实现物理主义不需要物理类型的标记是相同的本体论范畴，它可能是属性，也可能是对象类，也可能是事件类。比如，生命体是由物理过程的属性所实现的，而不是物理对象所实现的。（5）实现物理主义可以推导出，对于任何满足实现关系的非物理标记，都存在着一个物理条件以保证必然非物理标记存在。

对于第（5），梅尼克进行了深入分析，他发现实现性可以推导出整体随附性主张，即：（GS）任何与日常世界在物理上不可分辨的实现的世界绝对与日常世界也是不可分辨的。但是，尽管实现性可以推导出整体随附性，并不是说整体随附性可以理解物理实在与具体科学实在之间的形而上学关系，恰恰相反，只有实现性才能够阐释这种关系。另外，因为实现性推导出整体随附性，它能提供整体随附性为何为真的解释，故此整体随附性所表明的随附性不需要建构成一个原初的模态事实，或者说不需要建构成一个无法言表的跨世界的共变性。最后，整体随附性所表明的模态主张可以由实现性所推导和解释，那么它的必然性本质也可以由实现物理主义所推导和解释。既然如此，实现性要比整体随附性更具有包容性。梅尼克强调，整体随附性无法满足物理主义的条件。按照上面整体随附性的模态主张（GS），日常世界包含着物理标记和非物理标记，它们有着实现的关系，但是在另外一个可能世界，有些非物理标记并不是由物理通常所实现的功能类型的标记，这就留下了"副现象的灵媒质问题"。假如物理主义是正确的，那么所有可能的世界都必然因为日常世界的物理分布为真而必然为真，就不存在副现象的灵媒质问题，非物理的事物完全是由物理所构成的。

能够满足非物理的事物是由物理构成这个命题的，只有实现物理主义。梅尼克认为，这种实现物理主义实质上就是一种还原主义。这主要是因为，实现物理主义在原则上可以从物理事实以及必然事实的两个命题中推导出来：（1）日常具体科学所描述的标记实在；（2）在具体科学所描述的标记实在之间的规则性。然而，如果实现物理主义是一种还原主义，心理因果性就只能成为一种幻觉；如果它不是幻觉，那么实现物理主义如何保证心理因果性的独立性地位呢？梅尼克先从"因果相关性"概念开始研究。在传统的因果观中，因果相关性被认为是一种律则相关性，遵循着一种因果定律。由于这个定律不能必然保证前件与后件的必然关联性，梅尼克提出了反事实因果相关性的概念。反事实因果相关性概念表明，原因与结果之间是一种解释性的关联。因此实现物理主义应当是一种解释性还原主义，而不是理论性还原主义。在这个意义上，实现物理主义并不是把心理因果性副现象化：（1）实现物理主义不反对具体科学的标记（Token）可以单独作为原因，它作为事件可以引起一定的结果；（2）如果具体科学的标记归属一定的功能类型，那么它也就是我们通常所说的因果相关的类型。由于具体科学的标记或类型都可以作为因果关联项进行解释，因此可以存在着多种解释，这种解释并不是多元决定性的表现，也不是多样可实现性的例证。

尽管如此，实现物理主义还是会遇到很多困难，比如关于心理的感受性、主观性是如何实现的。对于这些问题，梅尼克认为这并不能构成对实现物理主义的直接攻击，因为实现物理主义是一个后验必然性命题，目前被认为无法解决的难题，可能随着科学经验证据的增加会被解决。其解决的途径有以下几个：第一，实现具有传递性，这与我们科学的积累是相一致的，我们先研究心理的感受性由大脑神经活动实现状况，然后研究大脑神经活动由构成大脑的神经递质或触突实现状况，等等。第二，最佳解释推导策略，也就是说科学发现为这种推导提出的经验基础，进而推导出具体科学所描述的实在都是由物理实现的。第三，枚举归纳法，即随着对同类现象的研究深入，科学家得出了相似的结论，它可以证明实现物理主义。

（二）休梅克"子集实现说"

休梅克（S. Shoemaker）这位美国哲学家一直关注心理因果性问题，他认为："对于物理主义或唯物主义者的心灵观来说，解决心理因果性问题的关键在于得出心理如何在物理中实现的满意理解。只是近来的物理主义主要强调随附性观念，我想这种重心应当转移到实现观念上来。"[1] 因为，以随附性为基础的物理主义不但蕴含着属性二元论的结论，即非物理的心理属性例示是由随附的物理属性例示所因果引起的，但是前者不能还原到后者而具有独立

---

[1] S. Shoemaker (2001). "*Realization and Mental Causation*". Carl Gillett, Barry Loewer (eds.). *Physicalism and its Discontents.* Cambridge: Cambridge University Press. p. 74.

性，而且也可能暗含着副现象论，即心理属性虽然是由物理属性所引起的，但是并不对后者起因果作用。

那么如何避开随附物理主义所碰到的心理因果性呢？休梅克开始重新审视随附物理主义所产生的主要原因，也就是多样可实现性。多样可实现性表明，相同的属性可以由不同的物理实现者所实现。对于这里的"实现"，随附物理主义采用把实现看成标记之间的关系，例如，戴维森提出的标记同一论。由于标记本身是类型的实现，标记的本体论或形而上学地位又引起了争论，因此为属性二元论或副现象论留下了空间。休梅克直接把实现当成属性的实现，属性的实现就是"实现的实现者是一个属性的例示"①。对于物理主义来说，属性的实现就是微观事态的属性如何实现宏观事态的属性例示，即微观物理实现（microphysical realization）。休梅克是这样解释的：一般来说，X 实现 Y 仅当 X 的存在是 Y 存在的构成性充分条件，或者说，Y 的存在情况"只是" X 的存在；在微观实现情况中，一个属性的例示存在的构成性充分条件就是一个微观的事态。② 接下去，休梅克要证明他的属性实现观并不能陷入随附物理主义的问题，既要避开物理属性在因果性方面优先于心理属性，同时也要避开心理属性与物理属性同时具有因果性而产生的多元决定问题，因此提出了一种"子集说（subset account）"。

由于不同的哲学家对属性理解不同，传统哲学家把属性实现概括成高阶或二阶属性是由发挥着特定因果作用的低阶或一阶属性所实现的，但是高阶或二阶属性并不具有独立发挥因果作用的地位，实际上是由它们的实现者所占有。休梅克认为，无论实现者属性还是被实现者属性都具有因果性，"属性是由因果方面所个体化的"③。属性的因果方面由两类因果特征构成，一类是前瞻性的因果特征（即属性的例示如何造成不同的结果），一类是后溯性的因果特征（即哪类事态能引起属性的例示）。所谓一个高阶属性就是拥有满足一定条件的一个低阶属性的属性所实现的，这个实现条件就是低阶实现者属性的前瞻性因果特性是包含被实现属性的前瞻性因果特征的这个子集，并且它

---

① S. Shoemaker (2007). *Physical Realization*. Clarendon Press. p. 3.
② S. Shoemaker (2007). *Physical Realization*. Clarendon Press. p. 4.
③ S. Shoemaker (2007). *Physical Realization*. Clarendon Press. pp. 11–12.

的后溯性因果特性是被实现属性的后溯性因果特性。[1] 例如，西班牙斗牛士的披风因为有着作为红色这样低阶属性而具有刺激公牛的高阶属性。作为刺激性属性具有引起公牛发怒的前瞻性因果力，它是作为红色属性的因果力的一个子集。相反，作为刺激性的后溯性因果特性则包含作为红色的后溯性因果特性，因为披风刺激性也可以由粉红色或橘黄色来实现，当然，后面这些替代者有着不同于红色的因果力。这种把属性实现作为一种因果力的子集的实现，就是休梅克的子集说。

根据随附物理主义的策略，一个高阶属性是由它可能的实现者这样的析取项所逻辑建构的，因此，这类属性不能遵循因果定律，也没有因果有效性。休梅克不同意这种观点，他坚持属性都具有因果方面，被实现属性的前瞻性特性是它的实现者属性的前瞻性因果特性的一个子集，而且，被实现属性的后溯性特性是作为实现者属性的后溯性特性的一个子集。既然一个属性的因果力是另外一个属性的因果力的子集，这两个属性就不是同一的，高阶属性有着它自己的独特的因果方面，而并不能为它的实现者属性所优先占有。

如果高阶属性具有独特的因果力，那么如何避免多元决定论呢？休梅克认为上面所说的属性实现都是限定于宏观对象的属性实现，而没有看到宏观对象属性例示是由微观物理事态所实现的。事实上，很难这样设想：一个刹车系统是一个机械系统所实现的，但是后者没有微观的实现者。也就是说，属性实现不能总是限定于"平面（flat）"或水平的实现观说明，而应当转向"维度（dimensioned）"或垂直的实现观阐释。因此，休梅克就要从属性实现转向微观实现，即给出微观实在和其他宏观对象的构成部分的属性以定位说明。我们知道，相同的微观物理事态实现的不只是一个属性，例如，同样的身体组成部分实现了我的身高与腰围。如果我们从垂直维度来看，相关的微观实在的分布实现的就是身高；如果从水平维度来看，相关的微观实在分布实现的就是腰围。这些相关的微观实在构成一个微观事态，它是特定属性的"核心"实现者。当微观事态群中的成员所共有的因果方面同构于一个对象所例示的特定属性因果方向时，我们就可以把这些特定属性与这些微观事态群匹配起来。根据休梅克的子集实现观，这些特定属性与对应的微观事态在因

---

[1] S. Shoemaker（2007）. *Physical Realization*. Clarendon Press. p. 12.

果方面是互为子集的关系。虽然被实现属性所拥有的因果力是它的实现者微观事态的一个子集，它并不是多重决定或多元决定的部分。休梅克举了一个例子，行刑队同时向一个死刑犯射击，从逻辑上讲只有一颗子弹是致命的，但是其他子弹也被认为造成死刑犯死亡的原因。[①]

按照休梅克对心理属性的定义，当说它具有独立的因果性时，我们很容易把它当成一种真实的突现属性；当说它是由微观物理事态所实现的时候，我们又倾向于把它当成一种虚假的功能属性（phony property）。休梅克采取了混合的观点，这种实现属性不但具有临时性的因果构成，而且具有本质上的因果构成。从不同的实现维度来看，我们可能会就某些方面而轻易断定它是突现属性或是功能属性，但这都是我们在概念上所犯的错误。一个属性可以由功能概念所分辨，也可以由一个非功能概念所分辨。休梅克称此概念为"区域性概念（parochial concept）"。当我们用功能概念描述时，它指向的是不同实现者所构成的析取项，这个析取项并不是真实的属性；当我们用非功能概念或者心理概念描述时，它指向真实的因果构成。当心理属性是由不同的微观事态所实现时，就单个的微观事态来说，与心理属性有关的一个因果构成同于这个微观事态，但是它缺乏自己的因果构成。

现在，如果实现物理主义是正确的，它应当能解释心灵哲学中的其他难题。第一，人格同一性问题，即微观的物理事态能够构成人格同一性的基础吗？（这类似于一尊雕像与一块汉白玉的耦合性问题）休梅克认识到，把微观物理属性作为实现心理属性以及作为人格持续性条件太弱了，所以他认为所构成的微观物理事态中，即在身体构成部分中还存在着一种类属性（sortal property）。类属性是指不同时间或不同阶段的微观物理事态中所存在的一种共同的属性，它与物理属性两者实现了人格的属性。休梅克打了一个比方，比如把人格同一性当成一条路并且分成不同路段，那么这些路段就类似构成人格的微观物理事态；在这些不同的路段可以推出存在着空间延展事态的存在，从而构成了一条路，同样人格不同的微观事态也可以推出存在着人格持续性东西存在，从而构成了人格。休梅克称此人格持

[①] S. Shoemaker (2007). *Physical Realization*. Clarendon Press. p. 53.

续性是由微观层次上的复杂因果作用模式所实现的。① 第二，感受质问题。按照休梅克实现物理主义，感受质作为内在的属性也应当由微观物理事态所实现，而且也具有因果有效性。当然，由于感受质所实现的微观物理事态涉及因果构成较为复杂，无法进行功能性定义。同时，一个人内部的主体性经验间有着质上的差异和相似性，这导致各自有着不同的辨识或认知行为。经验间的差异可以进行功能性的定义，而作为经验上的质的感受性也可以因果归结为这些不同的行为。因此，正是依据主体性经验的感受质，人的经验才发挥着它的因果作用。

（三）实现物理主义能否避开随附性论证

从上面的论述中可以看出，无论是梅尼克还是休梅克都试图用实现性来概括心理与物理的关系，澄清心理因果性问题，避开随附物理主义的"笛卡尔复仇"。就实现性的形而上学意义来看，由于它比同一性关系弱一些，因此它能较好抓住心理对物理的依赖性或潜在物理状态的决定性本质，进而能在维护心理学自主性、心理因果独立性和心理定律存在的前提下发展物理主义。然而，当再进一步研究实现性的时候，我们发现实现性并不比随附性严谨。② 如金在权所说，实现性可以推出随附性，因此也就难以避开随附物理主义的问题。

我们下面来看看梅尼克和休梅克能否避开金在权的指责。就梅尼克的实现观来看，它是描述标记之间的关系，即一种类型的标记必然是由另一种类型的标记在满足一定条件下实现的。傅善廷（R. Francescotti）认为，这类似具有一定密度的物体，它是由一定的材料的质量和体积所实现的，但是这种实现并没有必然的关系，因为密度也会反对来影响质量与体积。同样，梅尼克的实现物理主义需要心理事件是由物理事件必然化的，但是心理事件也可能实现物理事件，"这似乎是这样的情况，无论什么心理性是依据物理现象所得到的，都不能简单地说前者是由后者实现的。现在，由物理所实现的心理

---

① S. Shoemaker (2007). *Physical Realization*. Clarendon Press. p. 114.
② 傅善廷（R. Francescotti）认为在实现观念背后，不但允许物理实现心理的东西，也同意心理实现物理的东西，它甚至出现在梅尼克严格的实现定义中。

性不能充分保证心理依赖于物理的,因而也无法抓住物理主义的直觉"①。甚至可以从梅尼克的实现物理主义推出这样的世界:与日常世界在物理上无法区分,但是任何事情最终都是心理的。虽然梅尼克为了避免这个结论又加上了物理必然性,即这样的世界的标记是日常世界在物理标记分布的逻辑结果同时又遵循着物理定律,然而傅善廷分析这实际上是一种随附性关系,显然梅尼克又回到了老路。我认为,梅尼克的失误在于他的实现物理主义是建立在水平或"平面"层次观之上,被实现标记与实现标记都处在同一层次,只不过前者是由后者构成的,或者是一种整体与部分的关系。也难怪梅尼克说,他的实现性是可以推出整体随附性,虽然反过来不能成立。不过,就其实质而言,梅尼克毫不讳言,实现物理主义就是一种还原主义。

休梅克吸取梅尼克的教训,不但考虑到水平层次间的关系,而且强调了垂直层次间的关系,因此把实现关系定位于属性之间的关系,提出了子集实现观。这种子集实现观表明,属性实现是被实现属性与实现属性之间的前瞻性因果特性与后溯性因果特性之间的关系,由于在这两个方面是子集关系,就避开了得出随附性结论。我们来看一看休梅克的"属性因果论"。假如物理属性 M 实现了心理属性 P,那么 M 的前瞻性因果特性是 P 的前瞻性因果特性的一个子集,而 P 的后溯性因果特性是 M 的后溯性因果特性的一个子集。"作为有关因果特性的事实,这些子集事实将保持不变而且因果定律也保持不变。因此,假如 P 实现 M,那么无论何时 P 被例示,M 就被实现,这是律则必然性。"② 但是这种律则必然性能否推出物理事实形而上必然化为心理事实呢?傅善廷表示怀疑,因为律则的可能性无法保证相同的物理事实就有相同的心理事实。麦克劳克林在书评中说,子集实现蕴含着这样的可能世界,即 P 例示出来了,但是没有任何 M 的例示出现。这显然违背了物理主义的实质。"除非属性的因果论为真,否则不同一于物理属性的心理属性,并不能以物理主义所要求的方式阻止物理事实必然化心理事实。"③ 我认为,休梅克的子集实现观虽然比梅尼克的标记实现观更具有说服力,但是由于在层次观上主要

---

① Francescotti, Robert (2014). *Physicalism and the Mind*. Dordrecht: Springer. pp. 56–57.
② Francescotti, Robert (2014). *Physicalism and the Mind*. Dordrecht: Springer. p. 62.
③ Francescotti, Robert (2014). *Physicalism and the Mind*. Dordrecht: Springer. p. 63.

强调垂直或维度观，主观划定了实现者与被实现者之间的属性对立，因此在形而上学上陷入原来的困境也就不足为奇了。

事实上，从实现性研究来看，我们应当注意到对实现概念理解的三个维度。第一是分解性（decompositional realization）与综合性维度。分解性这种构成实现就是表达了整体与部分或者宏观与微观之间的关系。金在权反对这种划分，他认为这实际上是一种部分学的关系，它无法表达事物的复杂关系，更不要说解释复杂的心理现象。第二是构成性或内在性实现（constitutive or intrinsic realization）与关系性实现。内在性实现就是被实现者由实现者内在部分或活动机制所实现。这种观点为当代心灵哲学家广泛接受，然而像心理意向性、规范性这些关系属性如何用构成或内在机制解释呢？第三是共时性实现（synchronic realization）与历时性实现。大部分人认为实现是一种共时性的实现，类似机器功能主义所主张的心理功能是由大脑状态所实现的。但是我们还知道，作为一种生物功能，它是经过自然演化而选择下来的，是由环境、社会、神经共同作用下来的产物，因此实现也具有历时性。考虑这三种维度，非还原物理主义要想把希望全部寄托在实现性之上，这未免有把鸡蛋全部放到一个篮子之嫌疑。

四 心灵分析的唯物主义哲学的限度

根据金在权的理解，心灵哲学要努力完成的艰辛目标是关于心灵在物理世界的自然化地位的设想。对于心灵的本质，分析心灵哲学家们总是相信似乎还可以凭借对心理哲学概念和术语的逻辑分析把心灵这一我们可以直接感知的宏观对象纳入微观也被认为是精确的物理解释当中，这一理论上似乎可行的做法却遭遇到了现实的无情嘲弄。在心灵哲学领域，宏观心理现象无法还原为微观物理现象本身就昭示着分析心灵哲学的限度，因为微观物理主义，即粒子物理主义的解释力有限，它的基本物理规律的确难以覆盖由之突现而来的高阶现象。由此观之，心理现象的本体论地位再次被肯定是在所难免的事情。根据以上现象主义的复兴的苗头，我们可以发现，各种二元论的观点，甚至笛卡尔二元论的观点又开始沉渣泛起，威胁着唯一的科学实在图景，这是物理主义者所始料不及，并为之焦头烂额的事情。但是忽视了辩证法的力量，分析的观点在处理心灵的跳跃时遭遇失败岂不是意料之中。

我们知道，分析性心灵哲学源于科学哲学后实证主义的这个不错的设想。根据达米特的说法，弗雷格似乎认为，"自然语言在他看来终究是逻辑和哲学研究的障碍而不是引导。尤其是当他认识到他最终无法满意地解决罗素悖论，因而未能完成他自己一生所要完成的工作，即把数论和分析建立在无可置疑的坚实基础上时，他更是这样看"①。但是这种"无可置疑的坚实基础"是否终究存在呢？我们人类究竟能否生活在哪个坚实的实在层面上，这就体现了分析的限度。粒子物理学当中的量子力学似乎本身并不提供这种分析的可能性，相反，海森堡的"测不准"定理似乎颠覆了绝对客观主观的信念。奇怪的是，物理主义者并不十分热衷于关心当前物理学发展的实况，而是对以基本物理学，如量子物理学等置若罔闻。他们还是愿意停留在19世纪的决定论的物理学基础上，处心积虑地构造一个可以由物理概念明确说明和推导的关乎世界观的物质统一性的物理主义理论。

或许，心理现象终究以一种物理现象的方式存在，这是一个物理主义者的形而上信念，物理主义者从来没有怀疑过这一点。但是，对于如何根据这一有力的事实把心理的东西纳入物理的解释范围内，物理主义者困惑了。科学主义基础主义（Fundamentalism）的失效令物理主义者无比沮丧，精确的统一理论似乎无望，好像又要一夜回到分析的心灵哲学之前，甚至是笛卡尔的陈旧的心身学说当中。这是一种人类理性历史的倒退，也是物理主义者难以接受的倒退。既然还原的理论构建进路绝无可能，那么承认心灵在自然界的地位，即心灵是自然的一部分的自然主义道路则似乎还没有走到山穷水尽，如果采用马克思的物质辩证思维的话，还有消解心身的二元对立的可能性。

不管怎么样，基础主义至少现在四面楚歌，物理主义者似乎要接受宇宙宏观/微观的多层区分，多重树状实在论的区分，这显然是一幅不同于平面图式的基础主义形而上学的立体式形而上学。福多的可多样实现性正好为这一区分提供了不同的层次之间的实在，如高级实在和低级实在的实现提供了可设想的空间，尤其是电脑程序和电脑硬件的区分为阶层实在论提供了可设想与可操作的逻辑空间。加拿大哲学家西格尔把这种多层次实在论称为修正的

---

① ［英］迈克尔·达米特：《分析哲学的起源》，王路译，上海译文出版社2005年版，第7页。

形而上学（Modified Metaphysics）①。宏观和微观只是相对的存在。因此，为了表述的方便，至少可以跳过许多层次，比如生物的、化学的等层次，宏观心理现象和微观物理现象是两种不同层次的实在现象。戴维森利用心灵的异常性（anomaly）放弃了心理现象个例地还原为物理现象的企图，但是保持了物理主义的最低承诺，这是一个相当明智的举动。

因为，这一放弃分析的做法为愿望、期盼和相信等理性实践所必需的心理状态提供了心理自主体活动的实践地盘。不过心灵哲学家戴维森等人试图用随附性来说明两者的实际联系，以此来弥合物理现象和心理现象的视差只属于纯粹的理论构想。但是，我很难看出其真实的实践意义，因为随附性的概念似乎只是一种理论视角的转换，很难是一种统一的理论框架。戴维森的这一提法的唯一好处与其说是为分析哲学提供了理解心理物理关系的范式，为我们的概念宝库提供了新的形而上武器，还不如说它在一定程度上为我们揭示了分析物理主义或数字物理主义（Digital Physicalism）的限度。这一种限度使得人文社会科学和自然工程科学分道而行。

事实上，语言和逻辑的分析性心灵哲学的发展处于进退维谷的两难困境，如果不变革分析的认知逻辑，心灵哲学似乎很难走出二元论困境。不管怎么说，自然主义者已经承认了心理现象的一定独立性。第一人称的观点依然是带领我们认识世界、攫取知识的必要形式。当代自然主义者贝克（L. R. Baker）说："对于人类说，第一人称视角（首先是发展不充分，其次是尤为牢固的）成为使得人成为这一其所是的事物的基本种类的本质属性。"② 因此，我们不可能排除它，没有一定的概念图式，我们不可能认识世界。因此，对与绝对客观主义相应的第三人称视角的神经质般的追逐最终遭到辩证法的唾弃，即倒向麦金式的认知概念匮乏的神秘主义。

高新民先生把麦金的这一由空间概念到非空间概念的拓展的概念革命恰到好处地视为心灵认知的辩证法。逻辑分析在心灵的神秘性面前不仅捉襟见肘，而且面临着绝境，但是辩证法对心灵哲学应用似乎却初露曙光。心灵哲

---

① Seager W.（2012）. *Natural Fabrications: Science, Emergence and Consciousness*. Springer Science & Business Media, p. 205.

② Baker, Lynne Rudder（2007）. Naturalism and the first-person perspective. In Georg Gasser（ed.）, *How Successful is Naturalism?* Publications of the Austrian Ludwig Wittgenstein Society. Ontos Verlag, p. 144.

学尽管诞生了不计其数的理论,但对心灵的认识并没有取得实质性进展,出现了严重的心灵哲学危机。对心身问题等的认识则陷入了深刻的危机。根据麦金的诊断,其根源在于,我们过去用来认识心灵的概念图式存在着根本的缺陷。心灵哲学摆脱困境的一个出路是进行激进的概念革命。概念革命的主要任务是"在否定传统空间概念的基础上创立新的非空间概念以及关于它与空间概念之关系的概念图式"①。

从本质上讲,概念革命是辩证法在理论空间的运用。辩证法说明世界总体总是呈现出两个方面,这两个方面是在对立中统一,而不是在分析当中实行垄断,它以对物质的空间性的否定换回对意识的非空间性的肯定。但是,从某种意义上,麦金的辩证法充其量也是概念的辩证法,而不是历史运动本身的辩证法。但是麦金知道了解答心身问题和意识问题应该抛弃分析思维的形而上学,走向辩证的形而上学。精神可能就是一种物质形态,心灵和物质之间的差异不是实体上的差异,而是形态上的差异,甚至是概念上的差异。因此,执拗于传统的物质概念只会遮蔽心灵的显明性,成为一个鸡肋问题。

我以前说过,康德的第二个二律背反说明了哲学分析视角之不可能,这一分析视角的失败更能彰显马克思的哲学革命之意义重大。尤其是将心理物理关系诉诸辩证唯物主义和历史唯物主义的理解,抛弃分析的形而上学,似乎更能抵挡后现代对分析方法论的嘲弄,对启蒙理性的不信任,似乎更能让我们在价值迷失的后现代恢复理性,重建我们对东方马克思主义以及以之为原则生活世界的信心。对此点醒的必要性似乎不言而喻。因为,我们中国马克思主义者应该有理论自信,因为我们对马克思哲学经典和马克思原教旨主义有着更为精湛的理解,对辩证法作为观察世界生成、变化和发展的实际运用有着更多的心得。无须赘言,毛泽东同志在论述持久战当中就用了这种唯物主义辩证法思维,时间与空间上的辩证关系随着战争的进行得到了事实的证明。精神和物质之间的辩证关系也应该在社会实践的基础上得到感性经验性的确证。

---

① 高新民、陈丽:《心灵哲学的"危机"与"激进的概念革命"——麦金基于自然主义二元论的"诊断"》,《自然辩证法通讯》2015 年第 6 期,第 117 页。

第六章
马克思哲学的心身问题反思与辩证心灵观

真正地理解和把握马克思哲学中的心灵观离不开海德格尔和伽达默尔的文本解释学所提供的社会科学方法论。这至少是由两个方面的考量所决定的。一是马克思主义文本相对于心身问题来说具有特殊性。因为马克思哲学似乎压根儿就没有理会或正面回应笛卡尔对心理状态、现象和过程与物理（身体）现象、状态和过程的详尽细致的分析与概念界定。马克思哲学文本更没有对西方古典哲学中存在的关于心身问题的长期争论不休给出自己的明确解答。可以说，马克思哲学的文本中甚至都没有怎么出现过关于心身问题的近代哲学论争。

毕竟，马克思的心灵哲学词汇还停留在德国古典哲学的基本词汇库当中。他用得最多的是"物质""精神"或"意识"等概念，这还往往不是在正面阐发自己关于心身问题的观点的时候，而是在批判笛卡尔以降的形而上学家们时出于方便自己的观念思辨而对人的概念及其统一性恶意或随意割裂的时候。马克思喜欢谈论的往往是具体的、有血有肉的现实的人，以及在此基础上的人的现实、人的社会、人的关系、人的前提和人的异化，等等。也就是说，马克思是在人的概念的基础上，尤其是人类学意义基础上谈论人的物质和精神生产。

另外一方面，这是由解释学的基本任务所规定的。在伽达默尔看来，解释学不仅有求真性的任务，即"把存在的东西如其所是地呈现出来"[①]，而且

[①] ［德］汉斯-格奥尔格·伽达默尔：《诠释学Ⅰ：真理与方法》，洪汉鼎译，商务印书馆2017年版，第63页。

有现代性意义的寻求,"指出对哪些东西可以继续作有意义的追问,并能在进一步认识中得到揭示"①。因此,围绕心身问题的这个合理性解答,我们不仅要挖掘马克思哲学文本中对于心身问题的可能性解答,更要就这种可能性解答对于现代西方心灵哲学所陷入物质和精神的二元论对立的理论困境作出有效的分析和诊断,并积极地提出一定的解决方法。

一 马克思哲学文本解释学

解读马克思哲学文本中的心灵哲学思想的一个首先的合法性前提是考察马克思主义哲学文本中到底有没有我们所理解的心灵哲学思想,是否真的难以对现代西方心灵哲学有革命性的批判与解构。首先,我们不能认为马克思过少地介入到心灵和物质的问题的形而上学争论中,或者说马克思哲学文本中很少出现与心灵哲学相关的词汇,就此断言马克思的哲学文本中没有经过马克思深思熟虑过的关于心灵或意识问题的理论阐发,或者断言心灵或意识问题相对于马克思所关心唯物史观和意识形态等问题来说纯属细枝末节,因此就把马克思哲学驱逐出解决当代心身问题的二元论理论困境的方案备选之中。

非但如此,马克思哲学的文本当中的确包含了尚待全面挖掘、深刻解读的大量的、丰富的和革命性的心灵哲学思想,其中的原则性和主导性思想对于今天的心灵哲学研究的二元论困境来说不啻是消除通过形而上学抽象思维所得到的心灵和物质的观念的败火剂。事实上,马克思的新唯物主义的世界观中包含关于心灵或意识的语言维度和发生学或人类学维度的双重化革命。因为,马克思的哲学革命是对以前的唯心主义哲学和唯物主义哲学的理论特质和思维方式与产生根源等作出彻底清算,尤其是对这两者的形而上学思维作出了彻底的颠覆和扬弃。

马克思本人浸淫德国古典哲学和西方哲学史多年,非常熟稔笛卡尔以来的心身问题发展,更熟悉笛卡尔的怀疑哲学的形而上学思维的弊端。因此,马克思不可能不知道如果没有自己的心身问题的科学解答,就不能奠定自己

---

① [德]汉斯-格奥尔格·伽达默尔:《诠释学Ⅰ:真理与方法》,洪汉鼎译,商务印书馆2017年版,第63页。

作为流传于西方哲学史的哲学家地位。恰恰相反，我们知道，马克思哲学不是不同部门哲学的总和，而是基于颠覆传统的形而上学思维方式变革作出的关于自己的新的世界观的表达。

这种关于新的世界观的表达中就意味着马克思哲学已经突破了传统的哲学文本模式，以一种整体的方式呈现出来。这种整体的方式的呈现中就包含了分门别类的哲学和科学部门从事相应的研究的理论方法和理论原则。正如恩格斯所说的那样，"马克思的整个世界观不是教义，而是方法。它提供的不是现成教条，而是进一步研究的出发点和供这种研究的方法"①。

因此，一旦我们真正把握了马克思的哲学革命的真精神，那么关于心身之间的隔阂和断裂与所谓心理因果的难题便是一个伪哲学问题，至少是一个跟人的生活没有太多现实关联，因而也没有多大意义的问题。这样也宽慰了当代心灵哲学家们，这些由于形而上学的思维方式所派生出来的问题不会给他们带来过分的形而上焦虑。马克思的哲学革命的核心是思维方式的转换，即从唯心主义到唯物主义，从形而上学到辩证法的转换，从猜想和逻辑推理到实践与实证的转换。这些转换给我们提供了真正的认识自己与改造世界的基本原则。

> 马克思的社会历史辩证法，开创了现代社会科学方法论的经典形态，也提供了现代性背景下哲学（唯物史观）与基于实证方法的社会科学方法论相统一的典范，对现代西方社会科学研究方法的教条化倾向具有很好的分析与批判价值。马克思之后，现代西方社会科学逐渐疏离了马克思社会历史辩证法的总体性及其批判性，也不断扩展了实证主义传统，形成并不断加深了人文社会学科与哲学之间的疏离与隔膜。方法论的教条化不断为学科化所巩固，积重难返。破除这一困局，当引入唯物史观的方法论自觉，推进从思辨辩证法向马克思社会历史辩证法的转变，持续开放社会科学及其学科系统；与此同时，通过对当代哲学及其哲学学科的反思与调整，将哲学方法论研究与具体社会科学方法的探索内在地

---

① 《马克思恩格斯选集》第 4 卷，人民出版社 2012 年版，第 664 页。

结合起来。①

因此，它所释放出来前所未有的理论和现实生命力，如人类学视角和唯物主义原则会把意识问题视为一个可以诉诸人类学研究的科学与哲学相结合的问题。因此，马克思的新唯物主义作为一种具有世界性和划时代意义的革命哲学，为我们诊断当代心灵哲学所陷入的被动困境的症结提供了超越的理论视角。有基于此，我们应该通过解释学的方法论重新审视和阐发马克思的哲学革命何以可能，即他如何颠覆笛卡尔通过现象学怀疑所得到的阿基米德的认识论的确定性以及在得到这种确定性之后所体现的形而上学思维方式。马克思在对于传统的形而上学的思维方式的发生学考察和批判中产生了他自己的具有革命性的心灵观。

不管怎么说，重新审视和挖掘马克思主义的哲学文本当中的心灵哲学思想以及适应对当今心灵哲学困境的把脉和批判离不开一定的解释学维度。因为我们在相信有对文本的客观解释的同时，也要看到这样一种关于文本理解的解释学循环，即要达到对本文的客观理解和传播既不是单纯的寻章摘句、墨守成规，这样把文本中的活生生学说，尤其是富有生机与活力的马克思主义学说变成种种不合时宜的教条，也不是脱离文本的自我发挥和根据自己的臆断随意解释，那么我们要在自己有限地把握文本精髓的同时在循环往复的文本阅读中扩大自己的理解视域。这可以借助解释学和传播学的观点予以说明。

> 在这种（解释学）循环中包藏着最原始认识的一种积极的可能性。当然这种可能性只有在如下情况下才能得到真实理解，这就是解释（Auslegung）理解到它的首要的经常的和最终的任务始终是不让向来就有的前有（Vorhabe）、前见（Vorsicht）和前把握（Vorgriff）以偶然奇想和流俗之见的方式出现，而是从事情本身出发处理这些前有、前见和前把握，从而确保论题的科学性。②

---

① 邹诗鹏：《马克思的社会历史辩证法与社会科学研究的方法论自觉》，《华中科技大学学报》（社会科学版）2022 年第 2 期。

② ［德］汉斯-格奥尔格·伽达默尔：《诠释学Ⅰ：真理与方法》，洪汉鼎译，商务印书馆 2017 年版，第 378 页。

海德格尔告诫我们，要确保论题的科学性，就一定要从事情本身出发，这是文本理解的前提。从这种前提出发，他鼓励理解者对文本大胆地做出自己的解读，以及提出合理论断。这种论断，用解释学的话来说，就是"前把握（Vorbegriffen）"。在这种"前把握"中，我们不能一次性充分把握文本的全部意义，以及自己的主观性的"预期（Vorwegnahmen）"——这种预期就是伽达默尔所说的"谋划"，而"谋划"显然就是需要我们发挥理解的能动性的地方，也的确是我们可以发挥自己的主观能动性的地方。有鉴于此，伽达默尔强调，这种谋划只有事情本身才能得以证明。因此，这就迫使我们不断地回到对象或问题本身，而这对对象和问题本身的理解性循环就是我们解释和把握文本的唯一可能性方式。

伽达默尔把海德格尔的解释学反思的最终目的理解为"与其说是证明这里存在循环，毋宁说指明这种循环具有一种本体论的积极意义"①，这种本体论意义就是我们在明确了理解的条件与理解的可能性之后，对文本中的论题有所论断。这种论断就具有伽达默尔所说的"本体论意义"。可以理解的是，我们所做的这种论断一开始只能是处于解释循环起点之中的前把握。虽然这种前把握可能被更合适的把握所代替，但是，这种前把握有认识论上的不确定性。伽达默尔认为，"在意义的统一体被明确地确定之前，各种相互竞争的筹划可以彼此同时出现"②。

因此，对马克思哲学中的心灵哲学层面的理解要求我们一再地回到马克思主义经典作家的文本当中，去细细梳理马克思主义经典作家的物质观、精神论、意识论和意识形态论，并在论述意识产生于物质的发生学意义上的唯物史观与表明意识或精神结构论、动力学的辩证唯物主义的概念架构下考察马克思所多处论述人的概念，并从马克思的人的论述中思考意识的本质、结构和功能等，可以这么说，马克思主义文本中对于心身关系问题或心物问题基本的经过千锤百炼的欧洲古典哲学问题，不是采取回避、沉默或漠视的态

---

① ［德］汉斯-格奥尔格·伽达默尔：《诠释学Ⅰ：真理与方法》，洪汉鼎译，商务印书馆2017年版，第378页。
② ［德］汉斯-格奥尔格·伽达默尔：《诠释学Ⅰ：真理与方法》，洪汉鼎译，商务印书馆2017年版，第379页。

度，而是积极地入场。

不可否认的事实是，马克思主义经典文本里包含着对一直在西方传统哲学里聚讼纷纭的心身问题的积极回应甚至是热烈的回答。不过，马克思的回答既高明又隐秘，他跳出了传统西方形而上学的窠臼，对心身问题作出了另辟蹊径的问题转换，突破了过去种种形而上学的预设，把"人"当作没有任何哲学前提的人，即视为"现实的、历史的人"、"现实的、有生命的人"、"感性的人"以及"活生生的、有血有肉的人"。心灵与身体从本质上都统一于人，因此心身问题，尤其是心灵本质的问题只有放在人类这一不断地在从事着社会物质生产与发展，并由此维系着我们自身的生存和发展的实践活动中才得到真正的彻底解决。

二 费尔巴哈对"无前提"哲学的批判：发现感性世界

回顾西方哲学史，马克思通过对哲学本身的批判走向了唯物主义道路，并创立了新唯物主义。他的这一伟大哲学功绩得益于黑格尔的辩证哲学、能动哲学和联系哲学与把他引上唯物主义道路的唯物主义先驱费尔巴哈对黑格尔哲学的唯物主义批判。马克思认为，费尔巴哈的伟大历史功绩在于创立了真正的唯物主义和现实的科学。因为马克思认为他是唯一对黑格尔辩证法采取严肃的批判态度的人。

马克思强调，只有费尔巴哈在这个领域内做出了真正的发现。这一真正有价值的发现是费尔巴哈否定了黑格尔所谓"无前提哲学"的论断，恢复了黑格尔所否定的在康德那里论述完备的具有唯物主义立场与方法的认知现象学，并强调认识包含于自然和人的世界中的丰富自恣的感性的作用，将此感性的观点贯穿到他的人学理论当中去，以此反对宣扬神创造人的观点的宗教——无论是理性宗教还是非理论性宗教，讴歌人的感性美学与感性创造力。

费尔巴哈服膺于黑格尔哲学，"尽管黑格尔哲学从严格的科学性、普遍性、无可争辩的思想丰富性来说，要超过以前的一切哲学"[①]。尽管如此，费

[①] ［德］费尔巴哈：《费尔巴哈哲学著作选集》（上），荣震华、李金山等译，商务印书馆1984年版，第50页。

尔巴哈从来不认为黑格尔哲学达到了人类绝对精神发展的顶峰,即实现了哲学的自我封闭和绝对精神开端于无,最后又回归于无的自我回归,尽管这种回归是以异化的方式或者辩证的方式自我展示出来的。

但是,费尔巴哈强调,黑格尔哲学充其量不过是一种一定的、特殊的哲学,根本原因在于黑格尔哲学只注重时间的直观形式而非空间的直观形式。因而,它无论如何也不可能成为没有任何前提的哲学,即作为一种具备哲学完备性的潜质的哲学。费尔巴哈强调,黑格尔哲学甚至整个德国古典哲学的思路或倾向就是过于注重理性而忽视感性,结果在康德的纯粹理性批判那里,还颇为强调人的感性经验的来源是外部物质世界的感觉材料的适当供给,而在黑格尔哲学那里就荡然无存了。因为通过精神的能动否定,感性变成了理念或精神蒸馏提纯之后的残留物。

观照德国古典哲学史,我们清楚地看到,尽管黑格尔哲学与费希特、谢林与康德哲学存在诸多的差异性,但是他们在哲学追求或哲学抱负上却有共同的地方,即希望建立一种无所不包的哲学体系,最好是能把过去的一切哲学体系囊括于其中的哲学体系。因此,黑格尔哲学的根本缺陷在这方面也与费希特哲学、谢林哲学和康德哲学并无二致,即费希特、谢林、康德和黑格尔等都只以批判以前哲学为其哲学前提,却自称自己的哲学是无前提哲学,比如康德把自己的哲学就称为批判哲学,意在表明自己的哲学的无前提性。事实上,他们的思辨哲学都离不开他们对他们的哲学前提所作一定形式的理论或概念预设。

这样说来,对于费尔巴哈而言,所谓有前提的哲学,就是概念的、形式的、无内容的哲学。因此,它是不可能真正摆脱其思辨前提本身的。尽管它对于在它之前的哲学来说,的确是没有前提的,但是这并不意味着它对于其后的哲学就没有前提。也就是说,对后来的哲学家来说,以前的哲学都是建立在某种抽象前提之上的。康德为了追求先验的必然性而不惜牺牲内容,既指出来了观念的二律背反,却也没有向前迈进一步。

但是,黑格尔认为,康德哲学显得过分谨慎,只是把观念的二律背反看成是观念的辩证运动。他认为应该把这辩证性原则推广到自然界、社会和人类思维的一切运动变化发展中去,这样就彻底地消灭了所谓哲学前提。但是,马克思敏锐地发现黑格尔的辩证法的普照之光只照别人,不照自己。它通过辩证的否定，最终通向了绝对的无有，即绝对精神或绝对观念本身。

　　康德小心翼翼地把前哲学内容剔除得干干净净，反而造成了他的观念论的保守僵化，因而停滞不前。齐泽克看到了黑格尔对康德的"形式主义"的批判。他说，黑格尔所不满意于康德的，并非康德论证的"效用"的有限本性，而是康德论证的不充分性，即没能够把思想自身的抽象特质发挥得淋漓尽致。这种淋漓尽致的发挥，用海德格尔的话说，"只要观念论的原则能在康德那里被找到，就赞同之；只要批判的（先验的）观念论不向绝对迈进，就否定之"[①]。

　　诚然，黑格尔哲学扬弃了康德哲学，把德国古典哲学的唯心论推向了顶峰。然而，黑格尔哲学也不可能是哲学的顶峰。费尔巴哈从哲学形式和哲学内容上分别批判了黑格尔哲学。就形式而论，费尔巴哈首先论证哲学与思维、哲学与时代的一般性关系原理，然后指出这种一般性关系原理同样适用于黑格尔哲学。其论证理由是：每一个时代都有自己的哲学，而那一时代的哲学不过是某种人类思维对该时代的物质性内容的语言表现形式。而且，这种语言表现形式一定处于人类思想发展的特定阶段之中，这种特定的时间/历史阶段只具有时间的继承关系而无空间的并列性。因此，黑格尔哲学也难掩其疵，并且约束于某一特定的时间/历史阶段中，因而也会呈现出有限的性质。

　　就其内容而言，任何哲学都只是一定的时间/历史阶段上的（观念）现象或者只能通过时间/历史来表达自己的现象过程。而这种历史沉淀下来的（观念）现象就是这一特定时代的哲学探讨或思维所依赖的哲学或逻辑前提。费尔巴哈认为，这种哲学或前提或许很有可能只有到了以后的时代才能被真正地认识到。针对黑格尔认为自己的哲学是无前提的圆圈哲学，费尔巴哈给予了有力的反驳或诘责。他说："存在（最初的、不确定的）在最后是被取消了；它被证明是不真实的开端。可是这样逻辑学岂不又是一种现象学了吗？"[②]

　　因此，黑格尔哲学不可能是哲学的顶峰。当然，这在哲学思辨中也是可以觉察得出来的。费尔巴哈强调：科学、知识、真理的证明或显示（Manefesto）不在绝对的理念或抽象概念的自我运动之中，而在感性经验的把握之中，

[①] [德] 马丁·海德格尔：《德国观念论与当前哲学的困境》，庄振华、李华译，西北大学出版社2016年版，第249页。

[②] [德] 费尔巴哈：《黑格尔哲学批判》，王太庆、万颐庵译，生活·读书·新知三联书店1958年版，第18页。

这种感性本身具有无可争议的确定性，而黑格尔却活生生地将其剥离了。费尔巴哈写道：

> 在黑格尔这里，一种特殊的历史现象或存在的整体性、绝对性被当成了宾词，所以作为独立存在的各个发展阶段只具有一种历史的意义，只不过是作为一些影子、一些环节、一些以毒攻毒的点滴而继续存在于绝对阶段中。①

如果说康德还保留了唯物主义在认识论上的原始预设，即有一个我们可以从中抽取质料的物自体，而黑格尔却把唯物主义否定得连残渣都不剩，以至于彻底地否定了唯物主义。黑格尔把绝对性当成了宾语，结果历史当中的人变成了"一些影子、一些环节、一些以毒攻毒的点滴而继续存在于绝对阶段中"。这样人就消失了，变成了观念，且顺理成章地成为一个被描述的人，而不是可以认识和改造世界，具有自己的情感、愿望和力量的活生生的人。

由此可知，黑格尔废弃了唯物主义所具有的感性经验，即把一个我们所真切感知并可以诉诸人的本质的对象扬弃为或者抽绎为概念上的"无"。这不仅消灭了作为自然的人，也消灭了自然本身，从而造成了马克思所批判的"自然与历史的对立"。

费尔巴哈完成了他的黑格尔哲学批判之旅后，便以此为基础来阐述他对未来哲学的设想。为了跟以往的德国古典哲学撇清关系，他认为自己的哲学是新哲学。之所以是新哲学，是因为费尔巴哈认为他的哲学批判有着革故鼎新的彻底性，为哲学真正奠定了一种"放弃了那只能够被思维和设想的本质"②，无须抽象出理论前提的"直接具有确实性"的根基。费尔巴哈认为"直接具有确实性的只有感性的事物"③；俨然感性成为即便不是唯一的，那

---

① [德] 费尔巴哈：《黑格尔哲学批判》，王太庆、万颐庵译，生活·读书·新知三联书店1958年版，第3页。
② [德] 费尔巴哈：《费尔巴哈哲学著作选集》（上），荣震华、李金山等译，商务印书馆1984年版，第251页。
③ [德] 费尔巴哈：《费尔巴哈哲学著作选集》（上），荣震华、李金山等译，商务印书馆1984年版，第251页。

也是最可靠的知识或真理的标准。费尔巴哈说:"只有在感觉开始起作用的地方,一切怀疑和争论才能停止。"①

> 具有现实性的现实事物或作为现实的东西的现实事物,乃是作为感性对象的现实事物,乃是感性事物。真理性、现实性、感性的意义是相同的。只有一个感性的实体才是一个真正的、现实的实体。只有通过感觉,一个对象才能在真实的意义之下存在——并不是通过思维本身。与思维共存的或与思维同一的对象只是思想。②

另外,费尔巴哈把自己的感性哲学自诩为新哲学,其理由是他本人具有强烈的人本主义关怀。他认为他的哲学是为适应人类的需要而被产生的人学或人本学。因此,他的哲学的旨趣是促进人认识感性、现实世界,然后改造现实、感性世界,并从中获得人之为人的感性生活享受。他在《未来哲学原理》中写道:"因此,目前的问题,还不在于将人之所以为人陈述出来,而是在于将人从他所沉陷的泥坑中拯救出来。"③ 他甚至把这种有前提的唯心主义哲学精神看作只有"僵死的精神"的哲学,因为它既不对现实的感性对象发生兴趣,也不在乎自然界先于人的意识存在这一客观现实,更别谈对人的真正本质有什么令人称道的见解和赏识了。

费尔巴哈看到黑格尔的绝对哲学把人变成了观念,从而把人引向了甘于自我束缚、自我奴役。这违背了启蒙主义的人本学初衷。因为启蒙主义的基本观点是推崇人的理性与价值,而黑格尔最终与之背道而驰,这一点强烈地激发了他的人本主义或人道主义的批判与控诉。为了突出他的新哲学的批判性与革命性,他甚至把自己的哲学命名为人本主义哲学,肯定哲学即人学。其目标在于以人为本,关注人本身。因此,费尔巴哈认为:"未来哲学应有的

---

① [德]费尔巴哈:《费尔巴哈哲学著作选集》(上),荣震华、李金山等译,商务印书馆1984年版,第251页。
② 北京大学哲学系外国哲学史教研室编译:《十八世纪末—十九世纪初德国哲学》,商务印书馆1975年版,第623页。
③ [德]费尔巴哈:《费尔巴哈哲学著作选集》(上),荣震华、李金山等译,商务印书馆1984年版,第120页。

任务，就是将哲学从'僵死的精神'境界重新引导到有血有肉的、活生生的精神境界，使它从美满的神圣的虚幻的精神乐园下降到多灾多难的现实人间。"①

费尔巴哈认为，是人的需要产生了哲学或神学，而不是哲学或神学的需要产生了人。面对神学家所津津乐道而哲学家又难以释怀的有限和无限的关系问题，他强调自然人本身当然包含了对这一问题的说明，费尔巴哈说："人性的东西就是神圣的东西，有限的东西就是无限的东西。"② 费尔巴哈批判神性，肯定人性；批判思辨，肯定现实，从而开启了唯物主义实证的人本主义和自然主义批判。费尔巴哈的这一划时代的唯物主义转向得到了马克思的高度赞扬，他称赞费尔巴哈的思想包含了真正的革命理论。

相反，跟费尔巴哈同时代的哲学家也常常以批判自居。但是他们的批判并不彻底，拾黑格尔哲学牙慧，不但无法摆脱黑格尔的观念论，反而因为被黑格尔的观念论蒙蔽了现实的眼睛，变得消极、无意识和诡辩。"因为即使是批判的神学家，毕竟还是神学家，就是说，他或者不得不从作为权威的哲学的一定前提出发，或者当他在批判的过程中以及由于别人的发现而对这些哲学前提产生怀疑的时候，就怯懦地和不适当地抛弃、撇开这些前提，仅仅以一种消极的、无意识的、诡辩的方式来表明他对这些前提的屈从和对这种屈从的恼恨。"③

一旦哲学失去了它的种种教条式的前提，而是真正表现为现实、彻底，那么哲学不再围绕着抽象观念借力打力，而是开始真正面向现实的、活生生的人的物质生活本身。那么，哲学就有可能跟物质世界建立某种真正的联系，而不再是通过语言跟物质世界建立起某种虚假的意识联系。费尔巴哈看到了黑格尔的哲学方法论的自夸，即所谓走自然哲学的道路。对于费尔巴哈来说，不管怎么样，黑格尔"只不过是模仿自然，可是摹本却缺少原本的生命"④。

---

① ［德］费尔巴哈：《费尔巴哈哲学著作选集》（上），荣震华、李金山等译，商务印书馆1984年版，第120页。
② ［德］费尔巴哈：《费尔巴哈哲学著作选集》（上），荣震华、李金山等译，商务印书馆1984年，第106页。
③ 《马克思恩格斯全集》第3卷，人民出版社2002年版，第220—221页。
④ ［德］费尔巴哈：《黑格尔哲学批判》，王太庆、万颐庵译，生活·读书·新知三联书店1958年版，第2页。

费尔巴哈回顾了黑格尔哲学产生的逻辑根源，他指出："黑格尔曾经——这并不是偶然的，而是康德和费希特以来德国思辨哲学的精神的结果。"① 费尔巴哈对德国的唯心主义哲学作了进一步的分析，他认为德国古典哲学的不幸就在于唯心主义哲学家"把第二性的原因……把自然的根据和原因，把发生学的批判哲学的基础放到一边"②。由于黑格尔不懂得发生学的批判哲学，所以黑格尔也不懂得什么叫感性，什么叫对象，因而只能栽在唯心主义的泥淖或圈圈里。

在揭示费尔巴哈自己提出的自然哲学或唯物主义理论之前，我们先看看他对黑格尔哲学的内在逻辑根源所作的批判性分析。在这里，首先不妨看看费尔巴哈所谈到的"第二性的原因"，它指的是事件或事件发生的精神原因或根据，而"第一性的原因"则是事件或事件发生的物质原因或根据。费尔巴哈明确指出，唯心主义在理解世界上的物质现象和精神现象时出现了严重的偏差，这种偏差具体体现在颠倒了的唯物主义和唯心主义的关系上。

黑格尔没有看到物质的第一性，意识的第二性这一事实。世界上的原因或根据归根到底在于第一性的物质上，而不是精神上。这个时候，费尔巴哈转向了自然主义或自然哲学。他崇尚自然，强调人是自然的产物。在他看来，人性就是自然。因此，摆在我们面前，并赋予我们人性的是生机勃勃的大自然，而不是宗教。相反，宗教是人的精神产物，是人与自然的非正常的交流。用黑格尔的哲学术语来说，宗教就是遮蔽了人的本质力量的异化交流。费尔巴哈对自然主义或自然哲学倾注热情，如诗般地讴歌了自然本身：

> 自然不仅建立了平凡的肠胃工场，也建立了头脑的庙堂；它不仅给予我们一条舌头，上面长着一些乳头，与小肠的绒毛相应，而且给予我们两只耳朵，专门欣赏声音的和谐，给予我们两只眼睛，专门欣赏那无私的发光的天体。③

---

① ［德］费尔巴哈：《费尔巴哈哲学著作选集》（上），荣震华、李金山等译，商务印书馆1984年版，第83页。
② ［德］费尔巴哈：《费尔巴哈哲学著作选集》（上），荣震华、李金山等译，商务印书馆1984年版，第83页。
③ 北京大学哲学系外国哲学史教研室编译：《十八世纪末—十九世纪初德国哲学》，商务印书馆1975年版，第537页。

应该指出的是，费尔巴哈的自然主义或自然哲学就是唯物主义哲学，准确地说，是一种直观唯物主义哲学。尽管费尔巴哈本人的哲学文本里很少出现唯物主义的字样，这一点从以上的一段引用也可以略见一斑，但是这一现象离不开当时的哲学语境。费希特和黑格尔都喜欢运用自然、自然哲学等当时流行的哲学术语，以区别于或对立于哲学神学与宗教哲学。这有点类似于我们今天喜欢用"物质"或"唯物主义"等哲学术语以区别于"唯心"或"唯心主义"。另外，"自然"这一术语自亚里士多德以来就被赋予了许多丰富的意义。亚里士多德在《形而上学》第五卷第四章区分了"自然"的几种不同意思：

（1）正在成长的事物的未来形态，即生物的创造；
（2）一生物的内在部分，其生长由此发动而进行；
（3）更一般地说，是每种自然物内在的、非偶然地表现出来的主要运动来源；
（4）某些东西赖以构成或由之产生的主要物质；
（5）变化过程最终目的的形式或物质；
（6）从外延上说，是每一种物质，因为一事物的本性就是该事物的类别。①

费尔巴哈的"自然"概念也许比我们所能想到的意义还要丰富得多，但是就针对黑格尔的时间直观哲学而言，费尔巴哈更强调自然的物质性、规律性和整体性。他力求说明一切非精神之类的东西生长、发展与变化等种种自然过程。由于费尔巴哈对自然的酷爱，他甚至认为一切物质性的东西也是精神性的东西。因此，在费尔巴哈看来，自然不仅具有物质属性，还具有精神属性。不过，这种精神属性的性状虽然似乎从理论上讲必须依托于可以被无限地分解得支离破碎的物质结构或物质形态。简而言之，它从根本上说，来源于并依附于物质，或以现实的感性物质为基础。但是，精神属性的性状跟

---

① ［英］克里斯托弗·罗、［英］马尔科姆·斯科菲尔德主编：《剑桥希腊罗马政治思想史》，晏绍祥译，商务印书馆2016年版，第309页。

物质的性状根本不同，它具有整体性，不可还原性。

费尔巴哈意在扭转被黑格尔所刻意颠倒了的形而上事实，用自然解释代替神学解释，用现实的感性解释代替抽象的观念解释。他明确指出，自然或自然现象是自然变化的原因，而不是神的意旨，哪怕这神是客观或理性意义上的神。他斩钉截铁地说："因此一切要想超出自然和人类的思辨都是浮夸——其浮夸就象那种要想给我们提供某种高于人的形相的东西、却只能作出奇形怪状的艺术一样。"① 费尔巴哈看到黑格尔"把发生学的批判哲学的基础放到一边"②，从而"把第二性的原因……（当作）自然的根据和原因"③，从而使得自然本身遭到了摒弃与吞没，致使没有一丝现实人性色彩的抽象人性论大行其道。

虽然费尔巴哈对唯心主义的哲学批判是斩断了哲学跟自然界的一切虚假联系，这诚然包含着革命因素，因为他不像黑格尔那样"模仿自然"，而是凭借经验"描述自然"，这是一种正确的方法论。但是，正如恩格斯对于费尔巴哈所批判的那样，他"不能找到从他自己所极端憎恶的抽象王国通向活生生的现实世界的道路"，因为当费尔巴哈去探讨历史的时候，他的感性直观就不怎么管用了，便开始陷入唯心主义的沉思当中。费尔巴哈又开始把有意识的人设定为人的一般的、抽象的概念，即"一个逐渐觉醒而上升到意识的存在者"④。

费尔巴哈所说的这个存在者，便是作为人的绝对本质的生存目的，即止于至善的最高的人。而这最高的人也是人的本质，也是人的类本质，他由思维力、意志力和心力等三个部分所构成。费尔巴哈强调："思维力是认识之光，意志力是品性之能量，心力是爱。"⑤

---

① 北京大学哲学系外国哲学史教研室编译：《西方哲学原著选读》（下），商务印书馆1982年版，第456页。
② ［德］费尔巴哈：《黑格尔哲学批判》，王太庆、万颐庵译，生活·读书·新知三联书店1958年版，第40页。
③ ［德］费尔巴哈：《黑格尔哲学批判》，王太庆、万颐庵译，生活·读书·新知三联书店1958年版，第40页。
④ ［德］费尔巴哈：《费尔巴哈哲学著作选集》（下），荣庭等译，商务印书馆1984年版，第27页。
⑤ ［德］费尔巴哈：《费尔巴哈哲学著作选集》（下），荣庭等译，商务印书馆1984年版，第28页。

三 哲学革命宗旨：确立人与现实世界的有机联系

恩格斯对费尔巴哈的评论是，"他紧紧地抓住自然界和人；但是，在他那里，自然界和人都只是空话。无论关于现实的自然界或关于现实的人，他都不能对我们说出任何确定的东西"①。因此，费尔巴哈仍局限于物质世界的"感性、现实、对象"以及对人性的抽象分析当中。他并没有像马克思一样，在转变哲学思维方式、开启新唯物主义之后，发现现实世界是一个"能动的生活过程"，并以此建立起真正的新唯物主义。

正因为费尔巴哈"既承认现存的东西同时又不了解现存的东西"②，以至于他对于现实生活当中的"任何例外"，一律"都被肯定地看做是不幸的偶然事件，是不能改变的反常现象"③。费尔巴哈看到了整个旧的形而上学的哲学语言的欺骗性和虚假性，却不能发动一场语言革命去消灭它，却把意识当作人类确证人性永恒的直观确证。因此，他没有看到意识之为人关联人、人关联自然的本质的辩证关系，因此也不能把握意识的本质，因而也不能把握人的本质。

费尔巴哈尽管抓住了自然界和人，只好走上直观物质世界，由此确证物质世界的道路。但是，他没有真正建立起关于确立哲学与现实世界的有机联系的新唯物主义。相反，费尔巴哈成了唯心主义俘虏，即没有真正从语词的奴役中解放出来，在社会历史领域里重新陷入了唯心主义。因为费尔巴哈对感性世界的"理解"一方面仅仅局限于对这一世界的单纯的直观，另外一方面仅仅局限于感觉，这导致他所能确定的，只能是通过直观得来的"对象、现实和感性"。

同时，费尔巴哈也无法理解"人的感性的活动"。因为他的直观唯物主义哲学因为彻底地否定了黑格尔精神能动活动，所以缺乏人的主观能动性的理解维度。因此，费尔巴哈只能从抽象意义上去把握人的本质，而不能认识到

---

① 《马克思恩格斯选集》第4卷，人民出版社2012年版，第247页。
② 《马克思恩格斯选集》第1卷，人民出版社2012年版，第177页。
③ 《马克思恩格斯选集》第1卷，人民出版社2012年版，第177页。

现实的历史的人。失去了这一主观的、能动的、辩证的维度，费尔巴哈哲学没有确立起哲学与现实世界的有机联系。正如马克思所说，费尔巴哈"也仍然停留在理论领域，没有从人们现有的社会联系，从那些使人们成为现在这种样子的周围生活条件来观察人们……并且仅仅限于在感情范围内承认'现实的、单个的、肉体的人'，……可见，他从来没有把感性世界理解为构成这一世界的个人的全部活生生的感性活动"①。

因此，费尔巴哈还不能超越解释世界的层面上。对于改变世界的可能性，费尔巴哈是始终想不通的，这也是凭其感性直观所无法确定的。费尔巴哈甚至在历史领域是退步的，退缩到唯心的、抽象的、思辨的自我意识理解上。但是，"全部问题都在于使现存世界革命化，实际地反对并改变现存的事物"②。费尔巴哈虽然追求现存世界革命化，但是他的这种追求在行动上微乎其微，"以致只能把它们看做是具有发展能力的萌芽"③。

总之，费尔巴哈根本不晓得如何"实际地反对并改变现存的事物"。因为他还是停滞于抽象的形而上学，不能与其决裂，也不能胜任其所设想的建立新唯物主义的初衷。事实上，费尔巴哈不可能建立起一种实践的、革命的新唯物主义。因为，他不能真正发动一场确立新唯物主义的哲学革命，因而也不能真正彻底地消灭哲学本身，让哲学成为无产阶级的批判武器。

马克思之所以发动哲学革命就是为了表达和阐释他的革命哲学。哲学革命是革命哲学的理论原则，革命哲学是哲学革命的必然结果。哲学革命就是要真正地现实地破除哲学对物质世界的遮蔽，重新恢复哲学跟现实世界的有机联系；革命哲学就是要清楚地说明无产阶级的生存处境和历史归宿，实现全人类的解放和自由。因此，哲学的使命是"改变世界"，而不是"解释世界"，这是马克思主义哲学不可违背的真精神。

但是，我们不能因为马克思哲学对"改变世界"的强烈表达而忽视了其"解释世界"的理论维度，否则它非但不能称其为哲学，反而成为夸大其词、自以为是的口号。因为，正如列宁所说，没有革命的理论就没有革命的行动。

---

① 《马克思恩格斯选集》第1卷，人民出版社2012年版，第157—158页。
② 《马克思恩格斯选集》第1卷，人民出版社2012年版，第155页。
③ 《马克思恩格斯选集》第1卷，人民出版社2012年版，第155页。

不能彻底肃清旧的形而上学对于无产阶级思想的压迫和蒙蔽，就不能产生新的哲学，因而也不能产生新的世界观；没有新的世界观，那就谈不上对旧世界的彻底批判，"改变世界"更是无从谈起。

不可否认的是，马克思主义哲学依然有它解释世界的维度。因为，马克思改变的是哲学解释世界的性质而不是哲学解释世界的功能。哲学的功能不再是拘泥于"纯批判"——醉心于依靠纯粹理性构建自足完备、无须外求的独立王国，结果使得一切历史变动都完全脱离了现实生活，成为观念的自我运动、自我变化和自我发展，而是消灭哲学本身的一切前提，使得哲学成为人的头脑而不是人的观念。马克思说："哲学不是在世界之外，就如同人脑虽然不在胃里，但也不在人体之外一样。当然，哲学在用双脚立地以前，先是用头脑立于世界的；而人类的其他许多领域在想到究竟是'头脑'也属于这个世界，还是这个世界是头脑的世界以前，早就用双脚扎根大地，并用双手采摘世界的果实了。"①

正因为马克思改变了哲学的性质，即把哲学当作一种主动的解放力量同被动的物质基础结合起来，把人和世界联系起来，哲学才得到了真正的解放，关于虚假的意识形态之污垢才得以彻底地清除。马克思哲学之所以能够发动一场在西方哲学史上前无古人的改变世界历史发展轨迹的彻彻底底的哲学革命，是因为马克思"抓住了事物的根本"。就哲学而言，马克思抓住了哲学的功能，就是"对现存一切事物最严厉的批判"。但是，批判的目的不是为了批判而批判，而是为了便于现实行动，否则就堕入了唯心主义哲学所惯用的语言游戏之中，因为唯心主义陷入哲学的纯粹的哲学批判当中，以为"不消灭哲学，就能够使哲学成为现实"②。

因此，哲学在批判世界的时候也应该批评哲学自身，即考察本质上作为一种依赖于和反映人的现实生活的意识形态的精粹而明确的理论语言是否跟现实世界具有一致性。哲学是否真正放弃了自己所隐匿的哲学前提，是否能够直接地表达现实的生活关系到哲学批判的功能与使命是否有完全实现性的可能。哲学的功能和使命就是要通过批判哲学和哲学批判来落实启蒙主义关

---

① 《马克思恩格斯全集》第 1 卷，人民出版社 1995 年版，第 220 页。
② 《马克思恩格斯全集》第 1 卷，人民出版社 1995 年版，第 8—9 页。

于一切归于理性之光的要求,从而树立意识与世界的有机联系。总之,马克思的深刻的哲学革命是,为人的真正解放和自由提供真正的哲学方法论基础和理论指导原则。

马克思呼吁哲学要成为现实,成为革命的理论就应该消灭哲学本身。所谓消灭哲学本身就是要消灭一切有观念前提的哲学,否则关于哲学本身的一切批判,哪怕再激烈、再彻底也永远逃不出观念的世界本身。那么,哲学也不能实现自身的革命,不能革命地对待自身,不能通过对自身的批判来回归到哲学的使命当中去。哲学一旦因为没有自己的现实根基就失去了自己的力量,就变成了失去客观性和革命性的最不真实的东西。

马克思意识到,当时的德国哲学甚至包括黑格尔哲学普遍存在异化的危害性。他们都是对敌手或者哲学前辈采取批判的态度,对自身却采取包容的态度,"因为它从哲学的前提出发,要么停留于哲学提供的结论,要么就把别处得来的要求和结论冒充为哲学的直接要求和结论……"[①]。如此一来,哲学就沦落为唯心主义哲学家所随意把玩的语言游戏和哲学概念,它既不表征现实,也不能理解现实,但是在自我无意识中遮蔽现实。因此,马克思坚决要清除这种哲学上的前提,从而使哲学直接指向现实,即客观的物质世界和"实际的、肉体的、站立在坚实稳固的地球上的、呼吸着一切自然力量的人"。由此可知,马克思对哲学本身的批判,就是在消除哲学的同时把哲学引向物质世界现实,跟现实的物质世界会师。这个时候,"哲学把无产阶级当做自己的物质武器,同样,无产阶级也把哲学当做自己的精神武器;思想的闪电一旦彻底击中这块素朴的人民园地,德国人就会解放成为人"[②]。

四 哲学革命的双重维度——语言革命和意识革命

新唯物主义创始人马克思和恩格斯在对唯心主义哲学批判中,即对其旧的形而上学的清算当中使自己由青年黑格尔主义者变成了一个坚定的新唯物主义者,并跟旧的唯心主义者做了最为彻底的决裂,而且为哲学找到

---

① 《马克思恩格斯选集》第1卷,人民出版社2012年版,第8页。
② 《马克思恩格斯选集》第1卷,人民出版社2012年版,第16页。

真正的出路——哲学的功能不只在于解释世界，更要改变世界。然后，改变世界的前提是要指向世界，直接指向现实生活过程本身，"哲学的合法性来源于对现实生活的批判性反思并必须在现实生活中确证自己的现实力量"①。马克思这一哲学思维方式的转变不仅消灭了哲学本身，还为其新唯物主义哲学提供了其可以与之联盟的有机土壤——"现实生活过程"，实现了哲学和现实生活过程的内在良性循环，激活了哲学的生命力——哲学可以从当时观念论当中实际地解放出来，直接指向现实生活过程本身。

> 德国哲学从天国降到人间；和它完全相反，这里我们是从人间升到天国。这就是说，我们不是从人们所说的、所设想的、所想象的东西出发，也不是从口头说的、思考出来的、设想出来的、想象出来的人出发，去理解有血有肉的人。……不是意识决定生活，而是生活决定意识。前一种考察方法从意识出发，把意识看做是有生命的个人。后一种符合现实生活的考察方法则从现实的、有生命的个人本身出发，把意识仅仅看做是他们的意识。②

既然马克思和恩格斯提出了认识世界或解释世界的两种不同方法所必然导致两条哲学路线，即唯心主义路线和唯物主义路线。唯心主义路线是有前提的哲学路线，即从某个先验的观念——这个先验的观念的前提出发，用精神观念的生产和运动代替物质的运动，把人遮蔽为意识，成为意识的显现和运动的附加物，从而建立一个先验的、孤立的、静止的形而上体系，并来为现实作论证；唯物主义路线是哲学上没有任何前提或预设的哲学路线，它直接面对现实生活本身，以现实为前提，从人的经验当中获得思维的材料，把直观和表象加工成概念，借用真实的概念指向现实，因而思维现实，并在现实的物质生活当中确证自己的力量。马克思和恩格斯清楚地表达道："我们的出发点是从事实际活动的人，而且从他们的现实生活过程中还可以描绘出这

---

① 贺来：《现代性学科建制的突破与马克思哲学的存在方式》，《社会科学文摘》2018 年第 1 期。
② 《马克思恩格斯选集》第 1 卷，人民出版社 2012 年版，第 152—153 页。

一生活过程在意识形态上的反射和反响的发展。甚至人们头脑中的模糊幻象也是他们的可以通过经验来确认的、与物质前提相联系的物质生活过程的必然升华物。"①

（一）语言革命：确立语词和现实的内在逻辑关联

马克思恩格斯在通过哲学革命转向革命哲学之前，必须完成这一真正地改变世界的哲学方式的历史转变，就是要进行语言革命和意识革命，即考察过去的哲学语言和意识是否真正反映现实，语言的生成和发展是不是以反映现实、描述现实、确证现实为前提。语言革命和意识形态革命的实质就是对传统的旧的形而上学的彻底的批判，建立起哲学、语言或意识形态与现实世界和现实的人的真正的有机联系。正如恩格斯所断言的那样，"全部哲学，特别是近代哲学的重大的基本问题，是思维和存在的关系问题"②。

这一论断成为新唯物主义者进行语言革命和意识形态革命的根据和标准。马克思哲学的出场是以对旧的形而上学，即唯心主义哲学进行彻底的、无情的批判开始的，批判旧的形而上学不可避免地要涉及批判所反映作为虚假的意识形态的旧的形而上学的语言，因为语言是为自己存在也为他者存在的交流工具，但是旧的形而上学语言根本不反映现实，它蒙蔽了现实生活本身，割断了人跟现实生活的有机联系，因此带有很强的伪装性和欺骗性。就如马克思在批判当时的德国把实体、主体、意识和纯批判"捧上了天"，用"毫无作用的卑微琐事弥补了历史发展的不足"③。

针对这种现状，语言革命要求哲学语言指向现实、关注现实和推动现实的变革。哲学语言就是关于现实的人的语言、关于社会关系的语言、关于历史实践的语言。哲学意识就是关于人的意识、关于社会的意识、关于历史的意识。但是，唯心主义的形而上学语言则不是关于"观念""实体""主体""观念的运动"之类的语言，革命的哲学就是要求在现实的改变了的环境当中去清除实体、主体、自我意识和纯批判等形而上语言的无稽之谈。

---

① 《马克思恩格斯选集》第1卷，人民出版社2012年版，第152页。
② 《马克思恩格斯选集》第4卷，人民出版社2012年版，第229页。
③ 《马克思恩格斯选集》第1卷，人民出版社2012年版，第154页。

因为表达人自身的"自我意识""批判""唯一者",描述人类发展的"天命""目的""萌芽"之类的变化着的现实的虚幻的表达,它们都是"无意义的论调"和"胡说八道"。马克思强调的是,对这些词语的消灭不应该再通过精神的批判,不应该通过消融它们的唯心主义谬论于自我意识当中,而应该诉诸这些唯心主义谬论所得以产生的现实的社会关系。因为,观念的批判或变革尽管已经表述过千百次,但对于实际发展没有任何意义。

实际上,新唯物主义者对旧的形而上学的批判的本质就是对其形而上学语言和意识形态的批判,就是在从事着包含语言革命和意识形态革命在内的解释世界的工作,只不过这种解释世界的必然结果就是发现新世界以及发现通向新世界的历史规律,从而为马克思所设想的科学建立共产主义的可能性提供唯物主义论证和历史科学证据。因此,新唯物主义者在进行语言革命和意识形态革命的同时也不断丰富和发展着革命哲学的理论。

如果说只有从对旧的世界的批判当中发现新世界,那么只有从对旧的意识形态和形而上语言的批判当中才能确立"语词和现实的运动"之间的内在逻辑关联。马克思强调,要使得旧的形而上学语言销声匿迹,就应该"从现存的现实出发来说明这些理论词句"。但是,说明并不能消灭形而上学家们对这些抽象的观念和术语的津津乐道。因为"要真正地、实际地消灭这些词句,从人们意识中消除这些观念,就要靠改变了的环境而不是靠理论上的演绎来实现"。①

词语只有反映现实、确立与现实世界的逻辑关联才有其真实的意义,才为我们理解现实的世界提供帮助,使得现存的世界革命化。现存的事物总是变化和发展的,因而也要求我们对之诉之于辩证的、革命的和历史的语言。语言革命的现实意义是实际地反对资产阶级所鼓吹的"从历史的、在生产过程中是暂时的关系变成永恒的自然规律和理性规律"②,与其空洞无力地高唱如下华而不实的口号,即"宗教的、道德的、哲学的、政治的、法的观念等等在历史发展的进程中固然是不断改变的,而宗教、道德、哲学、政治和法

---

① 《马克思恩格斯选集》第 1 卷,人民出版社 2012 年版,第 175 页。
② 《马克思恩格斯选集》第 1 卷,人民出版社 2012 年版,第 417 页。

在这种变化中却始终保存着"①,至少自由、正义等就是"存在着一切社会状态所共有的永恒真理"②。

因为"历史向世界历史的转变,不是'自我意识'、世界精神或者某个形而上学幽灵的某种纯粹的抽象行动,而是完全物质的、可以通过经验证明的行动,每一个过着实际生活的、需要吃、喝、穿的个人都可以证明这种行动。"③ 某种纯粹抽象的语言所表达的纯粹的抽象的观念以及观念的行动并不构成跟现实互动的逻辑关系,真正形成历史的是"每一代都利用以前各代遗留下来的材料、资金和生产力"④。马克思进一步指出,"由于这个缘故,每一代一方面在完全改变了的环境下继续从事所继承的活动,另一方面又通过完全改变了的活动来变更旧的环境"⑤。

语言革命不仅要现实地反对现存世界,更要看到让语言彻底地成为无产阶级表达自己的现实需要和诉求和现实社会交往的意识工具以及成为无产阶级为自己的合法权益辩护的武器。因此,我们看到,语言不仅起到反映现实生活,针砭不合理现实的功能,还要看穿维护统治阶级利益的形而上学家所设定的语言陷阱,分析其形成根源,揭穿统治阶级的种种形而上谎言和谬论。考察语言之所以产生的根源是揭示唯心主义为何能歪曲现实、设定语言陷阱的批判手段。语言产生于生产劳动和社会交往。"思想、观念、意识的生产最初是直接与人们的物质活动,与人们的物质交往,与现实生活的语言交织在一起的。人们的想象、思维、精神交往在这里还是人们物质行动的直接产物。表现在某一民族的政治、法律、道德、宗教、形而上学等的语言中的精神生产也是这样。"⑥ 由此可知,语言是人们物质行动的间接产物。但是它具有社会性,反映人的社会现实生活。马克思在论述商品的社会性的时候说:"因为使用物品当作价值,正象语言一样,是人们的社会产物。"⑦ 因此,语言是人们的物质生活的产物,根源于物质生活实践。

---

① 《马克思恩格斯文集》第 2 卷,人民出版社 2009 年版,第 51—52 页。
② 《马克思恩格斯选集》第 1 卷,人民出版社 2012 年版,第 420 页。
③ 《马克思恩格斯选集》第 1 卷,人民出版社 2012 年版,第 169 页。
④ 《马克思恩格斯选集》第 1 卷,人民出版社 2012 年版,第 168 页。
⑤ 《马克思恩格斯选集》第 1 卷,人民出版社 2012 年版,第 168 页。
⑥ 《马克思恩格斯选集》第 1 卷,人民出版社 2012 年版,第 151—152 页。
⑦ 《马克思恩格斯全集》第 23 卷,人民出版社 1972 年版,第 91 页。

马克思论述了语言的本质,"语言是一种实践的、既为别人存在因而也为我自身而存在的、现实的意识"①。由此可知,语言不是一种可以独立存在的存在物。语言本身就不是独立的东西,它没有自己的历史,正如马克思说的这样,"道德、宗教、形而上学和其他意识形态,以及与它们相适应的意识形式便不再保留独立性的外观了。它们没有历史,没有发展,而发展着自己的物质生产和物质交往的人们,在改变自己的这个现实的同时也改变着自己的思维和思维的产物"②。语言的产生只能依附于人的迫切需要,为了从事物质生产和精神生产的需要而进行社会交往,社会因为语言的现实关联形成一个整体。具体地讲,语言是根源于人与人之间的社会交往实践。"语言也和意识一样,只是由于需要,由于和他人交往的迫切需要才产生的。"③

因为"……而发展着自己的物质生产和物质交往的人们,在改变自己的这个现实的同时也改变着自己的思维和思维的产物"④。语言的生产、变化是物质的生产和社会交往的变化发展的晴雨表和指示器,但是唯心主义者却把"怪影""枷锁""最高存在物""概念"和"疑虑"等空洞的语言当作历史发展的动力,从语言的观念出发来解释历史,而不是站在现实的历史的基础上,从物质实践出发来解释观念的形成,从而消除这些语言。因此,要真正地或实际地消灭这些语言应该是通过实实在在的物质革命,即发展一定的生产力和一定的社会关系,而不是投身于对唯心主义批判的语言革命当中。

(二) 意识革命:建立人与现实世界有机联系的关键

语言的产生是出于现实生活交往的迫切的需要,语言的功能是关联现实生活过程的纽带,那么意识的产生也是出于现实生活和现实交往的迫切需要,意识才是关联现实当中的人与人、现实中的人与自然的根本联系。这是语言和意识之间的内在关联所决定的,因为语言是意识的物质性外化,意识是语言的精神性内涵。因此,马克思常常把形而上语言和意识或意识形态放在一起批判。跟语言一样,意识也是人类实践的产物。因此,"意识一开始就是社

---

① 《马克思恩格斯选集》第 1 卷,人民出版社 2012 年版,第 161 页。
② 《马克思恩格斯选集》第 1 卷,人民出版社 2012 年版,第 152 页。
③ 《马克思恩格斯选集》第 1 卷,人民出版社 2012 年版,第 161 页。
④ 《马克思恩格斯选集》第 1 卷,人民出版社 2012 年版,第 152 页。

会的产物，而且只要人们存在着，它就仍然是这种产物"①。不仅如此，意识的功能就是对社会过程发展的反射和反响，意识以观念的形式存在于人脑之中。马克思说："观念的东西不外是移入人的头脑并在人的头脑中改造过的物质的东西而已。"②

意识的本质是一种物质形态，马克思把意识当作与物质前提相联系的必然升华物。马克思说："甚至人们头脑中的模糊幻象也是他们的可以通过经验来确认的、与物质前提相联系的物质生活过程的必然升华物。"③ 也就是说，对于人而言，意识也是一种物质形态，它也跟物质前提相联系，产生于物质行动当中。只不过意识作为这一物质形态有别于自然界所观察到的物质形态，因为它跟从外部世界所摄取而来的物质形态不太一样，它是物质生活过程的一种升华物。

但是，不管怎么讲，可以肯定的是，意识不但是一种物质形态，而且受物质形态的严厉制约。马克思明确地说明了这一点，"'精神'从一开始就很倒霉，受到物质的'纠缠'"④。由此可见，意识相对于物质，意识形态相对于社会物质生产方式来说就不是独立的事情，它受物质性的肉体这一个体有机体和社会这一社会有机体的制约。马克思并不纯粹或单独地讨论精神概念，而是讨论其发生学，从而把精神的概念放在生命的概念中论述精神和肉体之间的关系。他说："人们之所以有历史，是因为他们必须生产自己的生命，而且必须用一定的方式来进行；这是受他们的肉体组织制约的，人们的意识也是这样受制约的。"⑤

但是，意识如何成为一种独立的存在物，并且成为一种原本属于人自身却奴役人的异己的力量。这要采用历史回溯的分析法。马克思认为"人体解剖对于猴体解剖是一把钥匙"⑥，其理由在于低等动物身上表露的高等动物的征兆，反而只有在高等动物本身已被认识之后才能理解。正如马克思在《资

---

① 《马克思恩格斯选集》第 1 卷，人民出版社 2012 年版，第 161 页。
② 《马克思恩格斯选集》第 2 卷，人民出版社 2012 年版，第 93 页。
③ 《马克思恩格斯选集》第 1 卷，人民出版社 2012 年版，第 152 页。
④ 《马克思恩格斯选集》第 1 卷，人民出版社 2012 年版，第 161 页。
⑤ 《马克思恩格斯选集》第 1 卷，人民出版社 2012 年版，第 160 页。
⑥ 《马克思恩格斯选集》第 2 卷，人民出版社 2012 年版，第 705 页。

本论》的第一版序言中说:"分析经济形势,既不能用显微镜,也不能用化学试剂。二者都必须用抽象力来代替。而对资产阶级社会说来,劳动产品的商品形式,或者商品的价值形式,就是经济的细胞形式。"① 把历史回溯分析法运用于意识解剖就是要理解意识在历史的演化过程当中的三种纯形式:畜群意识、想象或思辨和实践意识。

畜群意识是人类从群居动物到处在一定历史条件下、受一定的生产关系所制约的人的意识。这种意识形式就是一种纯粹的人对直接的可感知的环境的一种意识,因而也是狭隘的意识,它不能脱离现实的条件的制约去能动地改造自然界,使得自然界和人的需要一致。这个时候人跟自然界的关系就如同动物跟自然界的关系一样,对于人而言,他所意识到的自然界是一种完全异己的、有无限威力和不可制服的力量,因而人们就像牲畜一样完全慑服于自然界。

对于社会生活,人与人之间不可避免地进行社会来往,但依旧过着只有本能内容的意识生活。人跟人之间的交往顺从于风俗习惯、传统观念等,人跟人、人跟自然界之间不存在太多的关系,人的行为近乎牲畜的本能行为。这个历史阶段,人的意识不能跟社会与自然界有着更多的联系。那么人类社会还只是处于迈向也有社会联系越来越丰富多彩的有机体阶段。

想象或思辨或形而上学的形成根源在于真正的社会分工的形成。畜群意识带来了生产效率的提高和人口的增长,为人类历史上的真正分工提供了可能性和现实性,即城市和乡村人类,人类由野蛮走向文明也割裂了畜群意识的精神和物质之间的原始统一性。马克思说:"分工起初只是性行为方面的分工,后来是由于天赋(例如体力)、需要、偶然性等等才自发地或'自然地'形成的分工。分工只是从物质劳动和精神劳动分离的时候起才真正成为分工。"② 意识由于有了物质食粮的供给而不必从事生产,于是可以"现实地想象",创造出精神文明。基于这种现实的想象,精神创造者脱离了人的感性意识,实践意识,沉醉于抽象意识当中,因为他也能创造跟感性意识和实践意识所不同的东西,即纯粹的理论、神学、哲学和道德等等,因为似乎精神能

---

① 《马克思恩格斯选集》第 2 卷,人民出版社 2012 年版,第 82 页。
② 《马克思恩格斯选集》第 1 卷,人民出版社 2012 年版,第 162 页。

够摆脱现实世界而去构造天国世界,摆脱世俗家庭去创造神圣家族。马克思说:"世俗基础使自己从自身中分离出去,并在云霄中固定为一个独立王国。"①

神圣天国中的神人高高在上,俯瞰由种种现实所制约、所限制,甚至是多灾多难的人间,并把现实的矛盾视为观念的矛盾,现实的发展视为观念的发展,丝毫不知道神圣天国同现存的关系发生矛盾也仅仅是因为现存的社会关系和现存的生产力发生了矛盾,想象意识是唯心主义的杰作,他们认为"像'神人'、'人'等这类幻象,支配着各个历史时代"②。因此,他们不能理解历史,不明白历史观念所以产生的根源。唯心主义者把时代的精神设想为一般人,把人类历史的发展看作观念的发展,任由思辨之马自由奔驰,唯心主义者"把宗教的人假设为全部历史起点的原人,它在自己的想象中用宗教的幻想生产代替生活资料和生活本身的现实生产"③。

> 哲学家们在不再屈从于分工的个人身上看到了他们名之为"人"的那种理想,他们把我们所阐述的整个发展过程看做是"人"的发展过程,从而把"人"强加于迄今每一历史阶段中所存在的个人,并把"人"描述成历史的动力。这样,整个历史过程就被看成是"人"的自我异化过程,实质上这是因为,他们总是把后来阶段的一般化的个人强加于先前阶段的个人,并且把后来的意识强加于先前的个人。借助于这种从一开始就撇开现实条件的本末倒置的做法,他们就可以把整个历史变成意识的发展过程了。④

因此,唯心主义不懂得人类自己创造的历史,因为种种神秘的思辨歪曲了最真实的历史。这种唯心史观所导致的严重后果是造成了"历史与自然的对立"。马克思对唯心史观的批评是"迄今为止的一切历史观不是完全忽视了历史的这一现实基础,就是把它仅仅看成与历史进程没有任何联系的附带因

---

① 《马克思恩格斯选集》第1卷,人民出版社2012年版,第134页。
② 《马克思恩格斯选集》第1卷,人民出版社2012年版,第175页。
③ 《马克思恩格斯选集》第1卷,人民出版社2012年版,第174页。
④ 《马克思恩格斯选集》第1卷,人民出版社2012年版,第210—211页。

素。因此,历史总是遵照在它之外的某种尺度来编写的;现实的生活生产被看成是某种非历史的东西,而历史的东西则被看成是某种脱离日常生活的东西,某种处于世界之外和超乎世界之上的东西"①。

实践意识跟想象或思辨意识一样,它们都有着共同的起源——社会大分工,即不同人类社会形态都或早或晚,或迟或快的精神和物质相分离。因此,实践意识跟思辨意识一样,有着非常久远的历史。可不幸的是,实践跟劳动一样,尽管是一个十分古老的范畴,但是却被为统治阶级利益辩护的唯心主义者僧侣玄想家因脱离现实的劳动生活而忘记。尽管如此,实践这一历史范畴跟劳动范畴一样,"同样是历史条件的产物,而且只有对于这些条件并在这些条件之内才具有充分的适用性"②。因此,随着社会生产和社会交往的不断深入,也能使得我们透视一切已经覆灭了的社会形式的结构和生产关系以及建立于其上的意识形态的兴衰更替。

所以,思辨意识或意识形态只有到了实践意识——有时也被认为是感性意识或现实意识,成为社会历史发展和人类物质生活的主体意识的时候,即成为共产主义意识的时候,才能真正地完全地克服和扬弃,实践意识才成为人类共同体的意识,才能颠覆"个人力量(关系)由于分工而转化为物的力量这一现象"③,才能在这一联合共同体之下有重新驾驭物质的力量,消灭是人异化的自发的前提,消亡为这些自发的物质前提作出辩护的一般观念,消灭劳动、消灭分工、消灭私有制,实现人类的真正解放和自由。

因此,实践意识所真正确立的是无产阶级意识,即把无产阶级当作自己的革命身体、行动的物质力量和自己的物质武器。马克思告诫我们,共产主义意识不是一种遥远的意识,也不是一种幻想的意识,因为"共产主义对我们来说不是应当确立的状况,不是现实应当与之相适应的理想"④;而是一种意识到无产阶级的处境和命运的现实意识,即关于"消灭现存状况的现实的运动。这个运动的条件是由现有的前提产生的"⑤。

---

① 《马克思恩格斯选集》第 1 卷,人民出版社 2012 年版,第 173 页。
② 《马克思恩格斯选集》第 2 卷,人民出版社 2012 年版,第 705 页。
③ 《马克思恩格斯选集》第 1 卷,人民出版社 2012 年版,第 199 页。
④ 《马克思恩格斯选集》第 1 卷,人民出版社 2012 年版,第 166 页。
⑤ 《马克思恩格斯选集》第 1 卷,人民出版社 2012 年版,第 166 页。

实践意识和共产意识首先把自己现实的个人，即"是从事活动的，进行物质生产的，因而是在一定的物质的、不受他们任意支配的界限、前提和条件下活动着的"① 个人。它不会把"每个个人和每一代所遇到的现成的东西：生产力、资金和社会交往形式的总和"② 当作哲学家们所想象的"实体"和"人的本质"的神秘外化，而是当作个人发展的现实基础。实践意识在实践当中所形成的唯物史观对立于唯心史观，即"它不是在每个时代中寻找某种范畴，而是始终站在现实历史的基础上，不是从观念出发来解释实践，而是从物质实践出发来解释各种观念形态"③。

五　马克思哲学对心灵哲学中的心身问题的反思

马克思恩格斯关于语言和意识的双重化革命为其新世界观——共产主义世界观和无产阶级的革命观的形成与确立奠定了唯物主义哲学基础，并把这一唯物主义哲学基础坚实地扎根于现实能动生活过程之中，融入其所视为人的科学的超越了现代性学科体制的规训和界限因而区别于逻辑实证主义的"实证科学"当中，从而使得哲学真正成为关注现实、表达现实和批判现实的无产阶级之理论匕首，从而将现实的一切革命化、实践化，为人类的历史发展开辟出一条可以借助生产实践和交往实践发展到一定程度所结成人类共同体的社会存在形式以促进人的全面发展的科学社会主义道路。

由此可知，现实的人自始至终是马克思哲学及其哲学批判的出发点，也自始至终是马克思哲学及其哲学批判的归宿。因此，在马克思哲学中的人学可能是新唯物主义创始人马克思恩格斯对一脉相承了抽象、静止和孤立的形而上学的当代心灵哲学的偏离和扬弃，其中可能隐藏着的新唯物主义创始人马克思、恩格斯揭开当代心灵哲学的心身问题以及其中的意识问题的奥秘。我们知道，当代西方唯物主义或者物理主义已经成为心灵哲学研究中的不二架构，心身问题也由此而来。一个不太准确但足以让我们明白心灵哲学家为

---

① 《马克思恩格斯选集》第 1 卷，人民出版社 2012 年版，第 151 页。
② 《马克思恩格斯选集》第 1 卷，人民出版社 2012 年版，第 173 页。
③ 《马克思恩格斯选集》第 1 卷，人民出版社 2012 年版，第 172 页。

何对此焦虑的问题,即一个物质性的肉体怎么会产生非物质性的意识呢?这是心灵哲学家所寄希望于通过自然科学和哲学的概念分析完全搞清楚的事情。维特根斯坦等为此贡献出了杰出的语言分析的概念工作。实体的笛卡尔二元论在语言分析学家们的关于心灵的概念分析中烟消云散了。

科赫与其恩师克里克就是消磨其毕生精力来苦苦求索这一问题。科赫这样表述自己内心对肉体之水转化成意识之酒这一问题的深深困惑,"这之所以让人困惑,是因为在神经系统与其内部观点(即神经系统产生的感觉)之间存在那个看似无法逾越的鸿沟。一方面是脑,即已知宇宙中最复杂的对象,一个服从物理定律的物质。另一方面是觉知(awareness)的世界,生命的声音和景象的世界,恐惧和愤怒的世界,性欲、爱和厌倦的世界"[1]。

心灵与身体之间的鸿沟之巨大以至于我们很难相信意识是物质的产物,即便承认这个事实,那么也很难理解物质究竟是如何产生心灵的运作机制。当然,鉴于反映在我们的意识形态当中的心灵和身体之间的差别也反映在语言当中。我们不能认为心理语言可以被还原,甚至可以被取消。心灵表征主义者福多曾对取消民间心理学的呼声如是回应,"如果常识意向心理学真的被摧毁了,那么这将是我们物种历史上无可比拟的、最大的理智灾难"[2]。

当然,鉴于语言可以被理解为表达现实意识的物质媒介,了解语言的本质倒不是一件最为费劲的事情。但是,语言之中包含有语义性——语言的意义或内容性——意识内容或心理内容则是一件十分棘手的事情。在心灵哲学当中,原本不属于同一个学科的三个学科的基本性概念——语义、心理内容和意向性,成为把心灵和非心灵、意识和非意识、心理实在和物理实在区别开来的根本性特征。因此,针对心灵哲学的心身问题——在当代心灵哲学转化为意识产生问题,通过对马克思哲学中的人学思想中挖掘有效解释资源,我想,这个问题基于马克思哲学革命中的语言革命对问题范式的成功转换,已经出色地解决了这个问题。

尽管马克思哲学里似乎没有对心身问题给予正面的回应,甚至根本没有

---

[1] [美]科赫:《意识与脑:一个还原论者的浪漫自白》,李恒威、安晖译,机械工业出版社2015年版,第2页。

[2] 高新民、储昭华主编:《心灵哲学》,商务印书馆2002年版,第716—717页。

理会或者遗忘了这个问题，其实不然。对于新唯物主义主要创始人马克思来说，心身问题是一个没有多大回答价值的形而上学问题。根据马克思主义的观点，从本质上讲，这是一个充满了形而上学偏见的经院哲学问题，因此不值得回答。尽管这种关于心灵与身体之间的区分的无意义的论调"具有某种需要揭示的特殊意义"[①]。

但是，马克思主义哲学中的语言革命向度已经包含了对心身之间的异质性、心灵的非物质性的回答。根据马克思主义的观点，心身问题是一个伪哲学问题。进一步说，它是一种导致人与现实生活过程相脱节的语言幻象；从唯物史观的哲学批判的角度来讲，它是一种在当时社会生产当中占统治地位的唯心主义思想家所设定的语言陷阱。因此，对心身问题的解答，应该在其所产生的特定的历史条件中寻找根源。

我们不妨再温习一下现代心灵哲学的开山鼻祖笛卡尔对心身二元论问题的经典定义：(1) 世界上存在两种实体——心灵实体和物质实体。(2) 心灵实体的特性是能思维，却没有广延；而物质实体的特性是有广延却不能思维。因此，心灵实体和物质实体具有异质性，有两个不同的来源。可以说，笛卡尔对心身关系的经典定义是当代心灵哲学的出发点。但是，在笛卡尔的经典定义当中，人虽然被称为心灵和肉体的构成物，但是人这个概念却似乎因过分抽象化而被刻意遮蔽了。如果说，有的笛卡尔主义者认为这不符合事实的话，那也可以说人最起码也只是一个抽象的人、一般的人，而不是现实的人、感性的人。

笛卡尔关于人的定义在当代心灵哲学中获得了空前的批判。维特根斯坦说，"心灵"这一术语存在语言的误用。因为，它是基于错误的类比而形成的没有其真实所指的空概念。赖尔用机器的幽灵形象地揭示了心身二元论所犯下的范畴错误。这都是马克思的语言革命所应有的维度，但是，他们的批判只停留在语言的本身，而没有触及语言背后所产生的社会根源及其相应的历史条件，即心身二元论是如何诞生的，我们可以从中窥见马克思主义需要揭示的特殊的意义。

心身二元论这一无意义的论调所产生的思想根源或意识形态根源就在于人

[①] 《马克思恩格斯选集》第1卷，人民出版社2012年版，第175页。

类社会的大分工，即随着城市和乡村的分离，物质生产和精神生产由此逐渐相分离所形成的社会大分工。这是一个自发的历史发展过程。也正是这个时候，完全脱离了人类物质生活的玄想家和僧侣开始不受任何约束地想象，不必受到物质的干扰和纠缠，就能摆脱世界而去构造"纯粹的理论"。

另外，心身二元论所产生的根源不仅仅在于它只是一种玄想家和僧侣脱离现实生活过程之后所陷入自我思维、自我发展的幻象，还在于它是在思想占统治地位的统治阶级的需要，把统治阶级利益变成全社会的利益需要依靠抽象的思想。因为"占统治地位的将是越来越抽象的思想，即越来越具有普遍性形式的思想"[1]。当代心灵哲学家西格尔揭露了这一历史事实，笛卡尔的"二元论中所假设或'虚构的分离的灵魂不过是一种政治上有用的安定剂，其作用是逃避，以免重蹈伽利略的覆辙'"[2]。

事实上，心身二元论的论调是跟宗教利用思想脱不了干系的，但是摆脱宗教压迫的，确实正如恩格斯所说的那样，心身二元论之类的问题"只是在欧洲人从基督教中世纪的长期冬眠中觉醒以后，才被十分清楚地提了出来，才获得了它的完全的意义"[3]。为什么是欧洲人提出来，才使得它有了完全的意义？因为欧洲的现实生产力和科学技术获得了相当的发展，以至于欧洲的思想家能够根据现实生活过程以及所得经验以哲学的方式提出现实地否定宗教和神学以及受它们所庇护的统治阶级。心身问题越来越摆脱意识形态的束缚就越来越能成为一个科学问题，而不是一个纯哲学问题。

实体二元论在当代心灵哲学当中早已令人唾弃，但是笛卡尔的形而上学思维却没有被剔除干净，过分地保留了下来。恩格斯警告旧的形而上思维桎梏已经潜伏于自然科学的方法论当中，他说："主要是把事物当做一成不变的东西去研究，它的残余还牢牢地盘踞在人们的头脑中，……必须先研究事物，而后才能研究过程。"[4] 心灵哲学家往往先设定心理的和非心理的区别，并把它们当作既成事物来研究。事实上，旧的形而上学导致了思维与存在、物质

---

[1] 《马克思恩格斯选集》第1卷，人民出版社2012年版，第180页。
[2] 转引自高新民《心灵与身体——心灵哲学中的新二元论探微》，商务印书馆2012年版，第239页。
[3] 《马克思恩格斯选集》第4卷，人民出版社2012年版，第230页。
[4] 《马克思恩格斯选集》第4卷，人民出版社2012年版，第251页。

与精神、主体与客体、理论与事件、自然与历史的对立。这样就不能把握心灵的本质,也不能理解心理现象和物理现象的互相生成转化既对立又统一的运动过程。

马克思认为,没有脱离意识的物质,也没有脱离物质的意识,物质与意识是辩证统一的关系,这两者之间不存在形而上的对立。马克思在论述分工导致了精神活动和物质活动、享受和劳动、生产和消费的分离的时候在精神活动和物质活动边曾有这样的试图删去的边注,"活动和思维,即没有思想的活动和没有活动的思想"①。这一试图删去的边注为我们理解物质和意识的关系提供了有力的正面的证据。因为马克思所讲的运动,不是精神的运动,而是物质的运动,因为运动是物质的存在方式。

意识不能脱离物质存在,已经是当代科学常识,无须赘言。但是,物质可以脱离意识存在,似乎也符合科学常识,似乎有悖于马克思的观点。其实,这正是马克思哲学所超越于直观唯物主义之处。根源在于马克思的物质观绝对不同于直观唯物主义的物质观。因为从前的一切唯物主义——包括费尔巴哈的唯物主义——的主要缺点在于不能从主体方面去理解物质,不能看到物质在人的实践活动当中的能动性。直观唯物主义者把从外界所反映回来的经验事实看作"僵死的事实"的汇集,而没有把这些事实当作"能动生活过程"的有机组成部分。结果唯心主义者不能建立人们同现实生活的有机联系,因此也不能从社会生活中获得"经验的确定性"。

但是,相对于直观唯物主义,马克思的"物质"为何具有能动性?这依赖于马克思对物质的辩证认识,物质的能动性来自意识主体的赋予。马克思认为,"意识[das Bewußtsein]在任何时候都只能是被意识到了的存在[das bewußte Sein],而人们的存在就是他们的现实生活过程"②。因此,物质一开始就打上了人的主观能动性的烙印,物质的客观性或存在性不是来自对物自体的预设,而是通过实践劳动来对物质的实在性加以确认。而直观唯物主义却预设了抽象的、静止的客观物质世界的存在,这就陷入旧的形而上学的泥淖里去了。正因为物质始终是被意识到的物质,物质才具有感性的内容,才

---

① 《马克思恩格斯选集》第1卷,人民出版社2012年版,第162页。
② 《马克思恩格斯选集》第1卷,人民出版社2012年版,第152页。

能够作为人的实践的对象或者将它对象化。

正因为能动性物质通过组合而实现出社会性和关系性，这个社会才成为有着自己的运行体系的有机体。因此，意识或精神和物质都不是一个原初概念，既不是感性的，也不是实践的概念。意识显然不是一个原初的概念。在马克思看来，意识只具有关系属性，即确立主体同他者或世界的关系。马克思认为，"凡是有某种关系存在的地方，这种关系都是为我而存在的；动物不对什么东西发生'关系'，而且根本没有'关系'；对于动物来说，它对他物的关系不是作为关系而存在的"①。而马克思在别处说人跟动物的区别就在于人具有有意识的自觉自由活动，马克思称之为人的类本质，可见马克思把意识视为能动地关联现实的联系。而对于物质，即使从语用学分析的角度来看，物质也不是一个原初的概念。赵敦华教授指出马克思没有把物质当作本体，他说："在马克思的著作中，'物质'在绝大多数场合都是表示人的社会实践的行为和结果的外在特征的形容词，如'物质生产'、'物质力量'、'人的物质关系'、'物质生活条件'，等等。"②

在马克思心中，只有现实的人才是一个原初的感性概念、实践的概念。才是一个可以在其物质实践和交往实践的基础上把物质和精神、物质生产活动和精神生产活动、无机界的大自然和有机界、历史与自然辩证统一起来的整体性的人类学意义的概念。因此，马克思没有也不可能用根据传统哲学的思路去解剖静止的、僵死的"人"。他反复地提到现实的人，在马克思哲学文本中到处都闪耀着关于人的感性的能动生活过程的描述和表达，如"现实的、历史的人""现实的、有生命的人""感性的人""活生生的、有血有肉的人"，等等。

马克思如此阐述不仅要彰显启蒙主义的人道主义的最高理想——人是人的最高本质。这是马克思的全部理论基石和最活跃的革命因素，也是马克思借以建立人同现实生活世界的有机联系的社会活体细胞。因此，马克思以哲学思维方式转换从而带动问题转换的方式回答了意识产生问题以及物质绝对

---

① 《马克思恩格斯选集》第1卷，人民出版社2012年版，第161页。
② 赵敦华：《回到思想的本源：中西哲学与马克思哲学的对话》，北京师范大学出版社2006年版，第32页。

对立于意识的问题。因此，马克思并不纯然地提到人的"心灵"、"精神"与"意识"等概念，而是把这些概念放置于整个人类的能动物质生活过程中，并由此提出一种辩证的、内容性的、整体的，因而也是感性和社会性的心灵观。这种心灵观一定是对立并超越于笛卡尔的实体的、单子式心灵观。

参考文献

一 中文文献

（一）马克思主义经典著作

《马克思恩格斯选集》第1—4卷，人民出版社2012年版。

《马克思恩格斯全集》第1卷，人民出版社1995年版。

《马克思恩格斯全集》第3卷，人民出版社2002年版。

《马克思恩格斯全集》第44卷，人民出版社2001年版。

（二）中文专著

安道玉：《意识与意义——从胡塞尔到塞尔的科学的哲学研究》，中国社会科学2007年版。

程伟礼：《灰箱：意识的结构与功能》，人民出版社1987年版。

陈宜张等编：《人类大脑高级功能：临床实验性研究》，上海教育出版社2010年版。

陈波、韩林合主编：《逻辑与语言——分析哲学经典文选》，东方出版社2005年版。

陈波：《奎因哲学研究》，生活·读书·新知三联书店1998年版。

冯契、徐孝通主编：《外国哲学大辞典》，上海辞书出版社2000年版。

高新民、刘占峰：《心灵的解构》，中国社会科学出版社2005年版。

高新民、沈学君：《现代西方心灵哲学》，华中师范大学出版社2010年版。

高新民：《人自身的宇宙之谜》，华中师范大学出版社1989年版。

高新民:《人心与人生》,北京大学出版社 2006 年版。

高新民:《意向性理论的当代发展》,中国社会科学出版社 2008 年版。

高新民、储昭华主编:《心灵哲学》,商务印书馆 2002 年版。

高新民、汪波:《非存在研究》(上下册),社会科学文献出版社 2012 年版。

高新民:《心灵与身体——心灵哲学中的新二元论探微》,商务印书馆 2012 年版。

霍涌泉:《意识心理学》,上海教育出版社 2006 年版。

黄颂杰等:《西方哲学多维透视》,上海人民出版社 2002 年版。

胡文耕:《信息、脑与意识》,中国社会科学出版社 1992 年版。

洪　谦主编:《逻辑经验主义》(下册),商务印书馆 1989 年版。

韩林合编:《洪谦选集》,吉林人民出版社 2005 年版。

韩民青:《意识论》,广西人民出版社 1983 年版。

韩永昌主编:《心理学》,山东教育出版社 1987 年版。

景怀斌:《心理意义实在论》,暨南大学出版社 2005 年版。

刘占峰:《解释与心灵的本质》,中国社会科学出版社 2011 年版。

李盟编:《世界著名思想家的隽永语丝》,北京联合出版公司 2015 年版。

钱穆:《灵魂与心》,广西师范大学出版社 2004 年版。

汝信主编:《社会科学新辞典》,重庆出版社 1988 年版。

唐孝威:《意识论:意识问题的自然科学研究》,高等教育出版社 2004 年版。

唐孝威:《统一框架下的心理学与认知理论》,上海人民出版社 2007 年版。

汤用彤:《印度哲学史略》,上海人民出版社 2015 年版。

谭鑫田等主编:《西方哲学词典》,山东人民出版社 1991 年版。

王华平:《心灵与世界:一种知觉哲学的考察》,中国社会科学出版社 2009 年版。

汪云九:《意识与大脑:多学科研究及其意义》,人民出版社 2003 年版。

王文清:《脑与意识》,科学技术文献出版社 1999 年版。

肖　明:《现代科学意识论》,经济科学出版社 1993 年版。

杨祖陶:《德国古典哲学逻辑进程》,武汉大学出版社 2006 年版。

杨足仪:《心灵哲学的脑科学维度》,中国社会科学出版社 2011 年版。

熊哲宏:《认知科学导论》,华中师范大学出版社 2002 年版。

赵南元：《认知科学揭秘》，清华大学出版社 2002 年版。

曾向阳：《当代意识科学导论》，东南大学出版社 2003 年版。

赵敦华：《回到思想的本源：中西哲学与马克思哲学的对话》，北京师范大学出版社 2006 年版。

赵修义、童世骏：《马克思恩格斯同时代的西方哲学》，上海人民出版社 2014 年版。

（三）中文译著

［澳］约翰·埃克尔斯：《脑的进化》，潘泓译，上海科技教育出版社 2004 年版。

［英］艾耶尔：《二十世纪哲学》，李步楼等译，上海译文出版社 2015 年版。

［英］安斯康姆：《意向》，张留华译，中国人民大学出版社 2008 年版。

［美］恩斯特·波佩尔：《意识的限度》，李百涵等译，北京大学出版社 2000 年版。

［澳］贝内特、［英］哈克：《神经科学的哲学基础》，张立等译，浙江大学出版社 2008 年版。

［澳］约翰·巴斯摩尔：《哲学百年 新近哲学家》，洪汉鼎等译，商务印书馆 1996 年版。

［美］巴斯：《在意识的剧院中——心灵的工作空间》，陈玉翠等译，高等教育出版社 2002 年版。

［美］丹尼尔·博尔：《贪婪的大脑》，林旭文译，机械工业出版社 2013 年版。

［新］戴维·布拉登-米切尔、［澳］弗兰克·杰克逊：《心灵与认知哲学》，魏屹东译，科学出版社 2015 年版。

［英］尼古拉斯·布宁、余纪元编著：《西方哲学英汉对照词典》，人民出版社 2001 年版。

［英］乔治·贝克莱：《人类知识原理》，关文运译，商务印书馆 2010 年版。

［英］苏珊·布莱克摩尔：《人的意识》，耿海燕等译，中国轻工业出版社 2008 年版。

［英］苏珊·布莱克摩尔：《意识新探》，薛贵译，外语教学与研究出版社

2007年版。

［英］托马斯·鲍德温编：《剑桥哲学史1870–1945》（下），周晓亮等译，中国社会科学出版社2011年版。

［英］以赛亚·伯林编著：《启蒙的时代——十八世纪哲学家》，孙尚扬、杨深译，译林出版社2012年版。

北京大学哲学系外国哲学史教研室编译：《十八世纪法国哲学》，商务印书馆1963年版。

北京大学哲学系外国哲学史教研室编译：《十八世纪末—十九世纪初德国哲学》，商务印书馆1975年版。

北京大学哲学系外国哲学史教研室编译：《西方哲学原著选读》（下），商务印书馆1982年版。

［美］丹尼尔·丹尼特：《意识的解释》，苏德超等译，北京理工大学出版社2008年版。

［法］笛卡尔：《哲学原理》，关文运译，商务印书馆1959年版。

［法］笛卡尔：《第一哲学沉思集》，庞景仁译，商务印书馆2017年版。

［法］笛卡尔：《谈谈方法》，王太庆译，商务印书馆2017年版。

［荷］德拉埃斯马：《记忆的隐喻 心灵的观念史》，乔修峰译，花城出版社2009年版。

［美］安东尼奥·R.达马西奥：《笛卡尔的错误：情绪、推理和人脑》，毛彩凤译，教育科学出版社2007年版。

［美］唐纳德·戴维森：《真理、意义、行动与事件：戴维森哲学文选》，牟博译，商务印书馆1993年版。

［美］丹尼尔·丹尼特：《心灵种种》，罗军译，上海世纪出版集团2009年版。

［美］丹尼尔·丹尼特：《心我论》，陈鲁明译，上海译文出版社1999年版。

［英］迈克尔·达米特：《分析哲学的起源》，王路译，上海译文出版社2016年版。

［德］费尔巴哈：《费尔巴哈哲学著作选集》（上），荣震华、李金山等译，商务印书馆1984年版。

［德］费尔巴哈：《费尔巴哈哲学著作选集》（下），荫庭等译，商务印书馆

1984年版。

［德］费尔巴哈：《黑格尔哲学批判》，王太庆、万颐庵译，生活·读书·新知三联书店1958年版。

［德］汉斯－格奥尔格·伽达默尔：《诠释学1：真理与方法》，洪汉鼎译，商务印书馆2017年版。

［美］彼得·盖伊：《启蒙时代》，汪定明译，中国言实出版社2005年版。

［美］葛詹尼加：《双脑记》，北京联合出版公司2016年版。

［美］葛詹尼加等：《认知神经科学：关于心智的生物学》，周晓林等译，中国轻工业出版社2011年版。

［英］苏珊·格林菲尔德：《大脑的故事》，黄瑛译，上海科学普及出版社2004年版。

［英］苏珊·格林菲尔德：《人脑之谜》，杨雄里等译，上海科学技术出版社1998年版。

［德］埃德蒙德·胡塞尔、［德］E. 施特洛克编：《笛卡尔式的沉思》，张廷国译，中国城市出版社2002年版。

［德］海德格尔：《存在与时间》，陈嘉映、王庆节译，商务印书馆2017年版。

［德］马丁·海德格尔：《德国观念论与当前哲学的困境》，庄振华、李华译，西北大学出版社2016年版。

［德］赫尔穆特·E. 吕克：《心理学史》，吕娜、王文君等译，学林出版社2009年版。

［德］黑格尔：《精神现象学》（上），贺麟、王玖兴译，上海人民出版社2013年版。

［美］戴维·霍瑟萨尔：《心理学家的故事》，郭本禹等译，商务印书馆2015年版。

［美］怀特：《文化科学——人和文明的研究》，曹锦清等译，浙江人民出版社1988年版。

［英］A. N. 怀特海：《科学与近代世界》，何钦译，商务印书馆2017年版。

［美］约翰·海尔：《当代心灵哲学导论》，高新民等译，中国人民大学出版社2005年版。

［英］哈尼什：《心智、大脑与计算机》，王森、李鹏鑫译，浙江大学出版社

2010 年版。

［英］罗姆·哈瑞：《认知科学哲学导论》，魏屹东译，上海科技教育出版社 2006 年版。

［英］尼古拉斯·汉弗里：《看见红色》，梁永安译，浙江大学出版社 2012 年版。

［英］约翰·亚历山大·汉默顿编：《西方文化经典》（哲学卷），李治鹏、王晓燕译，华中科技大学出版社 2016 年版。

［美］霍华德·加德纳：《心灵的新科学》（续），张锦等译，辽宁教育出版社 1991 年版。

［美］霍华德·加德纳：《心灵的新科学》，周晓林等译，辽宁教育出版社 1989 年版。

［美］金在权：《物理世界中的心灵 论心身问题与心理因果性》，刘明海译，商务印书馆 2015 年版。

［德］康德：《纯粹理性批判》，韦卓民译，华中师范大学出版社 2000 年版。

［德］康德：《未来形而上学导论》，庞景仁译，商务印书馆 1982 年版。

［美］弗朗西斯·克里克：《惊人的假说》，汪云九等译，湖南科学技术出版社 2018 年版。

［美］科赫：《意识探秘 意识的神经生物学研究》，顾凡及、侯晓迪译，上海科学技术出版社 2012 年版。

［美］科赫：《意识与脑：一个还原论者的浪漫自白》，李恒威、安晖译，机械工业出版社 2015 年版。

［美］蒯因：《从逻辑的观点看》，陈启伟等译，中国人民大学出版社 2007 年版。

［美］蒯因：《语词和对象》，陈启伟等译，中国人民大学出版社 2005 年版。

［美］索尔·克里普克：《命名与必然性》，梅文译，上海译文出版社 1988 年版。

［意］阿尔图罗·卡斯蒂廖尼：《医学史》（中），程之范、甄橙主译，译林出版社 2014 年版。

［英］A. 卡米洛夫 – 史密斯：《超越模块性》，缪小春译，华东师范大学出版社 2001 年版。

［德］赖欣巴哈：《科学哲学的兴起》，伯尼译，商务印书馆 2009 年版。

［美］理查德·罗蒂：《哲学和自然之镜》，李幼蒸译，商务印书馆 2011 年版。

［美］托马斯·H. 黎黑：《心理学史》，李维译，浙江教育出版社 1998 年版。

［英］伯特兰·罗素：《逻辑与知识》，苑莉均译，商务印书馆 1996 年版。

［英］伯特兰·罗素：《哲学问题》，何兆武译，商务印书馆 2009 年版。

［英］伯特兰·罗素：《心的分析》，李季译，中华书局 1953 年版。

［英］洛克：《人类理解论》，关文运译，商务印书馆 2012 年版。

［法］拉美特利：《人是机器》，顾寿观译，商务印书馆 2017 年版。

［美］洛伊斯·N. 玛格纳：《生命科学史》，刘学礼等译，上海人民出版社 2012 年版。

［美］约翰·麦克道威尔：《心灵与世界》，刘叶涛译，中国人民大学出版社 2006 年版。

［英］麦金：《意识问题》，吴杨义译，商务印书馆 2015 年版。

［英］辛西娅·麦克唐纳：《心身同一论》，张卫国、蒙锡岗译，商务印书馆 2015 年版。

［美］内格尔：《本然的观点》，贾可春译，中国人民大学出版社 2010 年版。

［美］托马斯·内格尔：《人的问题》，万以译，上海译文出版社 2014 年版。

［美］普特南：《"意义"的意义》，载陈波等主编《逻辑与语言》，东方出版社 2005 年版。

［美］普特南：《理性·真理与历史》，李小兵等译，辽宁教育出版社 1988 年版。

［美］普特南：《普特南文选》，李真编译，社会科学文献出版社 2009 年版。

［英］罗杰·彭罗斯：《皇帝新脑》，许明贤等译，湖南科学技术出版社 1996 年版。

［美］丘奇兰德：《科学实在论与心灵的可塑性》，张燕京译，中国人民大学出版社 2008 年版。

［澳］丹尼尔·斯图尔加：《物理主义》，王华平等译，华夏出版社 2014 年版。

［德］施太格缪勒：《当代哲学主流》，王炳文等译，商务印书馆 1996 年版。

［加］保罗·萨伽德：《认知科学导论》，朱菁译，中国科学技术大学出版社 1999 年版。

[加]保罗·萨伽德：《心智：认知科学导论》，朱菁、陈梦雅译，上海辞书出版社 2012 年版。

[美]沙弗尔：《心的哲学》，陈少鸣译，生活·读书·新知三联书店 1989 年版。

[美]斯蒂克、[英]沃菲尔德主编：《心灵哲学》，高新民等译，中国人民大学出版社 2013 年版。

[美]约翰·塞尔：《心、脑与科学》，杨音莱译，上海译文出版社 2006 年版。

[美]约翰·塞尔：《心灵、语言和社会》，李步楼译，上海译文出版社 2001 年版。

[美]约翰·塞尔：《心灵导论》，徐英瑾译，上海人民出版社 2008 年版。

[美]约翰·塞尔：《心灵的再发现》，王巍译，中国人民大学 2005 年版。

[美]约翰·塞尔：《意识的奥秘》，刘叶涛译，南京大学出版社 2009 年版。

[美]约翰·塞尔：《意向性——论心灵哲学》，刘叶涛译，上海世纪出版集团 2007 年版。

[英]彼得·F. 斯特劳森：《个体：论描述的形而上学》，江怡译，中国人民大学出版社 2004 年版。

[英]劳埃德·斯宾塞文、[英]安杰伊·克劳泽、[英]理查德·阿皮尼亚内西编：《启蒙运动》，盛韵译，生活·读书·新知三联书店 2016 年版。

[英]斯特劳森：《个体——论描述的形而上学》，江怡译，中国人民大学出版社 2004 年版。

[奥]维特根斯坦：《逻辑哲学论》，郭英译，商务印书馆 1985 年版。

[奥]维特根斯坦：《哲学研究》，陈嘉映译，商务印书馆 2016 年版。

[美]沃尔夫：《精神的宇宙》，吕捷译，商务印书馆 2005 年版。

[英]沃伯顿：《哲学的门槛：写给所有人的简明西方哲学》，林克译，新华出版社 2010 年版。

[丹]扎哈维：《主体性与具身性》，蔡文菁译，上海译文出版社 2008 年版。

（四）期刊

陈修斋：《试论西欧大陆唯理论派哲学家的实体学说的演变》，《武汉大学学报》1980 年第 6 期。

高新民、陈丽：《心灵哲学的"危机"与"激进的概念革命"——麦金基于自然主义二元论的"诊断"》，《自然辩证法通讯》2015 年第 6 期。

高新民、王世鹏：《目的论的当代复苏与超越》，《洛阳师范学院学报》2009 年第 3 期。

高新民、傅利华：《主观物理主义：物理主义形态的又一创新》，《学术月刊》2017 年第 2 期。

高新民、陈帅：《心灵观：西方心灵哲学的新论域》，《哲学动态》2018 年第 10 期。

高新民：《随附性：当代西方心灵哲学的新"范式"》，《华中师范大学学报》1998 年第 3 期。

贺来：《现代性学科建制的突破与马克思哲学的存在方式》，《社会科学文摘》2018 年第 1 期。

贺来：《马克思哲学的"类"概念与"人类命运共同体"》，《哲学研究》2016 年第 8 期。

贺来：《历史唯物主义的辩证本性》，《中国社会科学》2012 年第 3 期。

贺来：《哲学"立脚点"的位移与马克思的哲学变革》，《南京社会科学》2017 年第 1 期。

柯文涌：《模块副现象论与自由意志危机》，《自然辩证法研究》2017 年第 4 期。

梁家荣：《施行主义、视角主义与尼采》，《哲学研究》2018 年第 3 期。

L. 贝克、张卫国：《非同一的统一：重新审视物质构成》，《哲学分析》2017 年第 1 期。

林剑：《论人与自然、社会、历史的统一》，《学报》1994 年第 2 期。

林剑：《人的存在之思》，《江海学刊》2002 年第 6 期。

林剑：《关于马克思主义哲学"转向"的思考》，《哲学研究》2003 年第 11 期。

林剑：《马克思"新唯物主义"哲学视野中的哲学》，《哲学研究》2005 年第 12 期。

O. 纽拉特、王玉北：《科学的世界观：维也纳小组——献给石里克》，《哲学译丛》1994 年第 1 期。

孙正聿：《辩证法：黑格尔、马克思与后形而上学》，《中国社会科学》2008

第 3 期。

孙正聿:《历史唯物主义与哲学基本问题——论马克思主义的世界观》,《哲学研究》2010 第 5 期。

孙正聿:《从两极到中介——现代哲学的革命》,《哲学研究》1988 年第 8 期。

俞吾金:《如何理解马克思的实践概念——兼答杨学功先生》,《哲学研究》2002 年第 11 期。

俞吾金:《从科学技术的双重功能看历史唯物主义叙述方式的改变》,《中国社会科学》2004 年第 1 期。

俞吾金:《物、价值、时间和自由——马克思哲学体系核心概念探析》,《哲学研究》2004 年第 11 期。

朱彦明:《超越实在论和相对主义:尼采的视角主义》,《太原师范学院学报》2013 年第 4 期。

邹诗鹏:《马克思的社会历史辩证法与社会科学研究的方法论自觉》,《华中科技大学学报》2022 年第 2 期。

郑宇健:《沼泽人疑难与历时整体论》,《哲学研究》2016 年第 11 期。

二 外文文献

Augusto, B. M. (1980). *The Mind-Body Problem: A Psychobiological Approach*. Oxford: Pergamon Press.

Armstrong, D. M. (2002). *A Materialist Theory of the Mind*. London: Routledge& Kegan Paul.

Block, N., Flanagan, O., & Guzeldere, G. (Eds.) (1997). *The Nature of Consciousness: Philosophical Debates*. Cambridge, MA: MIT press.

Beakley, B., Ludlow, P., & Ludlow, P. J. (Eds.) (1992). *The Philosophy of Mind: Classical Problems/Contemporary Issues*. Cambridge, MA: MIT Press.

Block, N. (ed.)(1980). *Readings in Philosophy of Psychology* (Vol. 1). Cambridge, MA: Harvard University Press.

Brown, Stuart C. (ed.) (1974). *Philosophy Of Psychology*. London: Macmillan.

Bunge, M. (2010). *Matter and mind: A Philosophical Inquiry* (Vol. 287).

Springer Verlag.

Braddon-Mitchell, D., & Jackson, F. (2006). *Philosophy of Mind and Cognition*: An Introduction. Oxford: Blackwell.

Baker, L. R. (2012). *Explaining Attitudes*: *A Practical Approach to the Mind*. Cambridge: Cambridge University Press.

Baker, L. R. (2007). Naturalism and the First-Person Perspective. In Georg Gasser (ed.). *How Successful is Naturalism?* Publications of the Austrian Ludwig Wittgenstein Society. Ontos Verlag.

Burwood, S., Lennon, K., & Gilbert, P. (eds.) (1999). *Philosophy of Mind*. McGill-Queen's Press-MQUP.

Bermâudez, J. L. (ed.) (2006). *Philosophy of Psychology*: *Contemporary Readings*. London: Routledge.

Crane, T. (2015). *The Mechanical Mind*: *A Philosophical Introduction to Minds, Machines and Mental Representation*. London: Routledge.

Carruthers, P. (2004). *The Nature of the Mind*: *An Introduction*. London: Routledge.

Chalmers, D. (ed.) (2002). *Philosophy of Mind*: *Classical and Contemporary Readings*. Oxford: Oxford University Press.

Crumley, J. S. (2000). *Problems in Mind*: *Readings in Contemporary Philosophy of Mind*. McGraw-Hill Humanities, Social Sciences & World Languages.

Churchland, P. M. (2013). *Matter and Consciousness*. Cambridge, MA: MIT press.

Dennett, D. C. (2007). Heterophenomenology Reconsidered. *Phenomenology and the Cognitive Sciences*, 6 (1), 247–270.

Ernest, S. & Michael, T. (eds.) (1993). *Causation*. Oxford: Oxford University Press.

Fodor, J. A. (1987). *Psychosemantics*: *The Problem of Meaning in the Philosophy of Mind*. Cambridge, MA: MIT press.

Flanagan, O. (1991). *The Science of the Mind*. Cambridge, MA: MIT press.

Feigl, H. (1967). *The Mental and the Physical*: *The Essay and a Postscript*.

Minnesota: University of Minnesota Press.

Flanagan, Owen J. (1992). *Consciousness Reconsidered.* Cambridge, MA: MIT Press.

Guttenplan, S. (2000). *Mind's Landscape: An Introduction to the Philosophy of Mind.* Oxford: Wiley-Blackwell.

Howell, R. J. (2013). *Consciousness and the Limits of Objectivity: The Case for Subjective Physicalism.* Oup Oxford.

Heil, J. (ed.) (2003). *Philosophy of Mind: A Guide and Anthology.* Oxford: Oxford University Press.

Jackson, F. (1977). *Perception: A representative theory.* CUP Archive.

Jacob, P. (1997). *What Minds Can Do: Intentionality in a Non-intentional World.* Cambridge: Cambridge University Press.

Jack. R. (2008). *Understanding Naturalism.* London: Routledge.

Long, A. A. (2015). *Greek Models of Mind and Self.* Cambridge, MA: Harvard University Press.

John, H. & Alfred, M. (eds.) (1993). *Mental Causation.* Oxford: Clarendon Press.

Melnyk, A. (2003). *A Physicalist Manifesto: Thoroughly Modern Materialism.* Cambridge: Cambridge University Press.

Morgan. L. (1923). *Emergent Evolution*, London: Williams & Norgate.

Morton, P. (ed.) (2010). *A Historical Introduction to the Philosophy of Mind: Readings with Commentary.* Ontario: Broadview Press.

Macdonald, C. E., & Macdonald, G. E. (eds.) (1995). *Philosophy of Psychology: Debates on Psychological Explanation.* Oxford: Blackwell.

O'connor, T., & Robb, D. (eds.) (2005). *Philosophy of Mind: Contemporary Readings.* London: Routledge.

O'Hear, A. (ed.) (2003). *Minds and Persons.* Cambridge: Cambridge University Press.

Rosenthal, David M. (ed.) (1991). *The Nature of Mind.* Oxford: Oxford University Press.

Rorty, R.（2009）. *Philosophy and the Mirror of Nature*. New Jersey：Princeton University Press.

Robert, F.（2014）. *Physicalism and the Mind*. Dordrecht：Springer.

Stich, S. P.（1983）. *From Folk Psychology to Cognitive Science：The Case against Belief*. Cambridge, MA：MIT press.

Stich, S. P., & Warfield, T. A.（2008）. *The Blackwell Guide to Philosophy of Mind*. John Wiley & Sons.

Strawson, P. F.（1992）. *Analysis and Metaphysics：An Introduction to Philosophy*. Oxford：Oxford University Press.

Sluga, H. D.（1980）. Gottlob Frege：*The Arguments of the Philosophers*, London：Routledge & Kegan Paul.

Seager, W.（2012）. *Natural Fabrications：Science, Emergence and Consciousness*. Springer Science & Business Media.

Shoemaker, S.（2007）. *Physical Realization*. Oxford：Clarendon Press.

Shoemaker, S.（2001）. Realization and Mental Causation. In Carl Gillett & Barry M. Loewer（eds.）, *The Proceedings of the Twentieth World Congress of Philosophy*. Cambridge：Cambridge University Press.

Boyd, R.（1980）. Materialism Without Reductionism：What Physicalism Does Not Entail. In Ned Block（ed.）, *Readings in the Philosophy of Psychology*, Vol 1. pp. 1–67.

Horgan, Terence E.（1993）. From Supervenience to Superdupervenience：Meeting the Demands of a Material World. *Mind* 102（408）：555–86.

Kim, J.（1984）. *Concepts of Supervenience. Philosophy and Phenomenological Research*, 45（2）, 153–176.

Ney, Alyssa（2008）. Physicalism as an attitude. *Philosophical Studies*, 138（1）：1–15.

Place U. T.（1956）. Is Consciousness a Brain Process?, *British Journal of Psychology*. 47（1）：44–50.

Robinson, W. S.（2010）. Epiphenomenalism. *Wiley Interdisciplinary Reviews：Cognitive Science*, 1（4）, 539–547.

后　记

就唯物主义发展的内在逻辑而言，当代唯物主义的发展是基于笛卡尔的哲学批判而发展起来的。不得不承认的是，我们这个时代包括人工智能在内的唯物主义发展依然受惠于笛卡尔的心身理论遗产的馈赠。略作说明的是，这一见解应该是学术界的常识。罗蒂在奠定其哲学明星地位的《哲学与自然之镜》一文中开篇提出，罗蒂当时所处的时期正是唯物主义一路高歌的发展时期，他的《哲学与自然之镜》一书也洋溢着超越笛卡尔的唯物主义乐观主义的气氛。但是，目前看来，在未来很长的一段时间内的人工智能或唯物主义的发展还依然需要"笛卡尔拐杖"。

可以说，笛卡尔对于当代唯物主义的发展是双重的。首先，笛卡尔对于唯物主义所做的贡献在于他用全新的方式论述了物质和心灵的概念，建立了关于心灵与身体的哲学模型，明确了心灵与物质的定义和界限。其次，他为自己关于心灵和物质概念的哲学论证提供了理解这种关于心灵和物质的概念的论证的天赋论支持，即基于直觉泵的良心论证——笛卡尔认为这种良心是不多不少地存在于每一个人心中，它明显地表现于具有怀疑能力的"我思"的精神活动之中。

也正是由此之故，笛卡尔的心身学说是自然主义和超自然主义的混合体。充分沐浴于笛卡尔的理性之光后继唯物主义者，总是妙趣横生地使用"机器的幽灵""笛卡尔剧场"之类的术语等，借以说明笛卡尔关于心身概念的设想的荒谬不实。当代唯物主义者的凌霄之志在于试图通过批判笛卡尔来尽可能地寻找到心灵自然化的突破口，进而把心灵纳入到自然主义的科学图景中去，如类型唯物主义，个例唯物主义和计算功能主义和目的论功能主义，乃至取消主义等等轮番上阵，它们无一不是在寻求心灵的自然主义或科学本质。

这场科学自然主义的理智运动蕴含着自然科学发展的时代背景，即依据当代突飞猛进的自然科学寻求对心灵的本质的科学理解是以奎因为代表的当代哲学家自告奋勇的历史使命。因此，分析的形而上学和经验的自然科学不仅发展了唯物主义，也由此导致了我们对于心灵的不同以往的看法。因此，当代唯物主义发展史从某种意义上讲折射出我们的心灵观念史。这种辩证逻辑是，当我们以某种心灵观为推动唯物主义出发的逻辑起点的时候，我们发现我们的唯物主义发展史实际上从某种意义上书写着我们当代科学心灵的观念史。

丹尼特是当代我最喜欢的一个哲学家，他的非科班出身的艺术头脑反而有利于他提出逃逸笛卡尔陷阱的直觉泵。因为他似乎发现了这样的一个悖论，唯物主义一开始站在唯物主义的视角利用若干经验科学材料批判笛卡尔的心身模型以至于颠覆其哲学基础显得轻松惬意，但是真正深入心灵的地理学、地貌学和结构论中去批判笛卡尔的"我思"，则发现曾经锋利无比的奥卡姆剃刀显得钝笨无比。通过哲学史的反思，他发现了柏拉图、伽利略和笛卡尔等伟大的哲学家都善于基于存于自己内心的直觉泵构造表达自己的直觉的思想实验。

因此，对于笛卡尔的批判应该逃离笛卡尔，逃离笛卡尔的故事叙述。这样一种工作我相信马克思在批判18世纪的哲学和消灭哲学的口号中跟丹尼特的思想不谋而合。因此，我想思考马克思对于心灵问题的可能解答。他的哲学革命中确实体现了反笛卡尔二元论的彻底性。而这种彻底性同样来源于他的新唯物主义或实践唯物主义的基本观点，即认为人作为一个原始的概念应该予以优先关注和考量。马克思把心灵和物质的观念放在实践和交往的人类学视角，在此概念架构中全新阐释了感性和理性、主动性和受动性、规律性和合目的性等概念。但是，这本书却没有时间从事这样的诠释马克思主义心灵观的工作。

心灵哲学家和伦理学家内格尔在其《心灵与宇宙——对唯物论的新达尔文主义自然观的诘问》的简短的结论中提出一个似乎平淡无奇的方法论，即"哲学必须比较着进行"。这种比较，"自然是尽可能地全面和仔细地在每一个重要的领域中发展竞争性的替代观念，看看它们是否符合标准。那是比决定性的证明或反驳更为可信的进步形式"。这便是具有自身内在发展逻辑的哲学扬弃。这种思想还有另外一种大家更为熟悉的黑格尔表达,"学习哲学就是学习哲学史"。中国哲学界老一辈学人常常喜欢用这句话把年青的学生领进哲学之门,感恩高新民教授。